SHUKONG BIANCHENG YU JIAGONGJISHU

数控编程与加工技术

主 编 刘光定　　副主编 张 军

主 审 潘爱民

重庆大学出版社

内容提要

本书是根据教育部新一轮职业教育教学改革成果——最新研发的机电一体化技术专业、数控技术专业培养方案中机床数控技术核心课程标准，并参照了相关国家职业标准及相关行业职业技能鉴定规范编写的。全书共4个情境、20个项目，主要内容包括认识数控编程与加工技术、数控编程与加工基础，以及数控车床、数控铣床、加工中心和数控线切机床编程与加工。本书是根据项目教学和基于工作任务过程的要求编写，从数控技能的应知、应会两方面入手，全面系统地介绍了数控加工及相关的基础知识和操作技能。力求紧密联系生产实际，以解决实际工作任务为目标，以培养学生能力为中心，突出实用性，理论浅显、通俗易懂，案例丰富，每个项目中均附有自测习题。

本书可作为职业院校数控技术、机械制造及其自动化、模具设计与制造、机电一体化技术、航空机电技术等专业的教材，也可作为相关行业的岗位培训教材及有关人员的自学用书。

图书在版编目(CIP)数据

数控编程与加工技术/刘光定主编. —重庆:重庆大学出版社,2016.8
高职高专机电一体化专业系列教材
ISBN 978-7-5689-0023-2

Ⅰ.①数… Ⅱ.①刘… Ⅲ.①数控机床—程序设计—高等职业教育—教材②数控机床—加工—高等职业教育—教材 Ⅳ.①TG659

中国版本图书馆 CIP 数据核字(2016)第 185103 号

数控编程与加工技术

主　编　刘光定
副主编　张　军
主　审　潘爱民
策划编辑:周　立
责任编辑:李定群　　版式设计:周　立
责任校对:关德强　　责任印制:赵　晟
*
重庆大学出版社出版发行
出版人:易树平
社址:重庆市沙坪坝区大学城西路 21 号
邮编:401331
电话:(023) 88617190　88617185(中小学)
传真:(023) 88617186　88617166
网址:http://www.cqup.com.cn
邮箱:fxk@ cqup.com.cn(营销中心)
全国新华书店经销
重庆市远大印务有限公司印刷
*
开本:787mm×1092mm　1/16　印张:21　字数:485千
2016 年 8 月第 1 版　　2016 年 8 月第 1 次印刷
印数:1—2 500
ISBN 978-7-5689-0023-2　定价:42.00 元

前　言

　　我国从 20 世纪 80 年代开始进行课程改革直到现在,基本确定了这样的观念,即项目课程应当成为当前高等职业教育专业课程改革的方向,因为它符合职业教育的规律,容易激发学生的学习兴趣,培养学生综合应用能力。高职的教学目标是使学生获得相应职业领域的职业能力。因此,形成职业能力是课程的出发点,也是课程的终结点。

　　21 世纪是知识经济的时代,科学技术发展迅速,日新月异,现代高新技术企业急需大量的既有扎实的理论基础又有较强的动手能力的数控技术应用技能型人才。根据这一要求,同时根据国内高职高专教育的实际情况及各级数控技能竞赛要求,为培养具有数控加工工艺、数控编程和数控机床的实际操作能力的高素质技能型专门人才,编者在多年教学实践的基础上按照项目教学和基于工作任务过程的思路编写了本书。

　　本书由郑州电力职业技术学院的刘光定任主编,张军任副主编。教材具体编写分工如下:项目 1、项目 2、项目 3、项目 8、项目 9、项目 10、项目 13、项目 16、项目 17、项目 18、项目 20 由郑州电力职业技术学院的刘光定编写,项目 4、项目 7、项目 12、项目 14、项目 15 由郑州科技学院的张军编写,项目 6、项目 19 由郑州安全职业学院的轩卉编写,项目 11 由郑州电力职业技术学院的邢勇香编写,项目 5 由郑州科技学院的刘筠筠编写。全书由刘光定统稿,郑州电力职业技术学院的潘爱民教授任主审。

　　本书在编写的过程中得到了有关专家和兄弟院校的大力支持和帮助,在此一并表示感谢。在编写过程中,参考并引用了有关文献和插图等,在此也表示由衷的感谢!

　　因作者水平有限,经验不足,书中不当之处在所难免,敬请各位专家和读者提出宝贵意见。

编　者
2016 年 2 月

目录

情境3　数控铣削编程与加工

情境 1
数控编程与加工基础

项目 1
认识数控编程与加工技术

1.1 项目导航

如图 1.1 所示为数控机床图。所谓的数控机床,顾名思义,是一类由数字程序控制的机床。它是将事先编好的程序输入机床的专用计算机中,由计算机指挥机床各坐标轴的伺服电机控制机床各运动部件的先后动作、速度和位移量,并与选定的主轴转速相配合,从而加工出各种不同工件的设备。要求通过学习来认识数控机床。

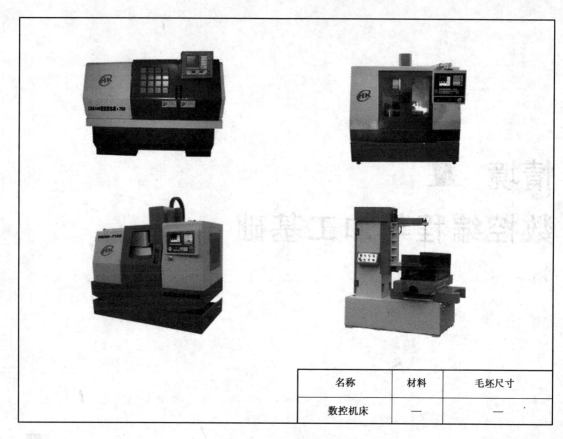

名称	材料	毛坯尺寸
数控机床	—	—

图 1.1　数控机床图

1.2　项目分析

在学习过程中,应认真、仔细地观察数控机床加工,比较数控机床与普通机床的不同之处,深入地了解数控机床加工的内容、加工特点、数控机床种类等基本知识,同时体验数控机床加工的工作氛围,为进一步学习数控机床的编程与加工做准备。

1.3　学习目标

(1)知识目标
①了解数控机床的布局、基本结构及其功用。
②了解数控机床的结构特点及其发展。
③理解数控机床的基本运动。
④掌握数控机床的基本操作。
⑤理解数控机床的加工过程。

⑥了解数控机床的加工对象及其用途。

（2）能力目标

①熟悉数控机床安全文明生产及安全操作规程。

②能够进行数控机床的日常及定期的系统检查、维护保养。

③具有数控机床操作基本的自我保护意识与能力。

④能进行数控机床常用工具、夹具、量具的维护保养。

1.4　相关知识

知识点 1　数控机床的产生与发展过程

数字控制（Numerical Control，NC）是用数字化信号进行控制的一种方法。1947 年，美国的 Parsons 公司为了提高生产飞机零件的靠模和机翼检查样板的精度及效率，提出了用穿孔卡来控制机床的设想；后与 MIT（麻省理工学院）合作，于 1952 年研制出了世界上第一台试验性的三轴联动立式数控铣床，控制装置由真空管组成。1954 年生产出了第一台工业用的数控机床，1955 年类似产品投产了 100 台。这些数控机床在复杂曲面零件加工中发挥了很大作用。

半个世纪以来，随着自动控制技术、微电子技术、计算机技术、精密测量技术及机械制造技术的迅速发展，数控机床也得到了快速发展，产品不断更新换代，品种不断增多。就数控装置而言，大致经历了以下 4 个发展过程：第一代数控装置由真空管组成；第二代采用晶体管和印刷电路；第三代采用小规模集成电路，并出现了 DNC（Direct Numerical Control，直接数控）控制方式；第四代采用大规模集成电路及小型通用计算机控制，被称为计算机数控（Computerized NC，CNC），第一代采用微型计算机或微处理机（Microcomputer NC，MNC）。现在，大多采用多个微处理器组成的微型计算机作为数控装置的核心，数控装置的各项功能被分配到各个微处理器，在主微处理器的统一控制和管理下，并行、协调地工作，使数控机床向高精度、高速度方向发展。

我国于 1958 年开始研制数控机床，"七五"期间，取得了长足的发展。此后，采取自主开发中、高档数控系统与购买国外先进数控系统相结合的方针，加速了我国数控机床生产的发展和使用水平的提高。数控机床产品已覆盖了车、铣、镗、钻、磨、齿轮加工、线切割加工、电火花加工等机床。另外，各种机电产品或设备，如加工中心、弯管机、火焰切割机、三坐标测量机、工业机器人、绘图机，以及激光快速成型机等均采用数控技术原理进行控制，数控机床产品品种已达 300 多种。

知识点 2　数控机床的基本组成和分类

数控机床是采用数控技术对工作台运动和切削加工过程进行控制的机床。它是典型的机电一体化产品，是数控技术的最典型应用。

3

(1)数控机床的组成

典型数控机床的组成如图 1.1 所示。由图 1.1 可知,数控机床主要由零件加工程序、输入装置、数控装置、伺服驱动装置、辅助控制装置、检测反馈装置及机床本体 7 个部分组成。其中,数控装置、伺服驱动装置、辅助控制装置、检测反馈装置又合称为数控系统。

实际上,零件加工程序并非数控机床的物理组成部分,但从逻辑上讲,数控机床加工过程必须按数控加工程序的规定进行,数控加工程序是数控机床加工的一个重要环节。因此,常将数控加工程序作为数控机床的一个组成部分。

1)输入装置

数控机床的零件加工程序是通过程序输入装置输入数控机床的。输入装置与输入方法有关。

①控制介质输入

所谓控制介质,就是零件加工程序存储介质,即程序载体。通常程序载体有穿孔纸带、磁带、磁盘、光盘等,与之相应的输入装置为光电纸带阅读机、录音机、磁盘驱动器、光驱等。早期的数控机床常用穿孔纸带存储加工程序,即在特制的纸带上穿孔,孔的不同位置的组合构成不同的数字或数控代码。通过光电纸带阅读机将纸带上的零件加工程序转换为相应的二进制代码输入数控装置中的存储器。虽然现在很多数控机床上仍附带有纸带阅读机长磁带录机音机,但由于微型计算机的普遍使用期,穿孔纸带和磁带控制介质的应用已越来越少。

②手工输入

利用键盘输入控制机床运动和刀具运动的指令。具体说有以下 3 种情况:

a.手动数据输入(Manual Data Input,MDI),通过数控系统操作面板上的相应按键,把数控程序指令逐条输入存储器中。这种方法一般只适用于一些较为简短的程序。

b.在数控显示的程序编辑界面,通过数控系统操作面板上的相应按键,输入程序指令,存于内存中。后面有关章节中的手工编程主要就是采用这种输入方法。用这种方法还可调出已存入的数控程序,并对其进行编辑修改。

c.在具有对话功能的数控装置上,根据软件的逻辑格式和显示屏上的对话提示,选择不同的菜单,输入有关的数字和信息后,可自动生成控制程序存入内存。这种方法虽然是手工输入,但却是自动编程。

③通信方式输入存储器

从自动编程机上、计算机上或网络上,将编制好的数控加工程序通过通信接口直接输入数控装置的存储器。

2)数控装置

数控装置是数控机床的核心部件,由硬件和软件两大部分组成。硬件包括通用 I/O 接口、CPU、存储器、可编程序控制器(Programmable Logic Controller,PLC)及数字通信接口等。软件包括管理软件和控制软件。管理软件用来管理零件程序的输入、输出,显示零件程序、刀具位置、系统参数及报警,诊断数控装置是否正常并检查故障原因。控制软件则完成译码、插补运算、刀具补偿、位置控制等。

数控装置的主要功能为读入数值并存储,对程序进行译码及数据处理、插补运算、位置控制和 I/O 处理,产生控制指令控制机床各部件协调运动,按确定的顺序和设定的条件完成零件加工程序。

辅助控制装置是介于数控装置和机床的机械与液压部件之间的各种开关执行电器的控制装置。它主要实现各种辅助功能控制,如机床的起停、换刀、冷却液开关等控制。目前,它多由数控装置内置的可编程序控制器来实现。

3) 伺服驱动装置

伺服驱动系统由驱动装置、执行机构及位置、速度检测反馈装置3个部分组成。伺服电机是伺服系统的执行机构,驱动装置则是伺服电机的动力源。来自数控装置的控制指令脉冲经伺服驱动装置进行功率放大,驱动伺服电机,进而通过机械传动装置带动机床主轴、工作台或刀架等机床运动部件运动。其输入为电信号,输出为机床的位移、速度和力。

4) 机床本体

机床本体是实现切削加工的主体,对加工过程起支撑作用。数控机床的精度、精度保持性、刚性、抗振性、低速运动平稳性、热稳定性等主要性能均取决于机床本体。数控机床的机械部件包括主运动部件、进给运动执行部件(如工作台、拖板)及其传动部件,以及床身、立柱等支承部件。此外,还有冷却、润滑、转位和夹紧等辅助装置。对于加工中心类的数控机床,还有存放刀具的刀库、刀具交换装置等部件。数控机床的机械部件的组成与普通机床相似,但传动结构要求更为简单,在精度、刚度、抗振性等方面要求更高,而且其传动和变速系统要便于实现自动控制。

(2)数控机床的工作原理

在数控机床上加工零件时,首先根据零件图样的要求,结合所采用的数控机床的功能、性能和特点,确定合理的加工工艺,编程相应的数控加工程序,并采用适当的方式将程序输入数控装置。在数控机床加工过程中,数控装置对数控加工程序进行编译、运算和处理,输出坐标控制指令到伺服驱动系统,顺序逻辑控制指令到PLC,通过伺服驱动系统和PLC驱动机床刀架或工作台按照数控加工程序规定的轨迹和工艺参数运动,从而加工出符合图纸要求的零件。

知识点 3　数控机床的分类

数控机床的种类很多,分类方法不一。根据数控机床的功能和组成,可从以下5个不同的角度进行分类:

(1)按数控机床的加工工艺分类

1) 普通数控机床

根据数控机床的加工工艺不同,并与传统机床的称谓相对应,可将数控机床分为数控车床、数控铣床、数控钻床、数控磨床及数控镗床等。

2) 加工中心机床

将多种加工工艺内容集中在同一台机床上实现,并具有刀库和自动换刀装置,可在工件一次装卡后连续自动地完成铣削、钻削、镗削、铰孔、扩孔及攻丝等多道工序的加工,这样的数控机床称为加工中心(Machining Center,MC)。常见的加工中心机床有车削加工中心和钻铣镗加工中心。

3）特种加工机床

特种加工机床有数控电火花、数控线切割、激光快速成型机、数控等离子切割及火焰切割等。

4）其他

还有采用数控技术的其他设备如三坐标测量机、工业机器人、数控绘图仪等。

（2）按控制系统的功能特点分类

按数控机床运动轨迹的控制方式,可将数控机床分为点位控制、点位直线控制和轮廓控制3类。

1）点位控制

点位控制的数控机床的特点是:只要求控制刀具相对于工件在机床加工平面内从某一加工点运动到另一加工点的精确坐标位置,而对两点之间的运动轨迹原则上不加以控制,且在运动过程中不作任何加工。典型的点位控制数控机床有数控钻床、数控镗床、数控冲床等。这类机床无须插补器,其基本要求是定位精度、定位时间和移动速度,对运动轨迹无精度要求。为了精确定位和提高移动速度,运动开始时,移动部件首先高速运动,在到达定位终点前减速以实现慢速接近定位点并最终准确定位,如图1.2(a)所示。

2）点位直线控制

点位直线控制的数控机床又简称直线控制的数控机床。这类数控机床不仅可控制刀具或工作台由一个位置点到另一个位置点的精确坐标位置,还可控制它们以给定的速度沿着平行于某一坐标轴方向作直线运动并在移动的过程中进行加工。这类数控系统也可控制刀具或工作台两个坐标同时以相同的速度运动,从而加工出与坐标轴成45°的斜线。典型的点位直线控制的数控机床如简单的具有外圆、端面及45°锥面加工的数控车床,如图1.2(b)所示。

3）轮廓控制

轮廓控制也称连续控制。这类机床的特点是:不仅要求刀具相对于工件在机床加工空间内从一点运动到另一点的精确坐标位置,而且要求对两点之间的运动轨迹及轨迹上每一点的运动速度进行精确控制,且能够边移动边加工。典型的连续控制数控机床有数控车床、数控铣床、加工中心等。这类机床用于加工二维平面轮廓或三维空间轮廓。这类机床的数控系统带有插补器,以精确实现各种曲线或曲面。能进行连续控制的数控机床,一般也能进行点位控制和点位直线控制,如图1.2(c)所示。

（3）按伺服系统的功能特点分类

按所采用的伺服系统控制方式不同,可将数控机床分为开环、闭环和半闭环控制数控机床3类。

1）开环控制数控机床

开环控制系统是指不带位置反馈装置数控机床,其伺服系统由步进驱动和步进电机组成。如图1.3所示为开环控制系统的框图。机床的工作精度取决于步进电机的传动精度及变速机构、丝杠等机械传动部件的精度。

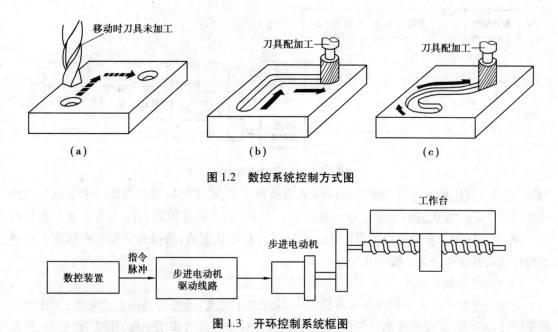

图 1.2　数控系统控制方式图

图 1.3　开环控制系统框图

2）闭环控制数控机床

闭环控制数控机床有位置和速度的检测装置，并且直线位移检测装置直接装在机床移动部件如工作台上，将测量的结果直接反馈到数控装置中，与输入指令进行比较控制，使移动部件按照指令要求运动，最终实现精确定位。如图 1.4 所示为闭环控制系统框图。因为把机床工作台纳入了位置控制环，故称为闭环控制系统。

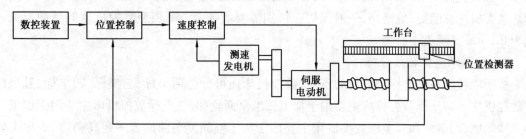

图 1.4　闭环控制系统框图

3）半闭环控制数控机床

半闭环控制数控机床也有位置和速度的检测装置，只是其角位移检测装置装在交流或直流伺服电机的输出轴上，通过检测角位移间接地检测移动部件的位移，并反馈到数控系统中。由于惯性较大的机床移动部件不包括在控制环中，故称为半闭环控制系统。如图 1.5 所示为半闭环控制系统框图。

（4）按数控机床功能强弱分类

按数控机床功能强弱，可将数控机床分为经济型数控机床、全功能型数控机床和高档数控机床。

1）经济型数控机床

经济型数控机床又称简易数控机床，主要采用功能较弱、价格低廉的经济型数控装置，多

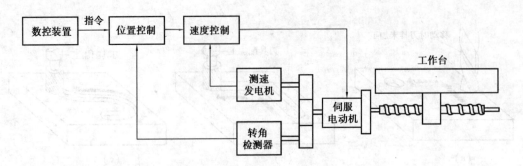

图 1.5 半闭环控制系统框

为开环控制,其机械结构与传统机床机械结构差异不大,刚度与精度均较低。由于这类机床经济性好,因此,在我国中小企业中应用广泛。目前,国产数控仪表机床多为经济型数控机床,有些企业还用经济型数控装置对传统机床进行数控化改造,获得经济型数控机床。经济型数控机床的脉冲当量一般为 0.001~0.01 mm。

2)全功能型数控机床

全功能型数控机床又称普及型数控机床,采用功能完善、价格较高的数控装置,采用闭环或半闭环控制,直流或交流伺服电机,在机械结构设计上充分考虑了强度、刚度、抗振性、低速运动平稳性、精度、热稳定性和操作宜人等方面的要求,能实现高速、强力切削。全功能型数控机床的脉冲当量一般为 0.1~1 μm。

3)高档型数控机床

高档型数控机床是指三轴以上联动控制、能加工复杂形状零件的数控机床,或者工序高度集中且具备高度柔性的数控机床,或者可进行超高速、精密、超精密甚至纳米加工的数控机床。这类机床性能好、价格高,一般仅用在特别需要的场合。高档型数控机床的脉冲当量一般为 0.1 μm 甚至更小。

(5)按联动坐标轴数分类

按所能控制联动坐标轴数目的不同,数控机床还可分为两坐标、三坐标、四坐标、五坐标等数控机床。两坐标数控机床主要用于加工二维平面轮廓,三坐标数控机床主要用于加工三维立体轮廓,四坐标和五坐标数控机床主要用于加工空间复杂曲面或一些高精度、难加工的特殊型面。

知识点4　数控机床加工特点及应用范围

(1)数控机床加工的特点

与传统机床相比,数控机床具有以下显著特点:

1)自动化程度高

数控机床上的零件加工是在程序的控制下自动完成的。在零件加工过程中,操作者只需完成装卸工件、装刀对刀、操作键盘、启动加工、加工过程监视、工件质量检验等工作,因此劳动强度低,劳动条件明显改善。数控机床是柔性自动化加工设备,是制造装备数字化的主角,是计算机辅助制造(Computer Aided Manufacturing, CAM)、柔性制造系统(Flexible Manufacturing System, FMS)、计算机集成制造系统(Computer Integrated Manufacturing System,

CIMS）等柔性自动化制造系统的重要底层设备。

2）加工精度高

数控机床的控制分辨率高，机床本体强度、刚度、抗振性、低速运动平稳性、精度、热稳定性等性能均很好，具有各种误差补偿功能，机械传动链很短，且采用闭环或半闭环反馈控制，因此，本身即具有较高的加工精度。由于数控机床的加工过程自动完成，排除了人为因素的影响，因此，加工零件的尺寸一致性好，合格率高，质量稳定。

3）生产率高

一方面，数控机床主运动速度和进给运动速度范围大且无级调速，快速空行程速度高，结构刚性好，驱动功率大，可选择最佳切削用量或进行高速高强力切削，与传统机床相比切削时间明显缩短；另一方面，数控机床加工可免去划线、手工换刀、停机测量、多次装夹等加工准备和辅助时间，从而明显提高数控机床的生产效率。此外，有些数控机床采用了双工作台结构，使工件的装卸辅助时间与机床的切削时间重合，进一步提高了生产效率。

4）对工件的适应性强

数控机床具有坐标控制功能，配有完善的刀具系统，可通过数控编程加工各种形状复杂的零件。数控机床主运动速度和进给运动速度范围大且无级调速，可适应多种难加工材料零件的加工。数控机床属柔性自动化通用机床，在不需对机床和工件进行较大调整的情况下，即可适应各种批量的零件加工。

5）有利于生产管理信息化

数控机床按数控加工程序自动进行加工，可以精确计算加工工时、预测生产周期，所用工装简单，采用刀具已标准化，因此，有利于生产管理的信息化。现代数控机床正向智能化、开放化、网络化方向发展，可将工艺参数自动生成、刀具破损监控、刀具智能管理、故障诊断专家系统、远程故障诊断与维修等功能集成到数控系统中，并可在计算机网络和数据库技术支持下将多台数控机床集成为柔性自动化制造系统，为企业制造信息化奠定底层基础。

（2）数控机床的应用范围

数控机床是一种可编程的通用加工设备，但是因设备投资费用较高，还不能用数控机床完全替代其他类型的设备。因此，数控机床的选用有其一定的适用范围如下：

①生产批量小的零件（100 件以下）。

②需要进行多次改型设计的零件。

③加工精度要求高、结构形状复杂的零件，如箱体类，曲线、曲面类零件。

④需要精确复制和尺寸一致性要求高的零件。

⑤价值昂贵的零件，这种零件虽然生产量不大，但是如果加工中因出现差错而报废，将产生巨大的经济损失。

知识点 5　数控机床的使用特点

（1）对技术人员要求较高

对数控机床操作、维修及管理人员有较高的文化水平和技术素质要求，必须经过专门的培训才能上岗。

数控技术人员除了要有一定的工艺基础知识外,还应对数控机床的结构特点、工作原理以及程序编制进行必备的技术理论培训和操作训练,并能正确编写或快速理解程序,对数控加工过程中出现的各种情况做出正确、有效的判断和处理。

(2)对夹具和刀具的要求较高

单件或小批量生产时,一般使用通用夹具;批量生产时,应使用专用夹具或组合夹具。数控机床的刀具已经标准化通用化。

知识点6 数控机床的重要性

数控机床在机械制造业中得到日益广泛的应用(美国的数控机床已占机床总数的80%以上),是因为它有效地解决了复杂、精密、小批多变的零件加工问题,能满足高质量、高效益和多品种、小批量的柔性生产方式的要求,适应各种机械产品迅速更新换代的需要,经济效益显著,代表着当今机械加工技术的趋势与潮流,也是现代机械制造企业在市场竞争激烈的条件下生存与发展的必然要求。

知识点7 数控机床的新发展

随着电子、信息等高新技术的不断发展,随着市场需求个性化与多样化,未来先进制造技术发展的总趋势是向精密化、柔性化、网络化、虚拟化、智能化、清洁化、集成化、全球化的方向发展。数控技术是制造业实现这些先进制造技术的基础,而数控技术水平高低和数控设备拥有量是体现国家综合国力水平、衡量国家工业现代化的重要标志之一。

1.5 项目实施

实施点1 安全文明生产

(1)概念

1)安全生产

安全生产是指在生产中,保证设备和人身不受伤害。

进行安全教育、提高安全意识、做好安全防护工作是生产的前提和重要保障。例如,进入车间要穿工作服,袖口要扎紧,不准穿高跟鞋、凉鞋,要戴安全帽,女生要把长发盘在帽子里,操作时站立位置要避开铁屑飞溅的地方等。

2)文明生产

文明生产是指在生产中,设备和工量刃辅具的正常使用,并保持设备、工量刃辅具和场地的清洁和有序。

设备和工量刃辅具要按照其正常的使用功用和使用方法使用,不能移作他用,不能超出使用范围。还要注意量具的零配件、附件不要丢失、损坏;机床使用前,应按照规范进行润滑等。

要保持设备、工量刃辅具和场地的清洁。时常用干净的棉纱擦拭双手、擦拭操作面板、工具量具刃具辅具,经常用铁屑钩子或毛刷清理导轨和拖板上的铁屑。下班后,按照规范将机床、地面清扫干净。

保持设备、工量刃辅具和场地的有序。工量刃辅具的摆放要规范,使用完毕后放回原处。下班后将工量刃辅具擦拭干净,放入工具箱中。

作好交接班工作,下班时填写交接班记录并锁好工具箱门。对于公用或借用物品要及时归还。在批量生产中,毛坯零件、已加工零件、合格零件和不合格零件要按照规定的区域分开放置。

安全生产和文明生产合称安全文明生产。对于安全生产的操作规范称为安全操作规程,对于文明生产的操作规范称为文明操作规程,两者合称安全文明操作规程。对于每一种机床都有相应的安全文明操作规程来具体规定相应的安全文明操作要求。

(2)意义

保证人身和设备的安全;保证设备、工量刃辅具必备的精度和性能,以及足够的使用寿命。

(3)要求

①牢固树立安全文明生产的意识。明确数控加工的危险性,如不遵守安全操作规程,就有可能发生人身或设备安全事故。如不遵守文明操作规程,野蛮生产,就会影响设备、工量刃辅具的使用性能和精度,大大降低使用寿命。要理解安全操作规程的实质,善于从总结操作结经验和教训,培养安全文明生产意识。

②严格按照操作规程操作设备,养成良好的操作习惯。

实施点 2　数控车床安全操作规程

①操作数控机床之前应熟悉数控机床的操作说明书,听从安排,严格操作规程操作。

②开机前,应检查数控机床各部分机构是否完好,各按钮是否能自动复位。

③严禁戴手套上机床操作,女生务必戴安全帽;操作过程中,应避免身体与机床(如电器柜等)接触,以防触电;参观者必须与加工区域保持一定的安全距离。

④严格遵守先开线路总电源,再开机床强电电源,待系统自检完毕后旋开急停按钮。

⑤开机后机床首先返回参考点。返回参考点时应先回+X 轴,待+X 轴返回参考点后再返回+Z 轴。离开参考点时应先移动-Z 轴至安全位置再移动-X 轴,以防刀架与尾座发生碰撞。

⑥不允许在卡盘及床身上敲击校正;工具、工件、毛坯放在指定位置,不允许随便乱放,更不允许放在床身上。

⑦车削铸铁或气割下料的工件时,导轨上润滑油要擦去,工件上的型砂杂质应除干净。

⑧使用冷却液时,要在导轨上涂润滑油。

⑨车床换刀时,必须远离卡盘和工件,以免发生碰撞;装夹工件与刀具时按下急停按钮。

⑩机床工作时,人不许离开。人要离开必须切断电源,待机床完全停止运行后方可离开。

⑪加工时精力集中,出现问题应立即按下机床的急停开关,并向实习老师报告操作过程中出现的任何异常问题,做到及时反映。

⑫爱护量具,保持量具的清洁,用后擦净、涂油,放入盒内;若有缺损,应及时向实习老师反映。

⑬实习时,保持机床清洁和周边位置环境清洁,每天用后必须清理机床和打扫卫生;搞卫生时,严禁用湿棉纱及其他带水物件擦拭或接触机床。

⑭关机前,X 轴 Z 轴返回参考点附近;组长清点工量具并向老师交回。

⑮关机时,先压下急停开关,再关机床电源。

实施点 3 数控铣床、加工中心安全操作规程

(1)制订操作规程

为了正确、合理地使用数控铣床、加工中心,保证机床正常运转,必须制订比较完整的数控铣床、加工中心操作规程。与基本数控车床一样。

(2)使用数控机床应注意的问题

1)提高操作人员的综合素质

数控机床比普通机床的使用难度要大,因为数控机床是典型的机电一体化产品,它牵涉的知识面较宽,即操作者应具有机、电、液、气等更宽广的专业知识,因此对操作人员提出的素质要求是很高的。

2)遵循正确的操作规程

无论什么机床,它都有一套自己的操作规程。这既是保证操作人员安全的重要措施之一,也是保证设备安全、产品质量等的重要措施。使用者必须按照操作规程正确操作,如果机床在第一次使用或长期没有使用时,应先使其空转几分钟。使用中,注意开机、关机的顺序和注意事项。

3)创造一个良好的使用环境

由于数控机床中含有大量的电子元件,它们最怕阳光直接照射,也怕潮湿和粉尘、振动等,这些均可使电子元件受到腐蚀变坏或造成元件间的短路,引起机床运行不正常。数控机床的使用环境应保持清洁、干燥、恒温,无振动,电源应保持稳压,一般只允许±10% 波动。

4)尽可能提高机床的开动率

新购置的数控机床应尽快投入使用,设备在使用初期故障率相对来说往往大一些,用户应在保修期内充分利用机床,使其薄弱环节尽早暴露出来,在保修期内得以解决。在缺少生产任务时,也不能空闲不用,要定期通电,每次空运行 1 h 左右,利用机床运行时的发热量来去除或降低机内的湿度。

5)冷静对待机床故障

机床在使用中不可避免地会出现一些故障,此时操作者要冷静对待,不可盲目处理,以免产生更为严重的后果。要注意保留现场,待维修人员来后如实说明故障前后的情况,并参与共同分析问题,尽早排除故障。故障若属于操作原因,操作人员要及时吸取经验,避免下次重复犯错。

1.6　项目小结

本项目详细介绍数控机床的布局、基本结构及其功用;数控机床的结构特点及其发展;数控机床的基本运动;数控机床的基本操作;数控机床的加工过程;数控机床的加工对象及其用途。

熟悉数控机床安全文明生产及安全操作规程;能够进行数控机床的日常及定期的系统检查、维护保养;具有数控机床操作基本的自我保护意识与能力;能进行数控机床常用工具、夹具、量具的维护保养。

1.7　项目自测

(1)填空题(请将正确答案填写在题中的横线中)

①数控机床由_____、_____、_____、_____及_____组成。

②数控机床采用_____技术对机床的加工过程进行自动控制的一类机床。

③突破传统机床结构的最新一代的数控机床是_____机床。

④世界上第一台数控机床是由_____国制造的。

(2)选择题(请将正确答案的序号填写在题中的括号中)

①闭环控制系统的位置检测装置装在(　　　)。

A.传动丝杠上　　　　B.伺服电动机轴上　　　　C.数控装置上　　　　D.机床移动部件上

②数控钻、镗床一般常采用(　　　)。

A.直线控制系统　　　B.轮廓控制系统　　　　C.点位控制系统　　　D.曲面控制系统

③数控机床中把零件加工程序转换成脉冲信号的组成部分是(　　　)。

A.控制介质　　　　B.数控系统　　　　　C.机床本体　　　　D.伺服电机

④适合于加工形状特别复杂(曲面叶轮)、精度要求较高的零件的数控机床是(　　　)。

A.加工中心　　　　B.数控铣床　　　　　C.数控车床　　　　　D.数控线切割机床

(3)问答题

①简述数控机床的发展趋势。

②简述数控机床各组成部分的作用。

③简述数控机床的运动性能指标。

项目 2

数控编程与加工的基础

2.1　项目导航

数控编程是数控加工中的重要步骤,包括机床坐标系、工件坐标系、准备功能指令、进给功能指令、辅助功能指令、数控加工程序的格式及编程方法等。手工编程时,整个程序的编制过程由人工完成。这就要求编程人员要熟悉数控代码及编程规则。对于几何形状不太复杂的零件和点位加工,所需的加工程序不多,计算也较简单,出错的机会较少,这时用手工编程还是经济省时的。如图 2.1 所示为机床坐标系图。

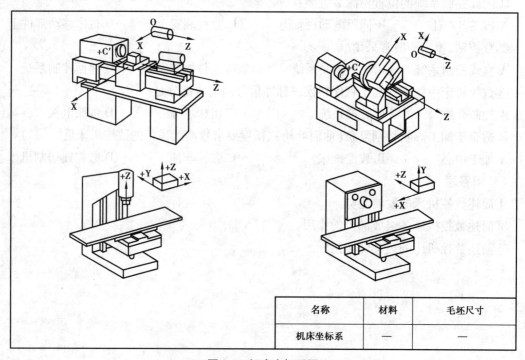

名称	材料	毛坯尺寸
机床坐标系	—	—

图 2.1　机床坐标系图

2.2　项目分析

在数控机床上加工零件并保证零件的加工精度,其实质是保证工件和刀具的相对运动精度无误。所有想要在编程时控制工件和刀具运动,首先需要掌握数控机床上常用的两个坐标系,机床坐标系和工件坐标系;其次还要掌握机床参考点、换刀点、编程方法、编程指令等内容。

2.3　学习目标

(1)知识目标

①掌握数控加工中机床坐标系和工件坐标系的关系。

②掌握数控编程的步骤和方法。

③掌握数控编程的格式。

④掌握数控编程原点的选择方法。

⑤掌握用编程指令的功能。

(2)能力目标

①能够理解数控编程坐标系与工件坐标系的关系。

②能够正确判断数控机床的坐标轴及坐标方向。

③能够正确、合理地选择编程原点。

④能够合理地安排编程步骤。

⑤能够熟练使用常用功能指令。

2.4　相关知识

知识点1　数控机床坐标系

在数控机床上加工零件,刀具与工件的相对运动是以数字形式体现的。因此,必须建立相对的坐标系,才能明确刀具与工件的相对位置。数控机床的坐标系包括坐标原点、坐标轴和运动方向。

工件在数控机床上加工的工艺内容多,工序集中,所以每一个数控编程人员和数控机床的操作者,都必须对数控机床的坐标系有一个完整而且能正确地理解;否则,程序编制将发生错误,操作机床时会发生事故。为了简化数控编程和使数控系统规范化,国际标准化组织

(ISO)对数控机床规定了标准坐标系。

(1)坐标系

机床坐标系是机床上固有的,用来确定工件坐标系的基本坐标系。国际标准和国家标准中,规定了数控机床的坐标系采用笛卡尔右手直角坐标系,如图2.2所示。基本坐标轴为X,Y,Z轴,它们与机床的主要导轨相平行,相对于每个坐标轴的旋转运动坐标分别为A,B,C。

基本坐标轴X,Y,Z关系及其正方向用右手直角定则判定。拇指为X轴,食指为Y轴,中指为Z轴,其正方向为各手指指向,并分别用+X,+Y,+Z来表示。围绕X,Y,Z各轴的旋转运动及其正方向用右手螺旋定则判定,拇指指向X,Y,Z轴的正方向,四指弯曲的方向为对应各轴的旋转正方向,并分别用+A,+B,+C来表示。

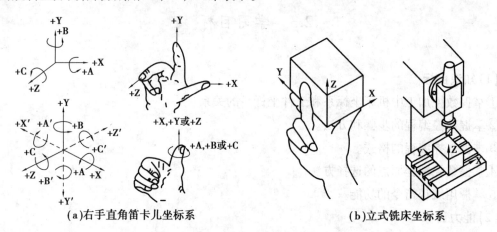

(a)右手直角笛卡儿坐标系　　　　　(b)立式铣床坐标系

图2.2　坐标系

(2)坐标轴及其运动方向

1)ISO标准的有关规定

不论数控机床的具体结构是工件静止、刀具运动,还是刀具静止、工件运动,都假定工件不动,刀具相对于静止的工件运动。

机床坐标系X,Y,Z轴的判定顺序为:先Z轴,再X轴,最后按右手定则判定Y轴。

增大刀具与工件之间距离的方向为坐标轴运动的正方向。

2)坐标轴的判定方法

①Z轴——平行于主轴轴线的坐标轴为Z轴。刀具远离工件的方向为Z轴的正方向,如图2.3—图2.5所示。坐标轴名中(+X,+Y,+Z;+A,+B,+C)不带"′"的表示刀具相对工件运动的正方向,带"′"的表示工件相对刀具运动的正方向。对于有多个主轴或没有主轴的机床(如刨床),垂直于工件装夹平面的轴为Z轴,如图2.6、图2.7所示。

②X轴——平行于工件装夹平面的坐标轴为Z轴。它一般是水平的。以刀具远离工件的运动方向为X轴的正方向。对于工件是旋转的机床,X轴为工件的径向,如图2.3所示。对于刀具是旋转的立式机床,从主轴向立柱看,右侧方向为X轴的正方向,如图2.4所示。对于刀具是旋转的卧式机床,从主轴向工件看,右侧方向为X轴的正方向,如图2.5所示。

③Y轴——Y轴垂直于X,Z轴;当X,Z轴确定之后,按笛卡尔直角坐标右手定则判断Y

轴及其正方向。

④旋转运动轴 A,B,C 轴——运动轴 A,B,C 的轴线平行于 X,Y 和 Z 轴,其旋转运动的正方向按右手螺旋定则判定(见图 2.2),判别实例如图 2.8、图 2.9 所示。

⑤附加坐标——如果基本坐标轴 X,Y,Z 轴以外,还有平行于它们的第二或者第三坐标轴,则分别用 U、V、W 和 P,Q,R 表示。

⑥主轴旋转方向——从主轴后端向前端(装刀具或工件端)看,顺时针方向旋转为主轴正旋转方向,它与 C 轴的正方向不一定相同。例如,卧式车床的主轴正旋转方向与 C 轴正方向相同,对于钻、铣、镗床,主轴正旋转方向与 C 轴方向相反。

(3)机床坐标系原点与机床参考点

现代数控机床一般都有一个基准位置,称为机床原点或机床绝对原点,是机床制造商设置在机床上的一个物理位置。其作用是使机床与控制系统同步,建立测量机床运动坐标的起始点。机床坐标系建立在机床原点之上,是机床上固有的坐标系。机床坐标系的原点位置在各坐标轴的正向最大极限处,用 M 表示,如图 2.10 所示。

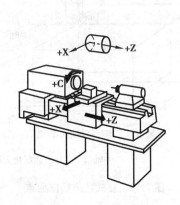

图 2.3　数控车床

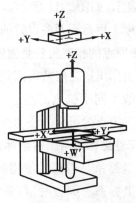

图 2.4　数控立式升降台铣床

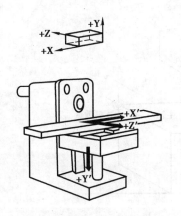

图 2.5　数控卧式升降台铣床

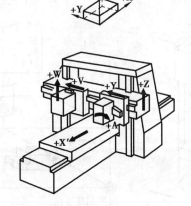

图 2.6　数控龙门铣床

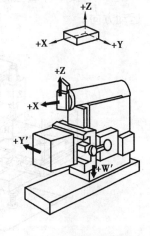

图 2.7　数控牛头刨床

17

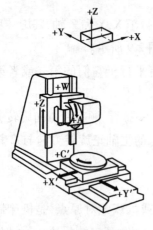

图 2.8　五坐标数控铣床

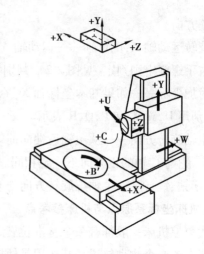

图 2.9　数控卧式镗床

与机床原点相对应的还有一个机床参考点,用 R 表示,如图 2.11 所示。它是机床制造商在机床上用行程开关设置的一个物理位置,与机床原点的相对位置是固定的,由机床制造商在机床出厂之前精密测量确定。机床参考点一般不同于机床原点。一般来说,加工中心的参考点为机床的自动换刀位置。

(4)工件坐标系与工件坐标系原点

工件坐标系是编程时使用的坐标系,又称为编程坐标系。编程时,首先根据被加工零件的几何形状和尺寸,在零件图上设定工件坐标系,使零件图上的所有几何元素,在坐标系中都有确定的位置,为编程提供轨迹坐标和运动方向。

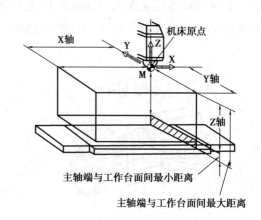

图 2.10　立式铣床机床原点

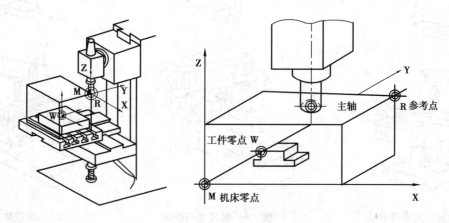

图 2.11　机床参考点与工件原点的关系

工件坐标系的坐标轴,要根据工件在机床上的安装位置和加工方法来确定,如图 2.12 所示。一般工件坐标系的 Z 轴要与机床坐标系的 Z 轴平行,且正方向一致,与工件的主要定位支撑面垂直;工件坐标系的 X 轴,选择在零件尺寸较大或切削时的主要进给方向上,且与机床坐标系的 X 轴平行,正方向一致;工件坐标系的 Y 轴,可根据右手定则确定。

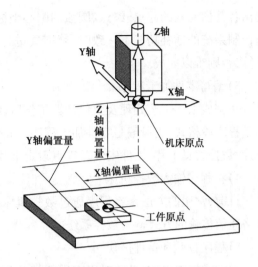

图 2.12　工件坐标系与机床坐标系

(5)工件坐标系原点

加工坐标系是指以确定的加工原点为基准所建立的坐标系。也称为工件原点或编程原点,由编程人员根据编程计算方便性、机床调整方便性、对刀方便性、在毛坯上位置确定的方便性等具体情况定义在工件上的几何基准点,一般为零件图上最重要的设计基准点,加工原点也称为程序原点,是指零件被装夹好后,相应的编程原点在机床坐标系中的位置。

工件原点选择如下:

①与设计基准、工艺基准一致。

②尽量选在尺寸精度高、表面粗糙度低的工件表面。

③最好在工件的对称中心上。

④要便于测量和检测。

知识点 2　数控编程的步骤与方法

数控编程,即把零件全部加工工艺过程及其他辅助动作,按动作顺序,用数控机床指定的指令、格式,编成加工程序,然后将程序输入数控机床。

(1)数控编程的步骤

1)分析零件图样,制订工艺方案

编程人员首先要根据零件图,分析零件的材料、形状、尺寸、精度及毛坯形状和热处理要求等,明确加工的内容和要求,选择合适的数控机床,拟订零件加工方案,确定加工顺序、走刀路线、装夹方法、刀具及合理的切削用量等。并结合所用数控机床的规格、性能、数控系统的功能等,充分发挥机床的效能。加工路线尽可能短,要正确选择对刀点、换刀点,减少换刀次数,提高加工效率。

2)数值计算

在确定了工艺方案后,就需要根据零件的几何尺寸、加工路线等,计算刀具中心运动轨迹,以获得刀位数据。数控系统一般均具有直线插补与圆弧插补功能,对于加工由圆弧和直线组成的较简单的平面零件,只需要计算出零件轮廓上相邻几何元素交点或切点的坐标值,得出各几何元素的起点、终点、圆弧的圆心坐标值等,就能满足编程要求。当零件的几何形状与控制系统的插补功能不一致时,就需要进行较复杂的数值计算,一般需要使用计算机辅助计算,否则难以完成。

3)编写零件加工程序

在完成上述工艺处理及数值计算工作后,编程人员根据使用数控系统规定的功能指令代码及程序段格式,逐段编写零件加工程序。此外,还应填写有关的工艺文件,如数控加工工序卡片、数控刀具卡片、工件安装及零点设定卡片等。

4)将程序输入数控机床

目前,常用的方法是将程序通过数控机床操作面板或键盘手工输入,以及利用计算机或网络通信传输的方式输入数控系统。

5)程序校验和首件试切

在正式加工之前,必须对程序进行校验和首件试切。通常可采用机床空运行的功能,来检查机床动作和运动轨迹的正确性,以检验程序。在具有 CRT 图形模拟显示功能的数控机床上,可通过显示走刀轨迹或模拟刀具对工件的切削过程,对程序进行检查。但这些方法只能检验出运动是否正确,不能检验被加工零件的加工精度。因此,要进行零件的首件试切。当发现有加工误差时,分析误差产生的原因,采取尺寸补偿措施,加以修正。

数控编程的内容和步骤可用如图 2.13 所示的框图表示。

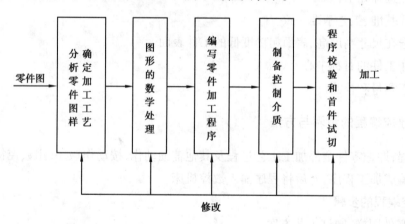

图 2.13　数控编程的内容和步骤

(2)数控编程的方法

根据零件复杂程度的不同,数控编程有手工编程和自动编程两种。

1)手工编程

手工编程主要由人工来完成数控机床程序编制各个阶段的工作。一般被加工零件形状不复杂和程序较短时,可采用手工编程的方法。它要求编程人员不仅要熟悉数控指令及编程规则,还要具备数控加工工艺知识和数值计算能力。手工编程的框图如图 2.14 所示。

2)自动编程

自动编程即计算机辅助编程,是利用计算机及专用自动编程软件,以人机对话方式确定

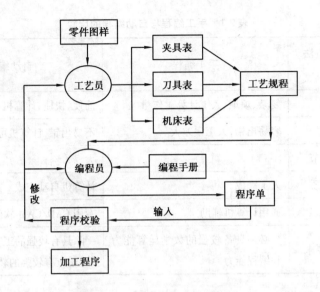

图 2.14 手工编程的框图

加工对象和加工条件,自动进行运算并生成指令的编程过程。自动编程主要用于曲线轮廓、三维曲面等复杂型面的编程。利用自动编程,可缩短生产周期,提高机床的利用率,有效地解决各种模具及复杂零件的加工。

自动编程可分为以语言数控自动编程(APT)或绘图数控自动编程为基础的自动编程方法。

①语言数控自动编程(APT)

它是指加工零件的几何尺寸、工艺要求、切削参数及辅助信息等用数控语言编写成零件源程序后,输入计算机中,再由计算机进一步处理得到零件加工程序单。自动编程框图如图2.15 所示。

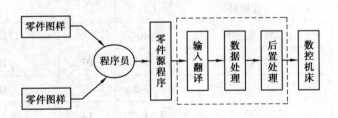

图 2.15 自动编程框图

②图数控自动编程

它是指用 CAD/CAM 软件将零件图形信息直接输入计算机,以人机对话方式确定加工条件,并进行虚拟加工,最终得到加工程序。典型的 CAD/CAM 软件有 UGNX,Pro/E,MasterCAM,Cimatron,CAXA 等。

手工编程与自动编程的比较见表2.1。

表 2.1　手工编程与自动编程的比较

内容＼方法	手工编程	自动编程
数值计算	复杂、烦琐、人工计算工作量大	简便、快捷、计算机自动完成
出错率	容易出错,人工误差大	不易出错,计算机可靠性高
程序所占字节	小	大
制作控制介质	人工完成	计算机自动完成
所需设备	通用计算机辅助	专用 CAD/CAM 软件
对编程人员要求	必须具备较强的数学运算能力和编程能力	除具有较强的工艺、刀具等知识外,还应有较强的软件应用能力

知识点 3　常用数控编程指令

数控机床上常用的功能指令有准备功能 G、辅助功能 M、刀具功能 T、主轴转速功能 S 及进给功能 F。数控车床和铣床有相同的编程指令,也有不同的编程指令,下面将列出各功能指令的含义,见表 2.2—表 2.4。

表 2.2　FANUC 0i 数控车/铣系统常用 G 代码(相同 G 功能)

代码	组号	功能	代码	组号	功能
代码	组号	FANUC 0i-M/T	代码	组号	FANUC 0i-M/T
G00*	01	快速定位	G20	06	英寸输入
G01		直线插补	G21*		毫米输入
G02		顺圆弧插补	G40*	07	刀具半径补偿取消
G03		逆圆弧插补	G41		刀具半径左补偿
G04	00	暂停	G42		刀具半径右补偿
G17*	16	选择 X-Y 平面	G54~59	14	选择 1~6 工件坐标系
G18		选择 X-Z 平面	G90*	03	绝对坐标编程
G19		选择 Y-Z 平面	G91		增量坐标编程

表 2.3　FANUC 0i 数控车/铣系统常用 G 代码(不同 G 功能)

G30		返回第 2,3,4 参考点	—
32(33)	01	G33 螺纹切削	恒螺距螺纹切削
G34		—	变螺距螺纹切削
G43		刀具长度正补偿	—
G44	08	刀具长度负补偿	—
G49*		刀具长度补偿取消	—
G50	11	比例缩放取消	坐标系或主轴最大转速设定
G51		比例缩放有效	
G52	00	局部坐标系设定	局部坐标系设定
G53		选择机床坐标系	选择机床坐标系
G65	00	调用宏指令	调用宏指令
G66	12	模态调用宏指令	—
G67		模态调用宏指令取消	—
G68	16	坐标旋转有效	—
G69		坐标旋转取消	—
G70		—	精加工循环
G71		—	外圆粗车循环
G72		—	端面粗车循环
G73	09/00	高速深孔钻循环	轮廓粗车循环
G74		左旋攻螺纹循环	端面切槽或钻深孔
G76		精镗循环	车螺纹复合循环
G80*		固定钻孔循环取消	固定钻孔循环取消
G81		钻孔循环	—
G82	10	锪孔循环	—
G83		深孔钻循环	钻孔循环
G84		攻螺纹循环	攻螺纹循环
G85		镗孔循环	镗孔循环
G90	03/01	绝对尺寸模式	外径/内径车削循环
G91	03	增量尺寸模式	—
G92	00/01	设置工件坐标系	螺纹车削单一循环
G94	05/01	每分钟进给	端面车削循环
G95	05	每转进给	
G96	13/02	恒周速控制	恒线速切削控制
G97		恒周速控制取消	取消恒线速切削控制
G98*	10/05	固定循环返回到初始点	每分钟进给
G99		固定循环返回到 R 点	每转进给

注：* 表示开机缺省设置，— 表示无此代码，00 组为非模态代码，其余为模态代码。

表 2.4 常用 M 功能

代码	说　明	附　注
M00	程序暂停：当 CNC 执行到 M00 指令时，将暂停执行当前程序，重按操作面板上的"循环启动"键使程序继续执行	
M01	计划停止：与 M00 作用相同，当机床面板上"任选停止"有效时，CNC 才执行该功能	
M02	程序结束：当 CNC 执行 M02 指令时，机床处于复位状态，程序不会自动返回程序开头	
M03	主轴正转（CW）	
M04	主轴反转（CCW）	
M05	主轴停	
M06	换刀（只用于加工中心）	模态
M08	切削液开	
M09	切削液关	
M19	主轴定位	
M30	程序结束，程序自动返回程序开头	非模态
M98	子程序调用	模态
M99	子程序结束，返回主程序	

知识点 4　数控编程格式

（1）加工程序的结构

数控加工程序是由一系列机床数控装置能辨识的指令有序结合而构成的。它可分为程序号、程序段和程序结束等。

例如，下面给出一个典型的数控铣床加工程序的组成实例，铣削如图 2.16 所示零件的外形轮廓，见表 2.5。

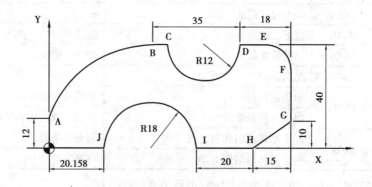

图 2.16　铣削零件的外形轮廓

表 2.5 数控铣削加工参考程序

程 序	说 明
O0030	程序名
N10 G90 G01 Y12 F80;	程序原点一 A
N20 G02 X38.158 Y40 I38.158 J-12;	A→B
N30 G91 G01 X11;	B→C
N40 G03 X24 R12;	C→D
N50 G01 X8;	D→E
N60 G02 X10 Y-10 R10;	E→F
N70 G01 G90 Y10;	F→G
N80 G91 X-15 Y-10;	G→H
N90 X-20;	H→I
N100 G90 G03 X20.158 R18;	I→J
N110 G01 X0;	J→程序原点
N120 G00 Z100;	抬刀
N130 M30;	程序结束

由此看出,每一个程序都是由程序号、程序内容和程序结束三部分组成,以上程序中每一行称为一个程序段或单节,每一程序段至少由一个程序字所组成,程序字是由一个地址和数字组成(如 G00,G01,X120.0,F0.2,M30 等)。每一程序段后面加一结束符号";",以表示一个程序段的结束。即字母和数字组成字,字组成程序段,程序段组成程序。如此 CNC 装置即按照程序中的程序段顺序,依次执行程序。

(2)加工程序的组成

加工程序有以下 3 个部分组成:

1)程序名字

程序号为程序的开始部分,为了区别存储器中的程序,每个程序都要有程序编号,在编号前采用程序编号地址码。如在 FANUC 0i 系统中,采用英文字母"O"作为程序编号地址,而其他系统有的采用"P""%"":"等。

2)程序内容

程序内容是整个程序的核心,由许多程序段组成,每个程序段由一个或多个指令(字)组成,表示数控机床要完成的全部动作。

3)程序结束

以程序结束指令 M02 或 M30 作为整个程序结束的符号,来结束整个程序。

(3)程序段格式

零件的加工程序是由程序段组成。程序段格式是指一个程序段中字、字符、数据的书写规则。它通常有以下 3 种格式:

1)字——地址程序段格式字

地址程序段格式由语句号字、数据字和程序段结束组成。名字后有地址,字的排列顺序要求不严格,数据的位数可多可少,不需要的字以及与上一程序段相同的续效字可以不写。该格式的优点是程序简短、直观以及容易检查和修改。因此,该格式目前广泛使用。

2)分隔符的程序段格式

这种格式事先规定了输入时可能出现的字的顺序,在每一个字前写一个分隔符,这样就可以不写地址符,只要按规定的顺序把相应的数字跟在分隔符后面即可。

使用分隔符的程序段与字——地址程序段的区别在于分隔符代替了地址符。在这种格式中,重复的可以不写,但分隔符不能省略。若程序中出现连在一起的分隔符,表明中间略去了一个数据字。

3)固定程序段格式

这种程序段既无地址码也无分隔符,名字的顺序及位数是固定的,重复的字不能省略,所以每一个程序段的长度都是一样的。目前,这种程序段的格式很少使用。

(4)字——地址程序段的编排规则

字——地址程序段格式的编排顺序如下:

N_G_X_Y_Z_I_J_K_P_Q_R_A_B_C_F_S_T_M_LF

注意:上述程序段中包括的各种指令并非在加工程序的每个程序段中都必须有,而是根据各程序段的具体功能来编入相应的指令。

例如:

N20 G01 X35.2 Y-46.8 F120;

(5)程序段名字的说明

字——地址程序段由语句号字、数据字和程序段结束组成。常用于表示地址的英文字母含义见表2.6。

表 2.6　地址功能含义

功　能	地　址	意　义
程序号	O	程序号
顺序号	N	顺序号
准备功能	G	指定移动方式(直线、圆弧等)
尺寸字	X,Y,Z,U,V,W,A,B,C	坐标轴移动指令
	I,J,K	圆弧中心的坐标
	R	圆弧半径
进给功能	F	每分钟进给速度,每转进给速度
主轴转速功能	S	主轴转速
刀具功能	T	刀号

功　能	地　址	意　义
辅助功能	M	机床上的开/关控制
	B	工作台分度等
偏置号	D,H	偏置号
暂停	P,X	程序暂停
程序号指定	P	子程序号
重复次数	P	子程序重复次数
参数	P,Q	固定循环参数

1)语句号字(顺序号)

用以识别程序段的编号,由地址码 N 和后面的若干位数字组成。例如,N20 表示该语句的句号为20。

顺序号与数控程序的加工顺序无关,它只是程序段的代号,故可任意编号。但最好由小到大按顺序编号,较符合人们的思维习惯。

2)功能字

功能字主要包括准备功能字(G 功能字)、进给功能字(F 功能字)、主轴转速功能字(S 功能字)、刀具功能字(T 功能字)及辅助功能字(M 功能字)。各功能字均由相应的地址码和后面的数字组成。

3)尺寸字

尺寸字由地址码、+、-符号及绝对(或增量)数值构成。尺寸字的地址码有 X,Y,Z,U,V,W,P,Q,R,A,B,C,I,J,K,D,H 等,如 X22.5 Y-55.0。尺寸字的"+"可省略。

4)程序段结束

写在每一程序段之后,表示程序结束。当用"EIA"标准代码时,结束符为"CR";用"ISO"标准代码时为"NL"或"LF";有的用符号";"或"＊"表示;有的直接按"Enter"键即可。

例如,程序段中各地址的含义见表2.7。

表 2.7　程序段中各地址含义

代码	N100	G01	G42	X50	Y10	F100	S500	M03	D01
含义	语句号	准备功能		尺寸字		进给率	主轴转速	主轴正转	补偿号

2.5 项目实施

实施点 1 建立坐标系

对刀就是在机床上设置刀具偏移或设定工件坐标系的过程。

（1）设置主轴旋转

①按下机床操作面板"MDI"按钮。

②按下"PROG"按钮，进入"MDI"输入窗口。

③先按"EOB"键，再按"INSERT"确定。

④在数据输入行输入"M03S600"按"EOB"键，再按"INSERT"键。

⑤按"循环启动"按钮，主轴正转。

（2）对刀步骤

假设工件原点在工件右端面中心上，采用试刀法对刀。

①主轴转动到合适转速。

②用外圆车刀先试切一外圆，测量外圆直径后，按"OFFESTset"→"补正"→"形状"输入"外圆直径值"，按"测量"键，完成刀具 X 轴对刀。

③用外圆车刀再试切外圆端面，按"OFFESTset"→"补正"→"形状"输入"Z 0"，按"测量"键，完成刀具 Z 轴对刀。

实施点 2 编写程序

毛坯为 $\phi50$ mm 的塑料棒，试车削成如图 2.17 所示的零件。要求编写程序见表 2.8。

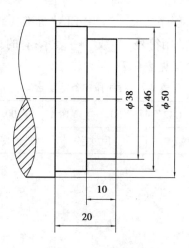

图 2.17 车削零件图

表 2.8　数控铣削加工参考程序

程序段号	程序内容	说　明
程序号：O0001		
N10	T0101；	换刀，调用刀补
N20	M42；	变换挡位
N30	S400 M03；	开启主轴
N40	G00 X50.0 Z2.0；	快速定位
N50	X46.0；	进刀
N60	G01 Z−20.0 F0.25；	车削第一刀
N70	X50.0；	退刀
N80	G00 Z2.0；	返回
N90	X42.0；	进刀
N100	G01 Z−10.0 F0.25；	车削第二刀
N110	X50.0；	退刀
N120	G00 Z2.0；	返回
N130	X38.0；	进刀
N140	G01 Z−10.0 F0.25；	车削第三刀
N150	X50.0；	退刀
N160	G00 Z2.0；	返回
N170	G00 X80.0 Z100.0；	返回至换刀点
N180	M30；	程序结束

2.6　项目小结

　　本项目主要介绍了数控加工中的重要步骤，包括机床坐标系、工件坐标系、准备功能指令、进给功能指令、辅助功能指令、数控加工程序的格式及编程方法等。通过本项目的学习，使学生理解机床坐标系与工件坐标系的关系，能够合理地选择编程原点，正确地书写程序格式，会使用基本编程指令编写加工程序。

2.7　项目自测

(1)选择题(请将正确答案的序号填写在题中的括号中)

①以下指令中,(　　)是辅助功能。

A.M03　　　　　B.G90　　　　　C.X25　　　　　D.S700

②主轴逆时针方向旋转的代码是(　　)。

A.G03　　　　　B.M04　　　　　C.M05　　　　　D.M06

③程序结束并复位的代码是(　　)。

A.M02　　　　　B.M30　　　　　C.M17　　　　　D.M00

④辅助功能 MOO 的作用是(　　)。

A.条件停止　　　B.无条件停止　　C.程序结束　　　D.单程序段

⑤下列代码中,属于非模态的 G 功能指令是(　　)。

A.G03　　　　　B. G04　　　　　C. G17　　　　　D. G40

⑥辅助功能 MO1 的作用是(　　)。

A.有条件停止　　B.无条件停止　　C.程序结束　　　D.程序段

⑦数控机床的旋转轴之一 B 轴是绕(　　)旋转的轴。

A.X 轴　　　　　B.Y 轴　　　　　C.Z 轴　　　　　D.W 轴

⑧数控机床坐标轴确定的步骤为(　　)。

A.X,Y,Z　　　　B.X,Z,Y　　　　C.Z,X,Y　　　　D.没有要求

⑨根据 ISO 标准,数控机床在编程时采用(　　)规则。

A.刀具相对静止,工件运动　　　　　B.工件相对静止,刀具运动

C.按实际运动情况确定　　　　　　　D.按坐标系确定

⑩确定机床 X,Y,Z 坐标时,规定平行于机床主轴的刀具运动坐标为(　　),取刀具远离工件的方向为(　　)方向。

A.X 轴正　　　　B.Y 轴正　　　　C.Z 轴正　　　　D.Z 轴负

(2)判断题(请将判断结果填入括号中,正确的填"√",错误的填"×")

①地址符 N 与 L 作用是一样的,都是表示程序段。　　　　　　　　　　(　　)

②在编制加工程序时,程序段号可以不写。　　　　　　　　　　　　　(　　)

③主轴的正反转控制是辅助功能。　　　　　　　　　　　　　　　　　(　　)

④工件坐标系的原点,即编程零点,与工件定位基准点一定要重合。　　(　　)

⑤数控机床采用的是笛卡儿坐标系,各轴的方向是用右手来判定的。　　(　　)

⑥判定坐标系时,一般假设刀具固定,工件运动。　　　　　　　　　　(　　)

⑦任何情况下,自动编程都比手工编程方便。　　　　　　　　　　　　(　　)

⑧机床参考点与机床原点必须在同一个点。　　　　　　　　　　　　　(　　)

（3）简答题

①什么是机床坐标系？

②工件坐标系与机床坐标系的关系是什么？

③工件坐标原点选择的原则是什么？

④如何判定二轴卧式数控车床的坐标系？

⑤如何判定三轴立式数控铣床的坐标系？

⑥数控编程的一般步骤有哪些？

⑦什么是模态指令、非模态指令？举例说明。

⑧简述 M01 与 M00 以及 M02 与 M30 的区别。

情境 **2**
数控车削编程与加工

项目 **3**
数控车削编程与加工的入门

3.1　项目导航

　　数控车床是当今应用较为广泛的数控机床之一。它主要用于加轴类、盘类等回转体零件的内外圆柱面,任意角度的内外圆锥面,复杂回转内外曲面,以及圆柱、圆锥螺纹等,并能进行切槽、钻孔、扩孔、铰孔、镗孔等切削加工。

　　数控车床又被称为 CNC 车床,即用计算机控制的车床。数控车床是将编制好的加工程序输入数控系统中,用伺服电动机控制车床进给运动部件的动作顺序、进给量和进给速度,再配以主轴的转速和转向,便能加工出各种形状的零件,如图 3.1 所示。

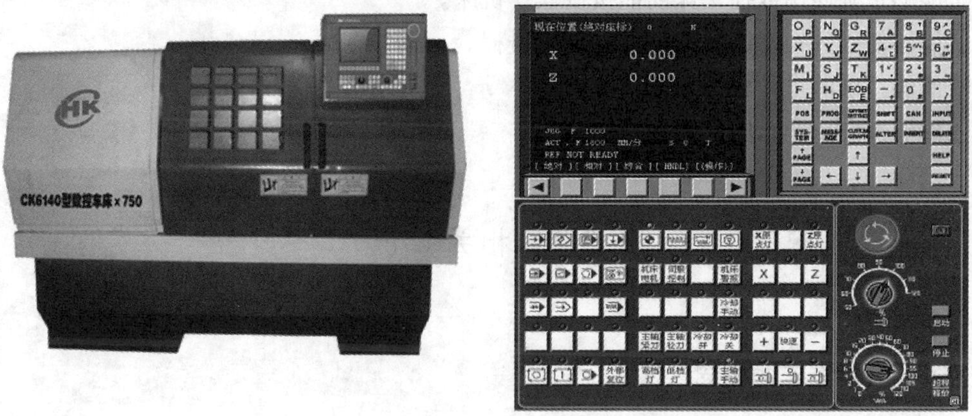

名称	材料	毛坯尺寸
数控车床	—	—

图 3.1　数控车床图

3.2　项目分析

数控车床的类型和数控系统的种类很多,因此,各生产厂家设计的操作面板也不尽相同,但操作面板中各种旋钮、按钮和键盘上键的基本功能与使用方法基本相同。本项目通过数控车床型号 CKA6140,选用 FANUC 0i 系统为例,介绍数控车床的操作。

3.3　学习目标

(1)知识目标

①掌握数控车床的控制面板。

②掌握数控车床的组成及分类。

③了解数控车床的加工特点。

④掌握数控车床的基本操作。

⑤掌握数控车床仿真软件的操作步骤。

⑥熟悉生产现场管理规定。

（2）能力目标

①能够正确使用数控车床功能按键操作机床。

②能够使用数控车床完成零件的加工过程。

③能够正确的操作数控车床仿真软件。

④能够遵守生产车间的管理规定。

3.4 相关知识

知识点 1 数控车床的概念

数控车床是数控机床中的一个类别，是数字程序控制车床的简称，是一种通过数字信息控制机床按给定的运动轨迹对被加工工件进行自动加工的机电一体化加工装备。它是一种高精度、高效率的自动化机床，也是数控加工中使用最多的数控机床之一。

数控车床主要用于精度要求高、表面粗糙度好、轮廓形状复杂的轴类、盘类等回转体零件的加工。能通过数控加工程序的运行，自动完成内外圆柱面、圆锥面、圆弧面、球面、环槽、端面及螺纹等的切削加工，还可完成一些具有非圆曲线（如椭圆、抛物线、双曲线）轮廓表面的加工，并能进行钻孔、扩孔、铰孔及滚花等。

知识点 2 数控车床的分类

（1）按数控车床功能分类

1）全功能型数控车床

一般采用闭环或半闭环控制系统，故具有高精度、高效率、高刚性等特点。

2）经济型数控车床

一般采用开环控制系统，具有结构简单、价格低廉、无刀尖圆弧半径自动补偿及恒线速度切削等功能。

3）车削中心

车削中心是在普通数控车床上配置刀库、换刀装置、分度装置等，可实现工件一次装夹后，连续完成车、铣、钻、铰、攻螺纹等多种加工工序，但价格较高。

（2）按车床主轴位置分类

1）立式数控车床

立式数控车床是主轴轴线处于垂直位置的数控车床。这类车床主要用于加工径向尺寸大、轴向尺寸相对较小的大型复杂零件。

2）卧式数控车床

主轴轴线处于水平位置的数控车床。卧式数控车床根据导轨的位置不同又分为水平导轨卧式数控车床和倾斜导轨卧式数控车床。倾斜导轨的卧式数控车床导轨结构刚性更大,且易于排屑。

(3)按加工零件的基本类型分类

1)卡盘式数控车床

这类车床没有尾座,适合车削盘类(含短轴类)零件。

2)顶尖式数控车床

这类车床配有普通尾座或数控尾座,适合车削较长的零件及直径不太大的盘类零件。

(4)按刀架数量分类

1)单刀架数控车床

这类车床配备有一个刀架,如配备有四工位刀架或多工位转塔刀架。

2)双刀架数控车床

这类车床配备有两个刀架,其分布形式有平行交错双刀架和垂直交错双刀架。

知识点 3　数控车床的组成

数控车床由车床主体、数控装置、伺服系统、辅助装置等组成,如图 3.2 所示。

(a)外形图　　　　　　　　　(b)前后双刀架数控车床

图 3.2　数控车床

(1)车床主体

车床主体主要包括主轴箱、进给机构、导轨、刀架、床身及尾座等。它是数控车床的主要机械结构部分。

1)主轴箱

对于一般数控车床而言,主轴电动机采用无级变速系统,减少了机械变速装置,比普通车床的主轴箱在结构上大大简化了。主轴箱的材料要求较高。制造和装配的精度也比普通车床要求高。

2)进给机构

数控车床省去了普通车床的挂轮箱、进给箱、溜板箱等齿轮传动机构,直接由伺服电机通过滚珠丝杠、直线滚动导轨副等高性能传动件驱动溜板和刀具实现运动,因而大大简化了进给系统的结构。但进给机构的制造工艺复杂,不能自锁,需添加制动装置。

3）导轨

导轨是保证进给运动准确性的重要部件，在很大程度上影响车床的刚度、精度及低速进给时的运动平稳性，是影响零件加工质量的重要部件之一。部分数控车床仍然采用传统的滑动导轨，很多专门设计的数控车床已采用了贴塑导轨。贴塑导轨的摩擦系数小，耐磨、耐腐蚀性高，而且吸振性好，易润滑。

4）刀架

数控车床上常见的刀架结构形式有回转刀架和动力刀架。回转刀架有方刀架和转塔式刀架两种。

如图3.2(b)所示为4刀位的方刀架，其转位动作灵活、重复定位精度高、夹紧力大；但其工艺范围较小，适用于经济型数控车床和普通车床的数控改造。

如图3.3所示为多刀位转塔式刀架，其刀位数有6刀位、8刀位、12刀位等，装刀数量多，加工范围广，在数控车床中得到广泛的应用。

图3.3　转塔式刀架

5）床身

床身是支撑各运动部件的载体，使用中通常有平床身、平床身配斜滑板、斜床身和立床身4种形式，如图3.4所示。

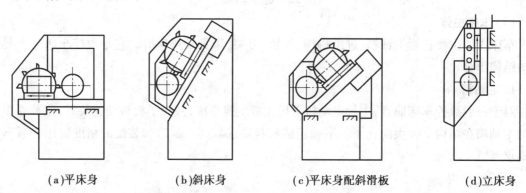

| (a)平床身 | (b)斜床身 | (c)平床身配斜滑板 | (d)立床身 |

图3.4　数控卧式车床的布局形式

如图3.4(a)所示为平床身，平床身工艺性好，便于导轨面的加工。平床身配上水平放置的刀架提高了刀架的运动精度，一般用于大型数控车床或小型精密数控车床。但是，平床身下部空间小,排屑困难;而且水平放置的刀架使滑板横向尺寸较大,加大了机床宽度方向的结构尺寸。

如图3.4(b)所示为斜床身。斜床身的特点是:排屑容易,热铁屑不会堆积在导轨上,也便于安装自动排屑器;操作方便,易于安装机械手,易实现单机自动化;机床占地面积小,外形简洁、美观,易实现封闭式防护。斜床身机床在中、小型数控机床中得到普遍采用,导轨倾斜角度以60°为宜,其导轨倾斜角度还有30°,45°,60°,75°和90°。倾斜角度小,排屑不便,但导轨的导向性和受力情况较好;倾斜角大,导轨的导向性差,受力情况也差。中小规格的数控车床,其床身的倾斜度以60°为宜。

如图3.4(c)所示为平床身配斜滑板,它具有平床身工艺性好的特点,同时机床宽度方向尺寸较小,而且排屑很方便,适用于中、小型数控机床。

如图3.4(d)所示为立床身,相当于导轨倾斜角度为90°的斜床身。

(2)数控装置和伺服系统

数控车床与普通车床的主要区别就在于是否具有数控装置和伺服系统这两大部分。数控装置和伺服系统一起组成一个完整的数控系统。该系统和车床主体同属于数控车床的“硬件”部分。

1)数控装置

数控装置是数控车床的核心部分,主要用来接收加工程序的各种信息,然后向伺服系统发出执行指令。一般设独立的专用装置,内部有专用计算机、线路板等;外部有程控面板、机床动作操作面板、屏幕显示器等。

2)伺服系统

伺服系统是数控车床的重要组成部分,主要用来准确地执行数控装置发出的各种命令,通过驱动电路和执行元件(如步进电动机、伺服电动机等),完成所要求的各种工作,并可对其位置、速度等进行控制。

(3)辅助装置

辅助装置是指数控车床的一些配套部件,包括液压、气动装置及冷却系统、排屑装置等。

知识点4　数控车床加工特点

数控车床是将编好的加工程序输入数控系统中,由数控系统发出的指令信号经过转换,再通过车床的X轴、Z轴伺服电动机控制车床进给运动部件的动作顺序、移动量和进给速度,再配以主轴的转速和转向,便能加工出各种形状不同的轴类或盘类零件。数控车床加工零件的尺寸精度可达IT6—IT5,表面粗糙度精度可达1.6 μm以下。目前,数控车床约占数控机床总量的25%。

数控车床与普通车床相比较,主要具有以下一些特点:

(1)高精度

数控车床的控制系统性能和机床制造能力不断提高,机械结构更加合理,机床精度不断提高,且零件精度的一致性高。

（2）高效率

随着机床结构的不断完善，以及新工艺、新刀具材料的应用，数控车床的切削效率、主轴转速、机床功率等不断提高，大大提高了数控车床的加工效率。数控车床的加工效率比普通车床高 2~5 倍。加工零件形状越复杂，越能体现数控车床的高效率加工特点。

（3）高柔性

数控车床具有高柔性的特点，适合加工零件变化能力强。通常能适应 70%以上的多品种、小批量零件的自动加工。

（4）工艺能力强

数控车床既能用于粗加工也能用于精加工，且在一次装夹中完成全部或大部分工序，体现出很强的工艺能力。

（5）高可靠性

随着数控系统性能的可靠性和机床制造精度的不断提高，以及机械结构工作性能的提高，数控机床的平均无故障时间大大提高。

知识点 5　FANUC 0i-TC 系统操作面板

FANUC 0i-TC 系统操作面板主要有 CRT/MDI 操作面板和机床操作面板。

（1）CRT/MDI 操作面板

1）CRT 显示器

一般位于机床操作面板的左上部，主要用于显示加工程序、机床坐标、机床参数设置、图形加工轨迹模拟及各种故障报警信息等功能，如图 3.5 所示。

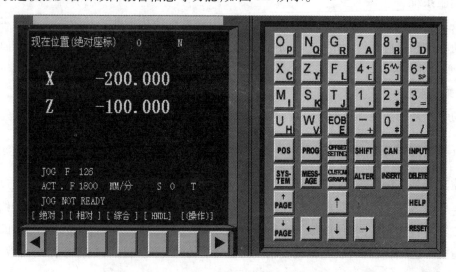

图 3.5　FANUC 0i-TC 数控车床 CRT/MDI 操作面板

2）MDI 键盘

一般位于机床操作面板的右上部，标准化的字母数字式 MDI 键盘的大部分键具有上挡键功能。而且在显示器的正下方有一些软键功能，用于其他各种功能查找。MDI 键盘用于零件程序的编制、各种参数设置及系统管理操作等。MDI 键盘上各个键的功能列于表 3.1。

表 3.1 MDI 键盘上各个键的功能

MDI 软键	功能说明
	软键实现左侧 CRT 中显示内容的向上翻页;软键实现左侧 CRT 显示内容的向下翻页
	移动 CRT 中的光标位置。软键实现光标的向上移动;软键实现光标的向下移动;软键实现光标的向左移动;软键实现光标的向右移动
	实现字符的输入,单击键后再单击字符键,将输入右下角的字符。例如,单击将在 CRT 的光标所处位置输入"O"字符,单击软键后再单击,将在光标所处位置处输入 P 字符;软键中的"EOB"将输入";"号表示换行结束
	实现字符的输入,例如:单击软键将在光标所在位置输入"5"字符,单击软键后再单击将在光标所在位置处输入"]"
POS	在 CRT 中显示坐标值
PROG	CRT 将进入程序编辑和显示界面
OFFSET SETTING	CRT 将进入参数补偿显示界面
SYS TEM	系统参数键
MESS AGE	故障报警信息键
CUSTM GRAPH	在自动运行状态下将数控显示切换至轨迹模式
SHIFT	在键盘上的某些键具有两个功能。按下<SHIFT>键可以在这两个功能之间进行切换
CAN	取消键,用于删除最后一个进入输入缓存区的字符或符号
INPUT	当按下一个字母键或者数字键时,再按该键数据被输入缓冲区,并且显示在屏幕上。要将输入缓冲区的数据拷贝到偏置寄存器中等,请按下该键。这个键与软键中的[INPUT]键是等效的
ALTER	字符替换
INSERT	将输入域中的内容输入指定区域
DELETE	删除一段字符
HELP	当对 MDI 键的操作不明白时,按下这个键可以获得帮助
RESET	按下这个键可以使 CNC 复位或者取消报警等
	根据不同的画面,软键有不同的功能。软键功能显示在屏幕的底端

（2）机床操作面板

机床操作面板大部分位于 CRT 显示器的下方如图 3.6 所示。机床操作面板用于直接控制机床的工作方式、机床的运行动作及加工过程。该面板主要用于控制机床的运动状态，由模式选择按钮、运行控制开关等多个部分组成。机床操作面板上各个键的功能列于表 3.2。

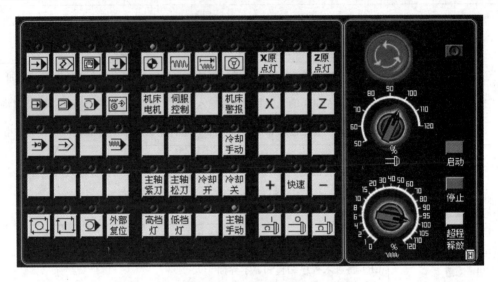

图 3.6　FANUC 0i-TC 数控车床机床操作面板

表 3.2　机床操作面板上各个键的功能

序号	符　号	功能说明
1		设定自动运行方式：在此状态下，可进行零件的自动加工
2		编辑模式：在此状态下，可进行程序的编制并输入程序
3		MDI 模式：在此状态下，可进行手工输入数据方式，并可进行小段程序的运行，CRT 上显示"MDI"字样
4		模式：在此状态下，可进行自动编程输入用于数据传输，并进行自动加工
5		单段执行：选择此状态，每按下一次启动键程序执行一段
6		选跳程序段：选择此按键，在自动运行时，跳过程序段开头带有/和用（；）结束的程序段
7		M01 选择程序停止：在自动运行时，遇到程序中的 M01 时，则停止进给运动，即程序暂停

续表

序号	符号	功能说明
8		手轮示教方式:可记忆刀具所在的坐标位置,进行程序编辑
9		"程序重启动:由于刀具破损或节假日等原因自动操作停止后,程序可以从指定的程序段重新启动
10		空运行:快速运行程序进行程序检验
11		程序试运行:锁住机床进行程序演示运行
12		循环启动:按下此按键程序开始自动运行加工
13		循环停止:按下此按键程序停止运行操作
14		M00 程序停止:在自动运行时,遇到程序中的 M00 时,则停止进给运动,即程序暂停,此时指示灯亮
15		回零模式:在此状态下,可进行机床返回参考点操作
16		JOG 模式:在此状态下,可进行手动连续移动运行
17		增量模式:在此状态下,可进行增量移动,即每次移动量分别为 0.001,0.01,0.1,1 mm
18		手轮模式:在此状态下,可进行手轮移动坐标轴,对各轴控制每格的移动量分别为 0.001,0.01,0.1 mm
19	Z 轴 锁住	Z 轴闭锁:在自动方式下,按下此按键,则指示灯点亮,此时机床的 Z 坐标轴进入锁住状态,不能运动,再按一次,则指示灯熄灭,该坐标轴被重新释放,可以移动
20	X　Z	X,Z 轴选择
21	＋快速 —	分别表示:机床正方向运行、加速进给、机床反方向运行

续表

序号	符 号	功能说明
22		主轴正转:使主轴电机正方向旋转
		主轴停止:使主轴电机停止旋转
		主轴反转:使主轴电机反方向旋转
23		进给倍率:在机床运行时或执行程序时,用于调整机床进给速度
24		转速倍率:用于调整主轴转速大小
25		"急停"按钮:在出现撞车或重大事故时,应及时按下此按钮

知识点 6　数控车床宇龙仿真软件入门

(1)进入仿真系统

1)启动加密锁管理程序

用鼠标左键依次选择"开始"→"程序"→"数控加工仿真系统"→"加密锁管理程序",如图 3.7 所示。

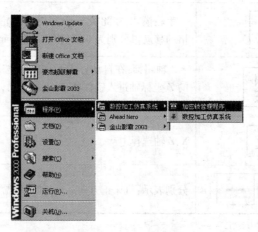

图 3.7　启动加密锁管理程序

加密锁程序启动后,屏幕右下方的工具栏中将出现"☎"图标。

2)运行数控加工仿真系统

依次选择"开始"→"程序"→"数控加工仿真系统"→"数控加工仿真系统",系统将弹出如图 3.8 所示的"用户登录"界面。

图3.8 "用户登录"界面

此时,可通过单击"快速登录"按钮进入数控加工仿真系统的操作界面或通过输入用户名和密码,再单击"登录"按钮,进入数控加工仿真系统。

注:在局域网内使用本软件时,必须按上述方法先在教师机上启动"加密锁管理程序"。等到教师机屏幕右下方的工具栏中出现"☎"图标后。才可在学生机上依次选择"开始"→"程序"→"数控加工仿真系统"→"数控加工仿真系统"登录软件的操作界面。

(2)选择机床类型

打开菜单"机床/选择机床",在选择机床对话框中选择控制系统类型和相应的机床并按确定按钮,此时界面如图 3.9 所示。

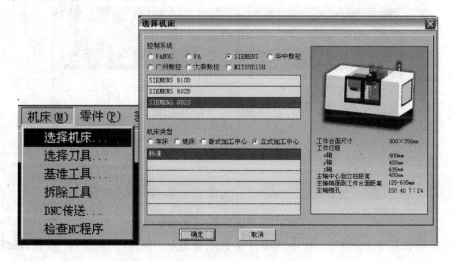

图3.9 选择机床对话框

（3）工件的定义和使用

打开菜单"零件/定义毛坯"或在工具条上选择" "，系统打开如图 3.10 所示的对话框。

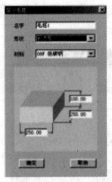

长方形毛坯定义　　　　　　　圆形毛坯定义

图 3.10　"零件/定义毛坯"对话框

①名字输入：在毛坯名字输入框内输入毛坯名，也可使用缺省值。

②选择毛坯形状：车床仅提供圆柱形毛坯。

③选择毛坯材料：毛坯材料列表框中提供了多种供加工的毛坯材料，可根据需要在"材料"下拉列表中选择毛坯材料。

④参数输入：尺寸输入框用于输入尺寸，单位：毫米。

⑤保存退出：单击"确定"按钮，保存定义的毛坯并且退出本操作。

⑥取消退出：单击"取消"按钮，退出本操作。

（4）放置零件

打开菜单"零件/放置零件"命令或者在工具条上选择图标 ，系统弹出操作对话框，如图 3.11 所示。

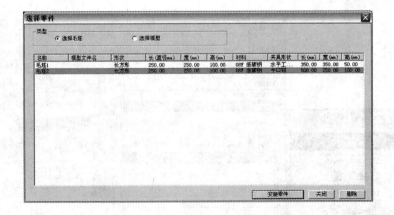

图 3.11　"选择零件"对话框

在列表中单击所需的零件，选中的零件信息加亮显示，单击"安装零件"按钮，系统自动关闭对话框，零件和夹具（如果已经选择了夹具）将被放到机床上，如图 3.12 所示。

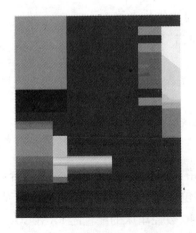

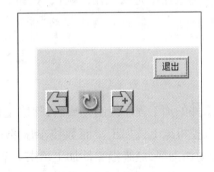

图 3.12　安装零件对话框　　　　　　　图 3.13　移动零件对话框

如图 3.13 所示,通过按动小键盘上的方向按钮,实现零件的平移和旋转或车床零件调头。小键盘上的"退出"按钮用于关闭小键盘。选择菜单"零件/移动零件"也可打开小键盘。请在执行其他操作前关闭小键盘。

(5)车刀选择和安装刀具

系统中数控车床允许同时安装 8 把刀具(后置刀架)或者 4 把刀具(前置刀架),如图 3.14 所示的对话框。

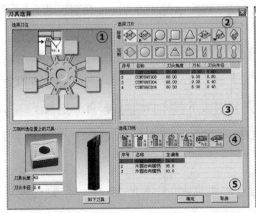
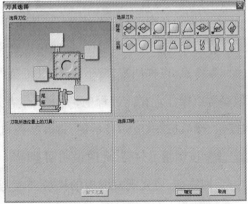

图 3.14　车刀选择对话框

1)选择、安装车刀

①在刀架图中单击所需的刀位。该刀位对应程序中的 T01—T08(T04)。

②选择刀片类型。

③在刀片列表框中选择刀片。

④选择刀柄类型。

⑤在刀柄列表框中选择刀柄。

2)变更刀具

①变更刀具长度和刀尖半径:"选择车刀"完成后,该界面的左下部位显示出刀架所选位

45

置上的刀具。其中显示的"刀具长度"和"刀尖半径"均可由操作者修改。

②拆除刀具:在刀架图中单击要拆除刀具的刀位,单击"卸下刀具"按钮。

③确认操作完成:单击"确认"按钮。

3.5 项目实施

工件的加工程序编制完成后,程序正确与否、刀具路径是否合理、工艺参数是否合适,需要在数控机床上试加工。而数控车床的基本操作步骤包括开机、回零、程序的输入、程序模拟、自动加工等,最终把零件加工出来。下面根据 CK6140 数控车床的配置的 FANUCOi-TC 型数控系统来介绍机床的操作步骤。

实施点 1　开机步骤

在启动数控机床电源前,操作者要进行周边检查,如查看机床导轨油液面是否合适,特别要清除有安全隐患的附件,如卡盘扳手是否拿下、防护门是否关闭等。

①合上数控机床总电源开关,数控机床启动,各运动状态工作,如工作灯、排气风扇、润滑泵等。

②按下数控机床操作面板上的(启动)按钮,此时数控系统正在启动,观察 CRT 显示器的状态,当出现坐标位置时,数控机床启动完成。

③急停按钮按箭头方向复位,此时可以观察到 CRT 显示器下方"EMG"闪烁取消。

④回参考点,也称回零,按下 ⊙ 按钮切换到回零模式,选择 X 轴和 + 向、Z 轴和 + 向进行回参考点操作。在此过程中,要求操作者先分别按下 X 轴和 + 向,再分别按下 Z 轴和 + 向按钮,然后按 POS 坐标显示键,打开数控机床坐标显示,观察坐标位置,当坐标位置为零时,X原点灯 Z原点灯 按键指示灯亮,此时说明回零结束。

注意:回零前,要先观察滑板的挡块离参考点的距离,如果不足 30 mm 时,要首先用 ∿∿∿ (手动)按钮使滑板向参考点的负方向移动,再按住 X 轴和 − 、Z 轴和 − ,直到大于30 mm,再做回参考点操作。

实施点 2　手动操作

数控机床开机后要进行预热操作,最少 7 min,要求各轴移动和主轴转速从小到大进行预操作,但是不超过数控机床的最高运行速度的 80%,此时可编写预操作程序或采用手动进行预操作。

(1)采用预操作程序进行预热操作

直接调出预操作程序进行预热操作,此时提醒操作者,既然是程序加工预热操作,要查看刀具偏置值,否则会出现撞刀现象。

（2）采用手动进行预热操作步骤

1）主轴预热操作

机床开机后，主轴不能在手动下启动，要求先在 ▣（MDI）手动输入数据下给数控机床一个主轴启动的信号才能启动，输入"M03 S200"和 ▣，再按插入键 ▣，然后按下循环启动键 ▣，主轴就以 200 r/min 的速度进行正转。接下来就可在手动按钮下启动主轴了，通过调整主轴倍率开关使主轴速度从小到大转动。

2）进给轴预热操作

直接在手动下按住各轴按钮进行移动，同时调整快速倍率开关和进给倍率开关，实现速度从小到大移动。如果需要更快的速度，可以同时按下 ▣ 快速键进行快速移动。

实施点 3　程序的输入

程序输入有手动输入和自动输入两种方式。由于数控车床零件较简单，主要以手动输入为主。

（1）手动输入程序

在编辑状态下，按程序显示键 ▣，键入程序名 O××××，按 ▣（插入）键，即可输入程序。在输入程序的过程中，可用程序编辑的替换、删除等键对程序进行正确修改。

（2）自动输入程序

自动输入程序也是在编辑状态下，通过 RS-232 数据接口传输或者通过 CF 卡通道进行传输。

实施点 4　程序的校验

程序在每次加工前都要进行校验，原因在于手动输入程序存在弊端，容易出错。而自动输入的程序一般会用专门的程序校验软件进行校验。程序校验步骤如下：

①调出需要校验的程序。在编辑状态下；输入需要调出的程序名，按光标键"▣"。

②复位程序。按下 ▣ 键，使程序复位到程序的开头。

③按自动运行键 ▣，同时按机床锁住 ▣ 键和另一空运行键 ▣。

④按 ▣ 键打开图形显示画面，按下"加工图"软键。

⑤按下循环启动键 ▣，程序开始进行校验，观察图形画面的刀具路径。

注意：程序校验完成后，由于程序坐标在运行而机床锁住进给轴未移动，所以要重新进行回参考点操作。

实施点 5　工件坐标系的建立

工件坐标系的建立也称对刀操作，即确定工件坐标系原点在机械坐标系位置的过程。在编写程序时，为了方便编程，工件原点是假想设定的，这个工件原点只有通过对刀操作来确定。

（1）手轮的操作

按下  按键。如图 3.15 所示。通过手轮上的轴旋钮选择轴进行移动,同时通过手轮倍率控制手轮移动速度。在旋转手轮时,要注意移动的正反方向,顺时针旋转手轮向轴的正方向移动,逆时针旋转手轮向轴的负方向移动。手轮倍率开关,×1 表示每移动一小格为 0.001 mm,×10 表示每移动一小格为 0.01 mm,×100 表示每移动一小格为 0.1 mm。

（2）对刀步骤

假设工件原点在工件右端面中心上(见图 3.16),采用试切法对刀。

图 3.15　手轮示意图

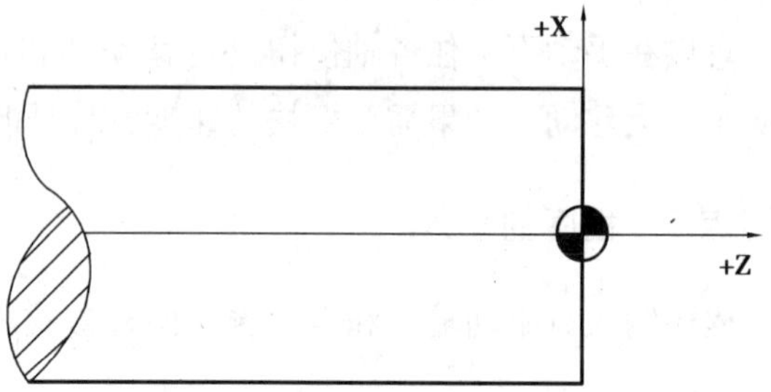

图 3.16　假设原点示意图

1)主轴转动到合适转速

在手动状态下,单击主轴正转,调整转速。如果是用对刀仪对刀,则主轴不需要转动。

2)对 Z 轴

选择手轮 ,通过手轮上的轴旋钮选择 Z 轴试车端面;同时通过手轮倍率控制手轮移动速度。

注意:在接近工件时,手轮倍率调到"X10"挡,然后匀速切削,切削完成后保持 Z 轴位置不变;按 键,再按" "功能软键,通过 键找到相应刀补号输入"Z0",最后按"测量"功能软键完成 Z 轴对刀。刀具偏置设定如图 4.14 所示。

3)对 X 轴

选择手轮 ,通过手轮上的轴旋钮选择 X 轴试车外圆;同时通过手轮倍率控制手轮移动速度。切削完成后保持 X 轴位置不变离开工件并测量已车削的外圆;按 建,再按"形状"功能软键,通过 键找到相应刀补号,输入所测量的工件直径,如 X37.68,最后按"测量"功能软键完成 X 轴对刀。

实施点 6　自动加工

零件加工有首件试切加工和批量加工两种。首件试切加工的程序还不完善,各切削用量参数还是理论值,程序刀路不确定;而批量加工的程序已经成熟。

（1）首件试切加工步骤

①调出加工程序。

②复位程序。

③把进给倍率调整到 50%,快速倍率调整到 25%。

④按自动运行 ⊡ 键和单步运行键 ⊡ 。

⑤循环启动。

⑥调整进给倍率和主轴倍率到最佳状态。

⑦取消单步运行键,采用自动循环加工。

(2) 批量加工步骤

①调出加工程序。

②复位程序。

③把进给倍率调整到 100%,主轴倍率调整到 100%,快速倍率调整到 100%。

④按自动运行键 ⊡ 。

⑤按循环启动键 ⊡ 。

3.6　项目小结

本项目主要介绍了数控车床的加工特点、结构组成及分类,并以典型的卧式数控车床 FANUC 0i-TC 系统介绍了数控车床控制面板和机床基本操作。要求读者了解数控车床的分类、加工特点、控制面板的按键含义,数控车床正确的基本操作方法,以及数控车床宇龙仿真系统的基本操作。

3.7　项目自测

(1) 选择题(请将正确答案的序号填写在题中的括号中)

①在 FANUC 数控系统中,(　　　)适合粗加工铸铁、锻造类毛坯。

A.G71　　　　　　B.G70　　　　　　C.G73　　　　　　D.G72

②用单一固定循环 G90 指令编制锥体车削循环加工时,"R__"参数的正负由螺纹起点与目标点的关系确定。若起点坐标比目标点的 X 坐标小,则 R 应取(　　　)。

A.负值　　　　　　B.正值　　　　　　C.不一定

③下列(　　　)指令属于单一固定循环。

A.G72　　　　　　B.G90　　　　　　C.G71　　　　　　D.G73

④若待加工零件具有凹圆弧面,应选择以下(　　　)指令完成粗车循环。

A.G70　　　　　　B.G71　　　　　　C.G73　　　　　　D. G72

⑤在 FANUC 数控系统中,(　　　)适合于精加工。

A.G71　　　　　　B.G70　　　　　　C.G73　　　　　　D.G72

(2) 判断题(请将判断结果填入括号中,正确的填"√",错误的填"×")

①在实际加工中,各粗车循环指令可据实际情况,结合使用,即某部分用 G71 某部分用

G73,尽可能提高效率。 （　　）

②固定形状粗车循环方式适合于加工棒料毛坯除去较大余量的切削。 （　　）

③单一固定循环方式可对零件的内、外圆柱面及内、外圆锥面进行粗车。 （　　）

④套类工件因受刀体强度、排屑状况的影响,所以每次切削深度要少一点,进给量要慢一点。 （　　）

⑤G71,G72,G73,G76 均属于复合固定循环指令。 （　　）

(3)简答题

①数控车床的组成有哪几部分?

②数控车床可以分为哪几类?

③数控车床的加工特点有哪些?

④数控车床的工作方式有哪些?

⑤简述数控车床加工程序的输入与校验方法。

⑥首件零件试切的操作有哪些步骤?

⑦数控车床仿真系统的操作有哪些步骤?

项目 **4**

阶梯轴零件的编程与加工

4.1 项目导航

如图 4.1 所示为阶梯轴零件。已知毛坯规格为 $\phi32\times100$ mm 的棒料,材料为 45#钢。要求制订零件的加工工艺,编写零件的数控加工程序,并通过数控仿真加工调试、优化程序,最后进行实际零件的加工。

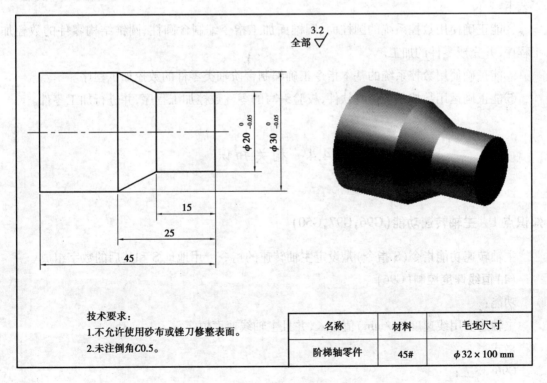

技术要求:
1.不允许使用砂布或锉刀修整表面。
2.未注倒角C0.5。

名称	材料	毛坯尺寸
阶梯轴零件	45#	$\phi32\times100$ mm

图 4.1 阶梯轴零件图

4.2 项目分析

如图 4.1 所示阶梯轴零件。该零件形状简单,结构尺寸变化不大。该零件有 3 个台阶面,其径向尺寸 $\phi30$,$\phi20$ 精度较高,表面粗糙度不大于 R_a 3.2 μm,零件总长有公差要求。

4.3 学习目标

(1)知识目标

①掌握含圆柱面、圆锥面、倒角要素阶梯轴零件的结构特点和工艺特点,正确分析此类零件的加工工艺。

②掌握数控车削加工圆柱面、圆锥面的工艺知识和编程指令。

③掌握 G96,G97,G50,G98,G99,G00,G01,G04,G90,G94 的编程格式与应用。

(2)能力目标

①巩固数控车编程加工的基础知识。

②会分析阶梯轴零件的工艺,能正确选择设备、刀具、夹具与切削用量,能编制数控加工工艺卡。

③能正确使用数控系统的圆柱面、圆锥面加工指令编制含圆柱、圆锥结构零件的数控加工程序,并完成零件的加工。

④能正确使用数控系统的基本指令正确编制台阶轴类零件的数控加工程序。

⑤能正确运用数控系统仿真软件,校验编写的零件数控加工程序,并进行加工零件。

4.4 相关知识

知识点 1 主轴转速功能(G96,G97,G50)

主轴转速功能指令(S 指令)是设定主轴转速的指令。用地址 S 和其后的数字组成。

(1)恒线速度控制(G96)

功能:

主轴速度用线速度(m/min)值输入,并且主轴线速度恒定。

格式:

G96 S__;

说明:

G96 是恒线速度控制的指令。采用此功能,可保证当工件直径变化时,主轴的线速度不变,从而确保切削速度不变,提高了加工质量。控制系统执行 G96 指令后,S 后面的数值表示以刀尖所在的 X 坐标值为直径计算的切削速度。例如,G96 S200 表示切削点线速度控制在 200 m/min。

(2)恒转速控制(G97)

功能:

G97 是恒转速控制的指令。用地址 S 和其后的数字组成。

格式:

G97 S__;

说明:

G97 是恒转速控制的指令。采用此功能,可设定主轴转速并取消恒线速度控制,S 后面的数值表示恒线速度控制取消后的主轴每分钟的转数。该指令用于车削螺纹或工件直径变化较小的。例如,G97 S400 表示切削点线速度控制在 400 r/min,系统开机状态为 G97 状态。

(3)主轴最高转速限制(G50)

功能:

G50 除有坐标系设定功能外,还有主轴最高转速设定功能。用地址 S 和其后的数字组成。

格式:

G50 S__;

说明:

G50 除有坐标系设定功能外,还有主轴最高转速设定功能,即用 S 制订的数值设定主轴每分钟的最高转速。用恒线速度控制加工、锥度和圆弧时,由于 X 坐标值不断变化,当刀具逐渐接近工件的旋转中心时,主轴转速会越来越高,该指令可防止因主轴转速过高,离心力太大,产生危险及影响机床寿命。例如,G50 S1800 表示最高转速限定为 3 000 r/min。

知识点2 进给功能(F 功能)(G98,G99)

功能:

进给功能表示刀具中心运动时的进给速度,刀具的切削速度由 F 和其后面的数值指定。数字的单位取决于数控系统所采用的进给速度的指定方法。数控车床分每转进给 mm/r 和每分钟进给 mm/min,F 为续效代码。

(1)每转进给量(G99)——mm/r

格式:

G99 F__;

该指令 F 后面直接指定主轴转一转刀具的进给量,如图 4.2(a)所示。G99 为模态指令,在程序中指定后,直到 G98 被指定前,一直有效。

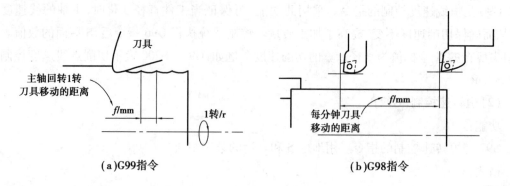

图 4.2　进给功能 G99 和 G98

例如,G99　F0.2　表示进给量为 0.2 mm/r。

(2)每分钟进给量(G98)——mm/min

格式:

G98　F___;

该指令 F 后面直接指定刀具每分钟的进给量(见图 4.2(b)),则

每分钟进给量(毫米/分) = 每转进给量(毫米/转) × 主轴 RPM

例如,G98　F100　表示进给量为 100 mm/min。

说明:

①编写程序时,第一次遇到直线或圆弧指令时,必须编写 F 指令,如果没有编写 F 指令,CNC 采用 F0。

②G98 为模态指令,实际切削进给的速度可由操作面板上的进给倍率调旋钮在 10% ~ 150%调节。

知识点 3　刀具功能 T 指令

功能:

在数控车床上进行加工粗车、精车、车螺纹及切槽等加工时,对加工中所需要的每一把刀具分配一个号码。通过在程序中指定所需刀具的号码,机床就选择相应的刀具。

编程时,常设定刀架上各刀在工作位时,其刀尖位置是一致的。但由于刀具的几何形状及安装的不同,其刀尖位置是不一致,各刀相对于工件原点的距离也是不同。因此,需要将各刀具的位置值进行比较或设定,称为刀具偏置补偿。刀具的补偿功能由 T 指令指定。

格式:T××××;

说明:

其中,指令 T 后的前两位表示刀具号,后两位为刀具补偿号。刀具补偿号是刀具偏置补偿寄存器的地址号,该寄存器存放刀具的 X 轴和 Z 轴偏置补偿值、刀具 X 轴和 Z 轴磨损补偿值。系统对刀具的补偿或取消都是通过拖板的移动来实现的。

例如:

T0202 表示选择 2 号刀具和 2 号刀补。

T0200 表示补偿号为 00、补偿量为 0,即取消 2 号刀具补偿功能。

知识点 4　快速点定位运动(G00)

功能:

G00 指令使刀具以系统预先设定的速度移动定位至所指定的位置。

格式:

G00　X(U)___　Z(W)___;

说明:

①X,Z:绝对编程时目标点在工件坐标系中的坐标;U,W:增量编程时刀具移动的距离。

②G00 指令中的快移速度由机床参数"快移进给速度"对各轴分别设定,故快速移动速度不能在地址 F 中规定,快移速度可由面板上的快速修调按钮修正。

③在执行 G00 指令时,由于各轴以各自的速度移动,不能保证各轴同时到达终点,因此,联动直线轴的合成轨迹不一定是直线,操作者必须格外小心,以免刀具与工件发生碰撞。

④G00 为模态功能,可由 G01,G02,G03等功能注销。

⑤目标点位置坐标可用绝对值,也可用相对值,也可混用。

例如,如图 4.3 所示,刀具坐标原点 O依次沿 A→B→C→D 运动,分别用绝对值方式和增量值方式编程程序,如表 4.1 所示。

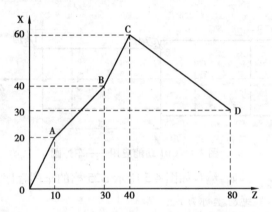

图 4.3　绝对值与增量值编程

表 4.1　绝对值与增量值编程

绝对值编程		增量值编程
N01　G00　X40.0　Z10.0;	(O→A)	N01　G00　U40.0　W10.0;
N02　X80.0　Z30.0;	(A→B)	N02　U40.0　W20.0;
N03　X120.0　Z40.0;	(B→C)	N03　U40.0　W100.0;
N04　X60.0　Z80.0;	(C→D)	N04　U-60.0　W40.0;
N05　M02;		N05　M02;

知识点 5　直线插补功能(G01)

功能:

直线插补也称直线切削,它的特点是,刀具以直线插补运算联运方式同某坐标点移动到别一坐标点,移动速度由进给功能指令 F 来设定。机床执行 G01 指令时,在该程序段中必须含有 F 指令。G01 指令可分别完成车圆柱、圆锥和切槽等功能。

格式：

G01　X（U）＿　Z（W）＿　F＿；

说明：

X,Z:为绝对编程时目标点在工件坐标系中的坐标。

U,W:为增量编程时目标点坐标的增量（即刀具移动的距离）。

F:进给速度。F中指定的进给速度一直有效直到指定新值,因此,不必对每个程序段都指定F。F有两种表示方法:每分钟进给量（mm/min）;每转进给量（mm/r）。

例如,编写如图4.4所示 ϕ22 外圆柱的车削程序。

绝对坐标方式:　　　　　　　　　　增时坐标方式:

G01　X22　Z-35　F150;　　　　　G01　U0　W-37　F150;

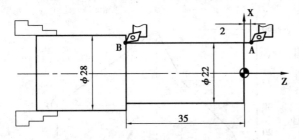

图 4.4　G01 功能应用——车外圆

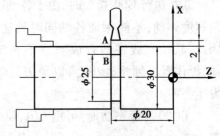

图 4.5　G01 功能应用——切槽

例如,编写如图 4.5 所示 ϕ25 槽的车削程序。

绝对坐标方式:　　　　　　　　　　增时坐标方式:

G01　X25　F0.2;　　　　　　　　　G01　U-9　F0.2;

例如,在图 4.6 中,选右端面与轴线交点 O 为工件坐标系原点,试分别按绝对值和增量值方式分别编写其精加工程序,见表 4.2。

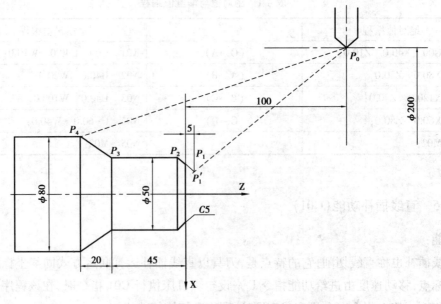

图 4.6　直线插补

表 4.2　直线插补精加工参考程序

程　序	说　明	程　序
O0401；		O1021；
N10　T0101；	选用刀具，设定坐标系	N10　T0101；
N20　G98　G00　X200　Z100 M03　S800；	快速定位，启动主轴	N20　G98　G00　X200　Z100 M03　S800；
N30　G00　X30.0　Z5.0；	P0→P1′点	N30　G00　U－170.0　W－95.0；
N40 G01　X50.0　Z－5.0　F80.0；	刀尖从 P1′点按 F 值进给运动到 P2 点	N40　G01　U230.0　　W－10.0 F80.0；
N50　Z－45.0；	P2→P3 点	N50　W－40.0；
N60　X80.0　Z－65.0；	P3→P4 点	N60　U30.0　W－20.0；
N70　G00　X200　Z100；	P4→P0 点	N70　G00　U120.0　W165.0；
N80　M05；	主轴停	N80　M05；
N90　M02；	程序结束	N90　M02；

知识点 6　暂停指令（G04）

功能：

指令控制系统按指定时间暂时停止执行后续程序段。暂时停止时间结束则继续执行。

格式：

G04U__；或 G04P__；或 G04X__；

说明：

①X，U，P——暂停时间（s）。但 P 不能用小数点表示法（ms）。

②在车削沟槽或钻孔时，为使槽底或孔底得到准确的尺寸精度及光滑的加工表面，在加工到槽底或孔底时，应该暂停一适当时间，使工件回转一周以上。

③使用 G96（主轴恒线速度回转）车削工件轮廓后，改成 G97（Z 主轴恒转速回转）车削螺纹时，指令暂停一段时间，使主轴转速稳定后再自行车削螺纹，以保证螺距加工精度要求。

例如：

G04　X2.0；　　　　　　　　G04　X2000；

G04　U2.0；　　　　　　　　G04　U2000；G04　P2000；

知识点 7　内（外）径车削单一固定循环指令（G90）

功能：

G90 是单一形状固定循环指令，该循环主要用于轴类零件的外圆、锥面的加工。如图 4.7 和图 4.8 所示的循环，刀具从循环起点开始按 1R→2F→3F→4R 循环，最后又回到循环起点。图中虚线表示按 R 快速移动，实线表示按 F 指定的工件进给速度移动。

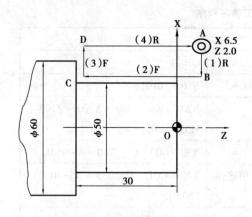

图 4.7　圆柱面切削循环

图 4.8　圆锥面切削循环

格式：

G90　X(U)＿＿　Z(W)＿＿　R＿＿　F＿＿；

说明：

X,Z 取值为切削终点坐标值。

U,W 取值为切削终点相对循环起点的坐标分量。

R 取值为圆锥面切削始点与圆锥面切削终点的半径差,有正、负号。当 R＝0 时,该循环用于轴类零件的外圆。

例如,加工如图 4.9 所示的零件,使用 1 号粗车刀,2 号精车刀车削图示外圆柱面,切削速度 120 m/min,X 轴精车余量 0.2 mm,Z 向精车余量 0.05 mm,试用 G90 指令编程,见表 4.3。

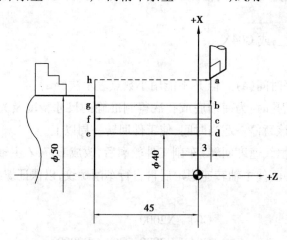

图 4.9　外圆柱面

表 4.3　G90 指令外圆柱面加工参考程序

程　序	说　明
O0402	程序号
G96　S120　M03；	启动主轴
G50　S3500；	限制最高主轴转速

续表

程　序	说　明
T0101；	选择刀具,建立工件坐标系
G00　X55　Z3；	快速定位
G90　X46　Z-44.95　F0.2；	
X42；	
X40.2；	
G00　X100　Z100；	
T0202　S150；	
G00　X40　Z3；	
G01　Z-45　F0.07；	
X55；	
G00　X100　Z100；	快速退刀
M30；	程序结束

例如,如图 4.10 所示,使用 3 号车刀,车削图示外圆锥面,X 轴精车余量 1.0 mm,试用 G90 指令编程,见表4.4。

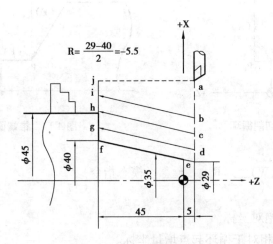

$$R=\frac{29-40}{2}=-5.5$$

图 4.10　外圆锥面

表 4.4　G90 指令外圆锥面加工参考程序

程　序	说　明
O0403	程序号
G96　S120　M03；	主轴启动
G50　S3500；	限制最高转速
T0303；	刀具选择,建立工件坐标系
G00　X50　Z5；	快速定位(循环起点)

续表

程　序	说　明
G90　X49　Z-45　R-5.5　F0.2;	G90 车圆锥面
X45;	
X41;	
X40　S150　F0.07;	
G00　X100　Z100;	快速退刀
M30;	程序结束

知识点 8　端面车削单一固定循环指令(G94)

功能：

能完成直端面或锥端面切削循环,如图 4.11、图 4.12 所示。

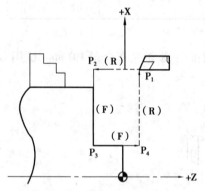

图 4.11　直端面切削循环

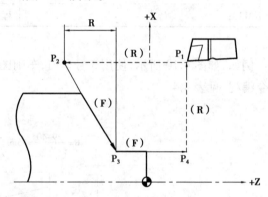

图 4.12　锥端面切削循环

格式：

G94　X(U)__　Z(W)__　R__　F__ ;(模态指令)

说明：

X,Z——切削终点绝对坐标。

U,W——切削终点相对于循环起点增量坐标。

R——切削终点至切削起点的向量值(Z 轴方向)。

例如,如图 4.13 所示,使用 4 号车刀车削图示直端面,X 轴精车余量 0.5 mm,Z 向精车余量 0.05 mm,试用 G94 指令编程,见表 4.5。

表 4.5　G94 指令直端面加工参考程序

程　序	说　明
O0404	加工程序号
G96　S120　M03;	主轴转速为 120 r/min,主轴正转,恒线速控制
G50　S3500;	限制主轴转速最高为 3 500 r/min

续表

程　　序	说　　明
T0404;	换 4 号刀,调用 04 号偏置
G00　X85　Z5;	循环起点
G94　X40.5　Z-3　F0.2;	G94 车端面
Z-6.5;	
Z-9.95;	
X40　Z-10　S150　F0.07;	
G00　X100　Z100;	快速退刀
M30;	程序结束

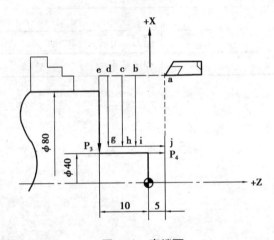

图 4.13　直端面

例如,如图 4.14 所示,使用 4 号车刀,车削图示锥端面,X 轴精车余量 0.5 mm,Z 向精车余量 0.05 mm,试用 G94 指令编程,见表 4.6。

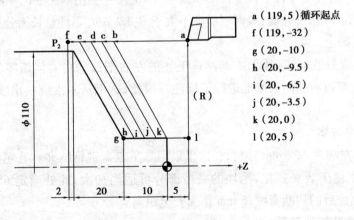

图 4.14　锥端面

表 4.6 G94 指令锥端面加工参考程序

程　序	说　明
O0405	加工程序号
G96　S120　M03;	主轴转速为 120 r/min,主轴正转,恒线速控制
G50　S3500;	限制主轴转速最高为 3 500 r/min
T0404;	换 4 号刀,调用 04 号偏置
G00　X119　Z5;	循环起点
G94　X20　Z0　R-22　F0.2;	车锥面
Z-3.5;	
Z-6.5;	
Z-9.5;	
Z-10;	
G00　X100　Z100;	退刀
M30;	程序结束

4.5　项目实施

实施点 1　制订工艺

(1)零件工艺分析

1)尺寸分析

如图 4.1 所示阶梯轴零件。该零件形状简单,结构尺寸变化不大。该零件有 3 个台阶面,其径向尺寸 $\phi30,\phi20$ 精度较高,表面粗糙度不大于 $R_a 3.2\ \mu m$,零件总长无公差要求。

2)加工基准确定

轴向尺寸采取分散标注,故加工基准选毛坯的左右端面均可。但该零件右端轴向尺寸 15,25 和总长 45 都以右端面为基准进行了标注。因此,这里从基准统一出发,确定零件的右端面为加工基准。

(2)确定装夹方案

零件的毛坯左端为 $\phi32$ mm 棒料,在这里采用三爪卡盘进行装夹。毛坯长度尺寸远远大于零件长度,为了便于装夹找正,毛坯的夹持部分可适当加大,此处确定 65 mm,同时留出 5 mm作为加工完成后的切断宽度,5 mm 作为安全距离。

(3)选择刀具及切削用量

对于此类零件,各外径均要求加工,并且加工完成后需要切断,故此处需要准备外圆车刀两把分别置于 T01,T02 号刀位;切断刀 1 把置于 T03 号刀位。刀具及切削参数见表 4.7。

表 4.7　刀具及切削参数

序号	刀具号	刀具类型	加工表面	切削用量		
				主轴转速 n /(r·min⁻¹)	进给速度 F /(mm·min⁻¹)	背吃刀量 a_p /mm
1	T0101	93°菱形外圆车刀	粗车外轮廓	600	0.25	3~5
2	T0202	93°菱形外圆车刀	精车外轮廓	1 000	0.1	0.5
3	T0303	3 mm 切断刀	切断	600	0.05	2~5
编制		审核		批准		

(4)确定加工方案

加工顺序按先粗后精、先近后远的原则确定加工原则。

工步 1:车右端面→工步 2:粗、精加工外圆 φ30,φ20 圆柱面至尺寸要求,倒角→工步 3:切断。

(5)填写工序卡

按加工顺序将各工步的加工内容、所用刀具编号、切削用量等加工信息填写入数控加工工序卡中,见表 4.8。

表 4.8　数控加工工序卡

工序号	程序编号	夹具名称	夹具编号	使用设备	车间
001	O0004	三爪卡盘	SK01	CAK6140	数控中心

工步号	工步内容	切削用量			刀具		量具名称	备注
		主轴转速 n /(r·min⁻¹)	进给速度 F /(mm·min⁻¹)	背吃刀量 a_p /mm	编号	名称		
1	车右端面	600	0.25	1~2	T0101	外圆车刀	游标卡尺	手动
2	粗车轮廓,留余量 0.5 mm	600	0.25	2~5	T0101	外圆车刀	游标卡尺	自动
3	精车轮廓	1 000	0.1	0.5	T0202	外圆车刀	游标卡尺	自动
4	切断	350	0.05	2~5	T0303	切断刀		手动
编制		审核		批准			共 1 页	第 1 页

实施点 2　程序编制

编制阶梯轴零件加工程序,见表 4.9。

表 4.9 阶梯轴零件数控加工程序

零件图号	CAK-04	零件名称	阶梯轴零件	编程原点	工件右端面中心
程序名字	O0004	数控系统	FANUC 0i	编制日期	2016-01-06
程序内容			简要说明		
O0004			程序名		
T0101；			换 T0101 刀到位		
G00 X80 Z100；			快速定位到换刀点		
M03 S600；			主轴正转,转速 600r/min		
X34 Z3 M08；			快速定位到循环起始点,冷却液打开		
G90 X30.5 Z-47 F0.25；			用 G90 粗加工 φ30 轮廓,进给量 0.25 mm/r		
X28 Z-15；			用 G90 粗加工 φ20 轮廓		
X26；			用 G90 粗加工 φ20 轮廓		
X24；			用 G90 粗加工 φ20 轮廓		
X22；			用 G90 粗加工 φ20 轮廓		
X20.5；			用 G90 粗加工 φ20 轮廓		
G00 X80 Z100；			返回换刀点		
M05；			主轴停转		
M00；			程序暂停		
T0202 M03 S1000；			换 T0202 刀,设置主轴以 1 000 r/min 正转		
X45 Z3；			快速定位到切削起始点		
G01 X18 F0.1；			G01 精加工轮廓 进给量 0.1 mm/r		
X20 Z-0.5；			用 G01 倒角 C0.5		
Z-15；			用 G01 精加工 φ20 直轮廓		
X30 Z-25；			用 G01 精加工锥轮廓;		
Z-50；			用 G01 精加工 φ40 直轮廓		
X34；			退刀 φ34		
G00 X80 Z100；			快速退刀,回换刀点		
M05；			主轴停止		
M09；			冷却液关闭		
M30；			程序结束		

实施点 3　虚拟加工

①进入数控车仿真软件。

②选择机床、数控系统并开机。

③机床各轴回参考点。

④安装工件。

⑤安装刀具并对刀。

⑥输入加工程序,并检查调试。

⑦手动移动刀具退到距离工件较远处。

⑧自动加工。

⑨测量工件,优化程序。

实施点 4　实际加工

(1)加工准备

①检查坯料尺寸。

②开机,回参考点。

③程序输入。将编写好的数控程序通过数控面板输入数控机床。

④装夹工件。将工件装夹在三爪自定心卡盘中,伸出 65 mm,找正并夹紧。

⑤装夹刀具。将外圆粗车刀,外圆短车刀,切断刀分别按要求装在刀架的 T01,T02,T03 号刀位。

(2)对刀设置

外圆粗车刀对刀时,X,Z 轴均采用试切法对刀,并把操作得到的数据输入 T01 号刀具补偿中,G54 等零点偏置中数值输入 O。

(3)空运行及仿真

打开程序,选择自动加工模式,按下空运行按钮和机床锁住开关,按数控启动键,观察程序运行情况,若按图形显示键再按数控启动键可进行加工轨迹仿真。空运行结束,将空运行和机床锁住开关复位,并重新回机床参考点。

(4)自动加工及尺寸控制方法

1)零件的自动加工

选择自动加工模式,打开程序,调好进给倍率,按循环启动按钮进行加工。

2)零件加工过程中尺寸控制

数控机床上首件加工均采用试切和试测方法保证尺寸精度。其具体做法是:当程序执行完粗加工时,停车测量精加工余量。根据精加工余量设置精加工(T02)磨损量,避免因对刀不精确而使精加工余量不足出现缺陷。然后运行精加工程序,程序执行完精加工,再停车测量。根据测量结果,修调精加工车刀磨损值,再次运行精加工程序,直到达到尺寸为止。

实施点 5　检测零件

零件加工结束后进行检测,对工件进行误差与质量分析,将结果写入表 4.10 中。

表 4.10　阶梯轴零件的编程与加工检测表

		序号	检测项目	配分	学生自评	小组互评	教师评分
基本检查	编程	1	切削加工工艺制订正确	6			
		2	切削用量选用合理	6			
		3	程序正确、简单、明确且规范	6			
	操作	4	设备操作、维护保养正确	6			
		5	刀具选择、安装正确、规范	6			
		6	工件找正、安装正确、规范	6			
		7	安全、文明生产	6			
工作态度		8	行为规范、纪律表现	6			
外　圆		9	$\phi 20$	12			
		10	$\phi 30$	12			
长　度		11	15	5			
		13	25	5			
		14	45	10			
倒　角		15	$C0.5$	3			
表面粗糙度		16	$R_a 3.2$	3			
其余		17	工时	2			
综合得分				100			

4.6　项目小结

本项目详细介绍了外圆车刀的选用,车表面的走刀路线设计,数控车编程指令 G96,G97,G50,G98,G99,G00,G01,G04,G90,G94。要求读者了解车刀的选用,熟悉车外表面的走刀路线设计,掌握 G96,G97,G50,G98,G99,G00,G01,G04,G90,G94 的编程,加工和检验的方法。

4.7　项目自测

如图 4.15 所示为阶梯轴零件。已知毛坯规格为 $\phi 32\times 80$ mm 的棒料,材料为 45#钢,要求制订零件的加工工艺,编写零件的数控加工程序,并通过数控仿真加工调试、优化程序,最后进行零件的加工。

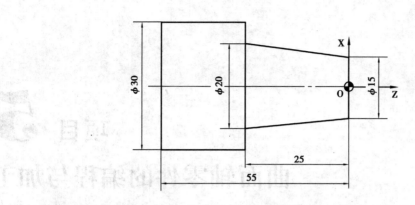

图 4.15　阶梯轴零件

项目 **5**
曲面轴零件的编程与加工

5.1 项目导航

如图 5.1 所示为曲面轴零件。已知毛坯规格为 $\phi58\times70$ mm 的棒料,材料为 45#钢。要求制订零件的加工工艺,编写零件的数控加工程序,并通过数控仿真加工调试、优化程序,最后进行零件的加工。

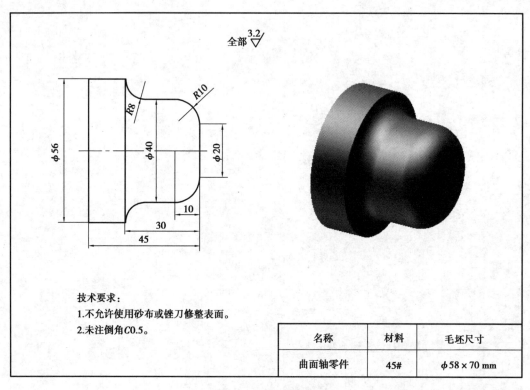

技术要求:
1. 不允许使用砂布或锉刀修整表面。
2. 未注倒角C0.5。

名称	材料	毛坯尺寸
曲面轴零件	45#	$\phi58\times70$ mm

图 5.1 曲面轴零件图

68

5.2　项目分析

如图 5.1 所示为曲面轴零件。该零件形状简单,结构尺寸变化不大。该零件有 4 个台阶面,其径向尺寸 $\phi56$,$\phi40$,$\phi20$ 精度不高,表面粗糙度不大于 $R_a 3.2\ \mu m$,零件总长有公差要求。

5.3　学习目标

(1)知识目标
①会判断圆弧插补方向。
②掌握 G02,G03 圆弧插补指令及终点坐标+半径格式应用。
③会制订凸圆弧零件加工工艺及合理选择循环参数,确定切削用量。
(2)能力目标
①掌握凸圆弧零件加工、尺寸控制及检验方法。
②会用 CAD 软件查找基点坐标。
③能正确使用数控系统仿真软件,校验编写的零件数控加工程序,并虚拟加工零件。
④通过工件制作,学生体验成功的喜悦,感受软件和机器的综合魅力,从而提高学生专业课的学习兴趣。
⑤通过任务驱动的方法逐步完成项目,培养学生发现和分析问题的能力。
⑥通过分工协作,加强团队合作精神。

5.4　相关知识

知识点 1　圆弧插补(G02,G03)

功能:
圆弧插补指令是使刀具在指定的平面内,按给定的进给速度从圆弧的起点沿圆弧移动到圆弧的终点。切削出母线为圆弧曲线的回转体。顺时针圆弧插补用 G02 指令,逆时针圆弧插补用 G03 指令。
格式:
G02(G03)　X(U)__　Z(W)__　I__　K__　F__;
G02(G03)　X(U)__　Z(W)__　R__　F__;
说明:
①G02:表示顺时针圆弧插补;G03:表示逆时针圆弧插补。

②X,Z:圆弧终点的绝对坐标值;U,W:圆弧终点相对于圆弧起点的坐标增量值。

③I:圆弧圆心相对于圆弧起点在 X 方向上的坐标增量值。

④K:圆弧圆心相对于圆弧起点在 Z 方向上的坐标增量值。

⑤R:圆弧半径。

⑥F:进给速度。

⑦圆弧方向的判断:首先需要根据右手定则为工件坐标系加上 Y 轴,然后沿着 Y 轴的正方向向负方向看,顺时针方向用 G02,逆时针方向用 G03,如图 5.2 所示。

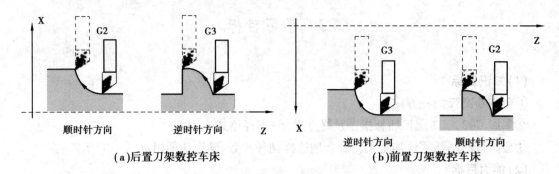

图 5.2　圆弧方向的判断图

如图 5.2 所示可知,由于数控车床刀架位置的不同,使得 X 正方向不同,因此 Y 方向也相反了。进而决定了前置刀架和后置刀架的圆弧顺逆方向判别是不同的。具体总结如下:

后置刀架:顺圆为 G02(CW),逆圆为 G03(CCW);

前置刀架:顺圆为 G03(CW),逆圆为 G02(CCW)。

⑧I,K 分别为平行于 X,Z 的轴,用来表示圆心坐标。由于 I,K 后面跟的是圆弧起点到圆心矢量的分量(圆心坐标——圆弧起点坐标),因此,无论程序是绝对值编程还是增量方式编程,I,K 值始终为增量值,如图 5.3 所示。

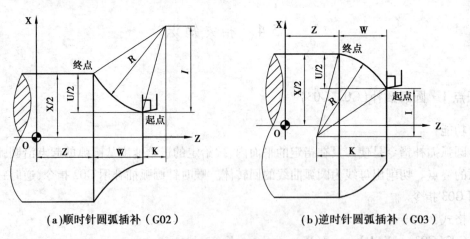

图 5.3　G02/G03 参数说明图

⑨圆弧半径 R 的判断:当已知圆弧终点坐标和圆弧半径时,可以选择用半径编程的方式来插补圆弧。但由于在同一半径 R 的情况下,从圆弧起点到圆弧终点有两个圆弧,即优弧和

劣弧;如图5.4所示。所以圆弧半径有正负之分,当圆心角大于180°时,R取负值,如圆弧②;当圆心角小于180°时,R值取正值,如圆弧①(注意:半径编程只适用于非正圆的圆弧插补)。

⑩圆弧插补编程的注意事项:

a.程序段同时出现I,K,R,则R值优先,I,K无效。

b.G02/G03用半径指定圆心位置时,不能描述整圆。如果需要用指令描述整圆时,只能使用分矢量编程,同时终点坐标可以省略不写,如"G02/G03　I__　K__;"但在数控车床中,由于刀具结构的原因,一般不超过180°。

c.F指令为沿圆弧切向的进给速度。

例如,如图5.5所示零件,选择内孔为 $\phi25$ mm,外形尺寸为 $\phi50\times100$ mm 的毛坯棒料。选择内孔车刀作为孔加工刀具,编程原点在右端面中心。编制程序见表5.1。

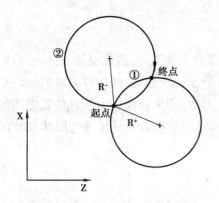

图5.4　圆弧半径R的正负图　　　　图5.5　圆弧插补示例

表5.1　用 G02/G03 编写的内孔数控加工程序

程　序	说　明
O0501	
N010　T0101;	
N020　M03　S400;	
N030　G00　X30　Z3;	
N050　G01　Z-20　F50;	加工 $\phi30$ 的内孔
N060　G02　X26　Z-22　R2;	加工 R2 的圆弧
N070　G01　Z-40;	加工 $\phi26$ 的内孔
N080　X24;	平孔底
N090　G00　Z50;	Z 向退刀
N100　X100;	X 向退刀
N110　M05;	
N120　M30;	

71

知识点 2　刀具半径补偿(G41,G42,G40)

数控车床通常要连续进行各种切削,而且加工一个零件可能会用到多把刀具。在换刀时,前一把刀具的刀尖位置和新换刀具的刀尖位置会存在差异,而且刀具在切削过程中的磨损和刀尖圆弧半径的存在,都会使得刀具的运动轨迹不等同于工件的轮廓轨迹。因此,为了确保工件轮廓的准确性,同时也为了简化编程,加工过程中应采用刀具补偿功能。所谓刀具补偿功能,就是用来补偿刀具实际安装位置(或实际刀尖圆弧半径)与理论编程位置(或刀尖圆弧半径)之差的一种功能。使用刀具补偿后,若改变刀具,只需要改变刀具位置补偿值,而不必变更零件加工程序,可以大大简化编程,同时也能提高工件的加工精度。刀具补偿功能包括刀具位置补偿和刀具半径补偿。

(1)刀具位置补偿(T 代码)

刀具位置补偿包括刀具几何补偿和刀具磨损补偿。

机床的原点和工件的原点是不重合的,也不可能重合。加工前,首先安装刀具,然后回机床参考点,这时车刀的关键点(刀尖或刀尖圆弧中心)处于一个位置,随后将刀具的关键点移动到工件原点上(这个过程称为对刀)。刀具几何补偿就是用来补偿以上两种位置之间的距离差异,如图 5.6 所示;刀具磨损补偿是用来补偿刀具使用磨损后刀具尺寸与原始尺寸的误差,如图 5.7 所示。

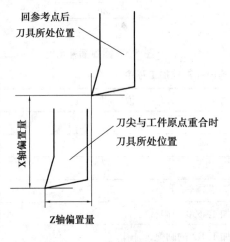

图 5.6　刀具几何补偿图

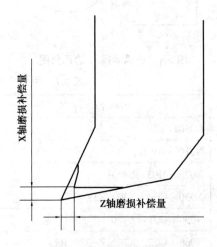

图 5.7　刀具磨损补偿图

刀具位置补偿是由 T 代码来实现的,T 代码后面跟四位数字。前两位表示刀具号,后两位表示刀具补偿号。刀具补偿号实际上就是刀具补偿寄存器的地址号,该寄存器中放有刀具的几何偏置量和磨损量。如 T0102 表示调用第 1 号刀,调用第 2 组刀具磨损和刀具几何偏置。刀具偏移号有两种意义:即用来开始偏移功能,又指定与该号对应的偏移距离。当刀具补偿号位 00 时,表示不进行刀具补偿或取消刀具补偿。

当刀具磨损后或工件尺寸有误差时,只要修改每把刀具相应寄存器里的数值即可。例如,加工件加工后外圆直径比要求尺寸大了或小了 0.02 mm,则可以用 U-0.02 或 U0.02 修改相应寄存器中的数值就可以了。当长度方向上出现误差时,修改方法一样。可以看出,刀具偏移可以根据实际需要分别或同时对刀具轴向和径向的偏移量进行修正,简化编程。

(2)刀具圆弧半径补偿(G41,G42,G40)

在车削加工中,为了提高刀具寿命并降低加工表面的表面粗糙度,实际加工中刀具的刀尖处制成圆弧过度刃,且有一定的半径值。但在编程中,一般是按假象刀尖 A 来进行编程,而在实际车削中真正起作用的切削刃是圆弧与工件轮廓表面的切点,如图5.8所示。

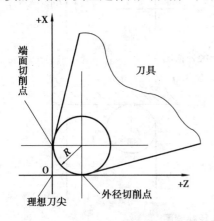

图 5.8 刀尖圆弧半径图   图 5.9 车削锥面时的加工误差图

当用按理论刀尖点编出的程序进行端面、外径、内径等与轴线平行或垂直的表面加工时,是不会产生误差的。但在进行倒角、锥面及圆弧切削时,由于刀尖圆弧 R 的存在,实际车出的工件形状就会和零件图样上的尺寸不重合,如图5.9所示。图中的虚线即为实际车出的工件形状,这样就会产生圆锥表面误差。如果工件要求不高,此量可忽略不计,但是如果工件要求很高,就应考虑刀尖圆弧半径对工件表面形状的影响。

①刀具补偿指令(G41,G42,G40)

功能:

G41 是刀具半径左补偿指令;G42 是刀具半径右补偿指令;G40 是为取消刀具半径补偿指令。

格式:

G40   G01(G00)   X__   Z__;

G41   G01(G00)   X__   Z__   D__;

G42   G01(G00)   X__   Z__   D__;

说明:

①G40——取消刀具偏置及刀尖圆弧半径补偿。

G41——建立刀具偏置及刀尖圆弧半径左补偿。

G42——建立刀具偏置及刀尖圆弧半径右补偿。

X,Z——建立或取消刀具补偿程序段中,刀具移动的终点坐标。

D——存储刀具补偿值的寄存器号。

②补偿方向的判别:从垂直于加工平面坐标轴的正向朝负向看,沿着刀具运动的方向(假定工件不动)看,刀具位于工件左侧的补偿称为左刀补,用 G41 指令表示;刀具位于工件右侧

的补偿称为右刀补,用 G42 表示,如图 5.10 和图 5.11 所示。

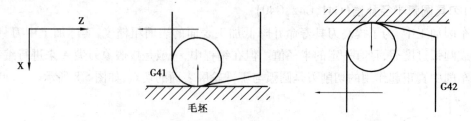

图 5.10　前置刀架刀尖圆弧半径补偿图

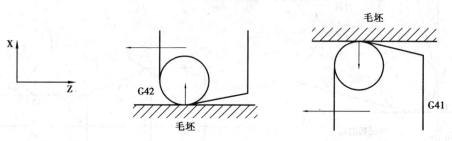

图 5.11　后置刀架刀尖圆弧半径补偿图

③注意事项:G40/G41/G42 指令只能和 G00/G01 结合使用,不允许同圆弧指令等其他指令结合使用。

在编写 G40/G41/G42 的 G00/G01 前后两个程序段中,X,Z 至少有一个值变化。

在调用新刀具前必须用 G40 取消补偿,并且在使用 G40 之前刀具必须离开工件加工表面。

2)刀具半径补偿的执行过程

刀具半径补偿的过程分为 3 步:刀具半径补偿的建立,即使刀具中心从与编程轨迹重合过渡到与编程轨迹偏离一个刀尖圆弧半径的过程(偏移量必须在一个程序段的执行过程中完成,并且不能省略);刀具半径补偿的执行,即执行有 G41 或 G42 的程序段后,刀具中心始终与编程轨迹相距一个偏移量(G41,G42 不能重复使用);刀具半径补偿的取消,即刀具离开工件,刀具中心轨迹过渡到与编程轨迹重合的过程,如图 5.12 和图 5.13 所示。

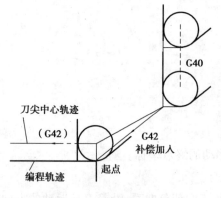

图 5.12　刀具补偿的建立图

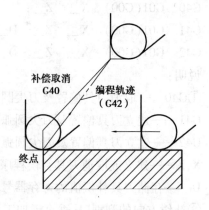

图 5.13　刀具补偿的取消图

3)刀尖方位号

如图 5.14 和图 5.15 所示,对应每把刀具的补偿包括偏置量 X,Z,刀具半径补偿值 R 和刀尖方位号 T。如果刀具的刀尖形状和切削时所处的位置不同,刀具的补偿量和补偿方向也不同,因此,假象刀尖的方位必须同偏置量一起提前设定。刀尖方位号共有 9 种,分别用 0—8 表示。当刀位点取刀尖圆弧半径中心时,刀位号取 0,也可以说是无半径补偿。

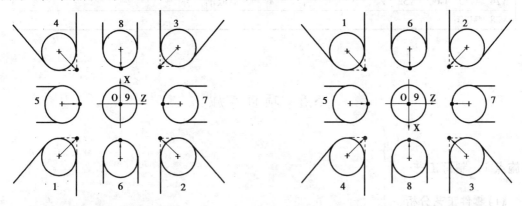

图 5.14　前置刀架刀位号图　　　　　图 5.15　后置刀架刀位号图

例如,用刀尖半径为 0.8 mm 的车刀精加工如图 5.16 所示的外径,程序见表 5.2。

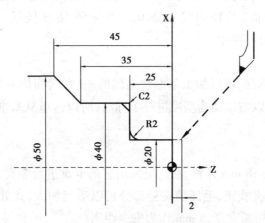

图 5.16　刀具半径补偿示例

表 5.2　用 G40/G41 编写的数控加工程序

程　序	说　明
O0502	程序名
N2　G00　G40　G97　G99　M03　S800　T0101;	设置转速,选择刀具
N6　G00　X20　Z2;	
N8　G41　G01　Z1　F0.15;	建立刀补
N10　Z−23;	车 φ20 外圆
N12　G02　X24　Z−25　R2;	车 R2 圆弧
N14　G01　X36;	
N16　X40　Z−27;	车 C2 倒角

续表

程　序	说　明
N18　Z-35;	车 ϕ40 外圆
N20　X50　Z-45;	车左端斜面
N22　Z-48;	车 ϕ50 外圆
N24　G40　G00　X52　Z3;	取消刀补
N28　M30;	

5.5　项目实施

实施点 1　制订工艺

(1)零件工艺分析

1)尺寸分析

如图 5.1 所示为曲面轴零件。该零件形状较简单,结构尺寸变化不太大,但有圆弧面形状。该零件有 4 个台阶面,其径向尺寸 ϕ20,ϕ40,ϕ56 精度较低,其表面粗糙度不大于 $R_a3.2\ \mu m$。零件总长无公差要求。

2)加工基准确定

轴向尺寸采取分散标注,所以加工基准选毛坯的左、右端面均可以。但该零件右端轴向尺寸 10,30 和总长 45 都以右端面为基准进行了标注,所以这里从基准统一出发,确定零件的右端面为加工基准。

(2)确定装夹方案

零件的毛坯左端为 ϕ58 mm 棒料,在这里采用三爪卡盘进行装夹。毛坯长度尺寸远远大于零件长度,为了便于装夹找正,毛坯的夹持部分可以适当加大,此处确定 65 mm,同时留出 5 mm 作为加工完成后的切断宽度,5 mm 作为安全距离。

(3)选择刀具及切削用量

对于此类零件,各外径均要求加工,并且加工完成后需要切断,所以此处需要准备外圆车刀两把分别置于 T01,T02 号刀位;切断刀 1 把置于 T03 号刀位。刀具及切削参数见表 5.3。

表 5.3　刀具及切削参数

序号	刀具号	刀具类型	加工表面	切削用量		
				主轴转速 n /(r·min⁻¹)	进给速度 F /(mm·min⁻¹)	背吃刀量 a_p/mm
1	T0101	93°菱形外圆车刀	粗车外轮廓	600	0.25	3~5
2	T0202	93°菱形外圆车刀	精车外轮廓	1 000	0.1	0.5
3	T0303	3 mm 切断刀	切断	600	0.05	2~5
编制		审核		批准		

（4）确定加工方案

加工顺序按先粗后精、先近后远的原则确定加工原则。

工步 1：车右端面→工步 2：粗、精加工外圆 $\phi20$，$R10$，$\phi40$，$R8$，$\phi56$ 圆面至尺寸要求，倒角→工步 3：切断。

（5）填写工序卡

按加工顺序将各工步的加工内容、所用刀具编号、切削用量等加工信息填写入数控加工工序卡中，见表 5.4。

表 5.4　数控加工工序卡

工序号	程序编号	夹具名称	夹具编号	使用设备		车间	
001	O0005	三爪卡盘	SK01	CAK6140		数控中心	
工步号	工步内容	切削用量			刀具		量具名称	备注
		主轴转速 n /(r·min⁻¹)	进给速度 F /(mm·min⁻¹)	背吃刀量 a_p /mm	编号	名称		
1	车右端面	600	0.25	1~2	T0101	外圆车刀	游标卡尺	手动
2	粗车轮廓，留余量 0.5 mm	600	0.25	2~5	T0101	外圆车刀	游标卡尺	自动
3	精车轮廓	1 000	0.1	0.5	T0202	外圆车刀	游标卡尺	自动
4	切断	350	0.05	2~5	T0303	切断刀		手动
编制		审核		批准		共 1 页	第 1 页

实施点 2　程序编制

编制曲面轴零件加工程序，见表 5.5。

表 5.5　曲面轴零件数控加工程序

零件图号	CAK-05	零件名称	曲面轴零件	编程原点	工件右端面中心
程序名字	O0005	数控系统	FANUC 0i	编制日期	2016-01-06
程序内容			简要说明		
O0005			程序名为 O0005		
T0101;			换 T0101 刀到位		
G00　X80　Z100;			快速定位到换刀点		
M03　S600;			主轴正转，转速 600 r/min		
X47　Z3　M08;			快速定位到循环起始点，冷却液打开		
G90　X56.5　Z-50　F0.25;			用 G90 粗加工 $\phi56$ 轮廓，进给量 0.25 mm/r		
X54　Z-22;			用 G90 粗加工 $\phi40$ 轮廓		

续表

零件图号	CAK-05	零件名称	曲面轴零件	编程原点	工件右端面中心
程序名字	O0005	数控系统	FANUC 0i	编制日期	2016-01-06
程序内容			简要说明		
X52；			用 G90 粗加工 φ40 轮廓		
X50；			用 G90 粗加工 φ40 轮廓		
X48；			用 G90 粗加工 φ40 轮廓		
X46；			用 G90 粗加工 φ40 轮廓		
X44；			用 G90 粗加工 φ40 轮廓		
X42；			用 G90 粗加工 φ40 轮廓		
X40.5；			用 G90 粗加工 φ40 轮廓		
G00 X80 Z100；			返回换刀点		
M05；			主轴停转		
M00；			程序暂停		
T0202 M03 S1000；			换 T0202 刀，设置主轴以 1 000 r/min 正转		
X45 Z3；			快速定位到切削起始点		
G01 X20 F0.1；			G01 精加工轮廓 进给量 0.1 mm/r		
Z0；			G01 直线插补定位到 R10 圆弧起始点		
G03 X40 Z-10 R10；			用 G03 精加工 R10 圆弧轮廓		
G01 Z-22；			用 G01 精加工 φ40 直轮廓		
G02 X56 Z-30 R8；			用 G02 精加工 R8 圆弧轮廓		
G01 Z-50；			用 G01 精加工 φ56 直轮廓		
X60；			退刀 φ60		
G00 X80 Z100；			快速退刀，回换刀点		
M05；			主轴停止		
M09；			冷却液关闭		
M30；			程序结束		

实施点 3 虚拟加工

①进入数控车仿真软件。

②选择机床、数控系统并开机。

③机床各轴回参考点。

④安装工件。

⑤安装刀具并对刀。

⑥输入加工程序，并检查调试。

⑦手动移动刀具退到距离工件较远处。

⑧自动加工。

⑨测量工件,优化程序。

实施点 4　实际加工

(1)加工准备

①检查坯料尺寸。

②开机,回参考点。

③程序输入。将编写好的数控程序通过数控面板输入数控机床。

④装夹工件。将工件装夹在三爪自定心卡盘中,伸出 65 mm,找正并夹紧。

⑤装夹刀具。将外圆车刀,切断刀分别按要求装在刀架的 T01,T02,T03 号刀位。

(2)对刀设置

外圆粗车刀对刀时,X,Z 轴均采用试切法对刀,并把操作得到的数据输入 T01 号刀具补偿中,G54 等零点偏置中数值输入 O,同时注意刀尖圆弧半径选择不要圆弧加工质量。

(3)空运行及仿真

打开程序,选择自动加工模式,按下空运行按钮和机床锁住开关,按数控启动键,观察程序运行情况。若按图形显示键再按数控启动键可进行加工轨迹仿真。空运行结束,将空运行和机床锁住开关复位,并重新回机床参考点。

(4)自动加工及尺寸控制方法

1)零件的自动加工

选择自动加工模式,打开程序,调好进给倍率,按循环启动按钮进行加工。

2)零件加工过程中尺寸控制

数控机床上首件加工均采用试切和试测方法保证尺寸精度。其具体做法是:当程序执行完粗加工时,停车测量精加工余量。根据精加工余量设置精加工(T02)磨损量,避免因对刀不精确而使精加工余量不足出现缺陷。然后运行精加工程序,程序执行完精加工,再停车测量。根据测量结果,修调精加工车刀磨损值,再次运行精加工程序,直到达到尺寸为止。

实施点 5　检测零件

零件加工结束后进行检测,对工件进行误差与质量分析,将结果写入表 5.6 中。

表 5.6　曲面轴零件的编程与加工检测表

		序号	检测项目	配分	学生自评	小组互评	教师评分
基本检查	编程	1	切削加工工艺制订正确	6			
		2	切削用量选用合理	6			
		3	程序正确、简单、明确且规范	6			
	操作	4	设备操作、维护保养正确	6			
		5	刀具选择、安装正确、规范	6			
		6	工件找正、安装正确、规范	6			
		7	安全、文明生产	6			

续表

工作态度	8	行为规范、纪律表现	6			
外　圆	9	$\phi 20$	6			
	10	$\phi 40$	6			
	11	$\phi 56$	6			
	12	$R8$	7			
	13	$R10$	7			
长　度	14	10	4			
	15	30	4			
	16	45	5			
倒　角	17	$C0.5$	2			
表面粗糙度	18	$R_a 1.6$	3			
其　余	19	工时	2			
综合得分			100			

5.6　项目小结

本项目介绍了数控车床编程指令 G02,G03,G40,G41,G42,并详细介绍了曲面轴零件的加工过程和加工程序,要求读者熟悉成型面加工的注意事项:

①应使用刀尖半径补偿指令,并输入刀尖半径值及刀尖位置号。

②凸圆弧车刀主、副偏角必须足够大,以保证车削时不发生干涉。

5.7　项目自测

如图 5.17 所示为曲面轴零件。已知毛坯规格为 $\phi 72 \times 100$ mm 的棒料,材料为 45#钢,要求制订零件的加工工艺,编写零件的数控加工程序,并通过数控仿真加工调试、优化程序,最后进行零件的加工。

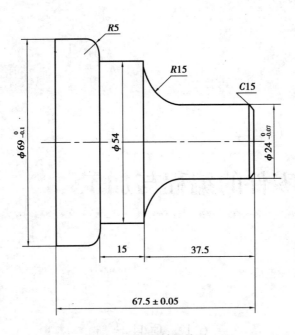

图 5.17　曲面轴零件图

项目 **6**
切槽、切断零件的编程与加工

6.1 项目导航

如图 6.1 所示为切槽、切断零件。已知毛坯规格为 $\phi30×70$ mm 的棒料,材料为 45#钢。要求制订零件的加工工艺,编写零件的数控加工程序,并通过数控仿真加工调试、优化程序,最后进行零件的加工。

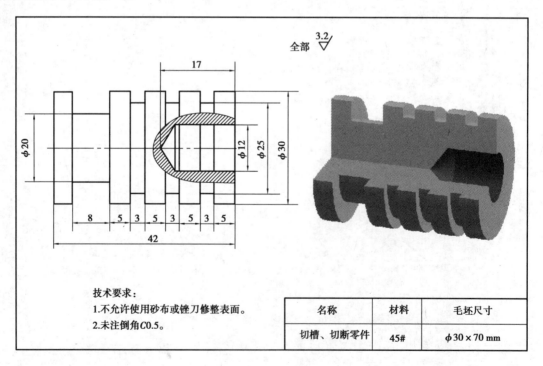

技术要求:
1.不允许使用砂布或锉刀修整表面。
2.未注倒角C0.5。

名称	材料	毛坯尺寸
切槽、切断零件	45#	$\phi30 × 70$ mm

图 6.1 切槽、切断零件图

6.2　项目分析

如图 6.1 所示为切槽、切断零件。该零件形状简单,结构尺寸变化不大。该零件有 $\phi20$ 的宽槽、$\phi25$ 的窄槽和 $\phi12$ 的深孔,其径向尺寸 $\phi12,\phi20,\phi25$ 精度较高,同时其轴向尺寸 17,3,8 精度也较高,表面粗糙度不大于 $R_a3.2\ \mu m$,零件总长有精度要求。

6.3　学习目标

(1)知识目标

①掌握轴宽槽及多槽零件的结构特点和工艺特点,正确分析此类零件的加工工艺。

②掌握 G74 端面切槽循环功能的工艺知识和编程指令。

③掌握 G75 外圆切槽循环功能的工艺知识和编程指令。

④掌握 G04 指令和子程序调用指令的使用方法。

(2)能力目标

①巩固数控车一般指令的使用方法。

②会分析类宽槽及多槽零件的工艺,能正确选择设备、刀具、夹具与切削用量,能编制数控加工工艺卡。

③能够正确使用端面切槽循环指令编制数控加工程序,并完成零件的加工。

④能够正确使用外圆切槽循环指令编制数控加工程序,并完成零件的加工。

⑤能够正确使用子程序调用指令编制数控加工程序,并完成零件的加工。

⑥能够正确运用数控仿真软件,校验编写的零件数控加工程序,并进行加工零件。

6.4　相关知识

知识点 1　端面切槽循环指令(G74)

功能:

G74 指令主要用于加工端面环形槽。加工中轴向断续切削起到断屑、及时排屑的作用,特别适合加工宽槽,而且还可用于端面钻孔加工。如图 6.2 所示为端面切槽循环走刀路线图。

格式:

G00　$X\alpha_1$　$Z\beta_1$;

G74　$R(\Delta e)$;

G74　$X\alpha_2$　$Z\beta_2$　$P(\Delta i)$　$Q(\Delta k)$　$R(\Delta d)$　$F(f)$;

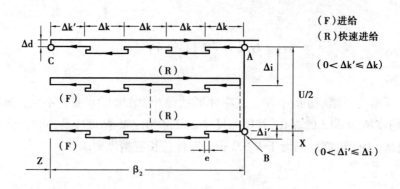

图 6.2　端面切槽循环走刀路线图

说明：

①α_1，β_1 为端面切槽循环起始点坐标，α_1 为槽的径向坐标位置（加工圆柱中心孔时应取 0）；β_1 为轴向坐标位置，应在孔端面外 2~3 mm，以免在刀具快速移动时发生撞刀。

②α_2，β_2 为端面槽的终点坐标，α_2 为槽的径向坐标位置，β_2 为轴向终点坐标位置。

③Δe 为切槽循环中的退刀量。

④Δi 为 X 方向的移动量（切宽槽时，应小于切槽刀的刀宽，），半径值。

⑤Δk 为切槽循环中的每次切入量。

⑥Δd 在切削底部的刀具退刀量，Δd 的符号一定是（+）。但是，如果 $X\alpha 2$ 及 Δi 省略，可用所要的正负符号指定刀具退刀量，粗加工槽时将其设置为 0。

⑦f 切槽循环中的进给量。

注：如果省略 $X\alpha_2$ 及 Δi，结果只在 Z 轴操作，用于钻孔。

例如，如图 6.3 所示，用 G74 指令编写端面槽的加工程序（刀宽为 3 mm），见表 6.1。

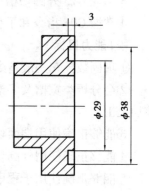

图 6.3　端面槽加工

表 6.1　G74 编写的端面槽数控加工程序

程　序	说　明
O0601	程序名
T0101；	
M03　S500；	
G00　X38　Z5；	起刀位置
G74　R0.5；	端面槽加工固定循环
G74 X35　Z-3　P2　Q5　R0　F0.1；	
G00　X100　Z100；	
M05；	主轴停
M30；	程序结束

例如,如图 6.4 所示,用 G74 指令编写端面孔的加工程序,见表 6.2。

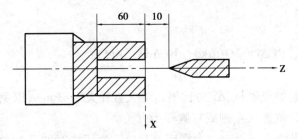

图 6.4　端面孔加工

表 6.2　G74 编写的端面孔数控加工程序

程　序	说　明
O0602	程序名
T0101;	
M03　S500;	
G00　X0　Z10;	起刀位置
G74　R0.5;	端面孔加工固定循环
G74　Z-60　Q5　F0.1;	
G00　X100　Z100;	
M05;	主轴停
M30;	程序结束

知识点 2　外圆切槽循环指令(G75)

功能:

G75 指令主要用于加工径向环形槽。加工中径向断续切削起到断屑、及时排屑的作用,特别适合加工宽槽。如图 6.5 所示为外圆切槽循环走刀路线图。

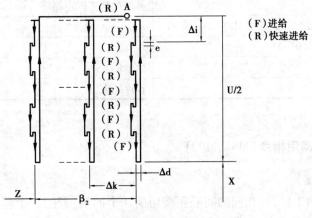

图 6.5　外圆切槽循环走刀路线图

格式：

G00 Xα_1 Zβ_1；

G75 R(Δe)；

G75 Xα_2 Zβ_2 P(Δi) Q(Δk) R(Δd) F(f)；

说明：

①α_1、β_1为切槽起始点坐标，α_1应比槽口最大直径大2~3 mm，以免在刀具快速移动时发生撞刀；β_1与切槽起始位置从左侧或右侧开始有关。

②α_2、β_2为切槽的终点坐标，α_2为槽底直径，β_2为切槽时的Z向终点位置坐标，同样与切槽起始位置有关。

③Δe为切槽过程中径向的退刀量，半径值

④Δi为切槽过程中径向的每次切入量，半径值。

⑤Δk为沿径向切完一个刀宽后退出，在Z向的移动量，但必须注意其值应小于刀宽。

⑥Δd为刀具切到槽底后，在槽底沿Z轴方向的退刀量，注意：尽量不要设置数值，取0，以免断刀。

⑦f切槽循环中的进给量。

例如，如图6.6所示，用G75指令编写加工程序，见表6.3。

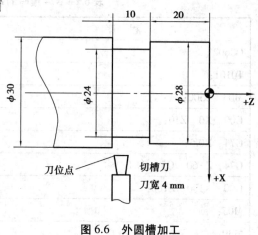

图6.6 外圆槽加工

表6.3 G75编写的外圆槽数控加工程序

程 序	说 明
O0603	程序名
T0101；	
M03 S500；	
G00 X32 Z-20；	起刀位置
G75 R0.5；	外圆槽加工固定循环
G75 X24 Z-24 P2 Q3 R0 F0.08；	
G00 X100 Z100；	
M05；	主轴停
M30；	程序结束

知识点3 子程序调用指令(M98、M99)

功能：

如图6.7所示的工件，在相同的间隔距离切削4个凹槽，若用1个程序切削，则必有许多重复的加工指令。此种情况可将相同的加工程序制作成1个子程序，再使用一主程序去调用

此子程序,则可简化程序的编制和节省 CNC 系统的内存空间。

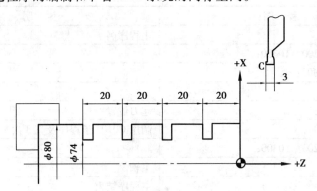

图 6.7　子程序应用

子程序必须有一程序号码,且以 M99 作为子程序的结束指令。主程序调用子程序的指令格式如下:

格式:

M98　P__;

说明:

其中 P 后最多可以跟 8 位数字,前 4 位表示调用次数,后 4 位表示调用子程序号,若调用一次则可直接给出子程序号。

例如:

M98　P46666;(表示连续调用 4 次 06666 子程序)

M98　P8888;(表示调用 08888 子程序一次)

M98　P12;(表示调用 012 子程序一次)

主程序调用同一子程序执行加工,最多可执行 999 次,且子程序也可再调用另一子程序执行加工,FANUC 数控系统最多可调用 4 层子程序,即可以嵌套 4 级,不同的系统其执行的次数及层次也不同。

主程序调用子程序,其执行方式如下:

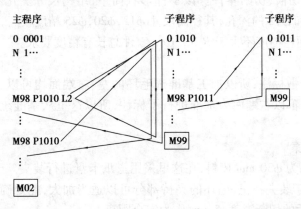

例如,如图 6.7 所示,以 FANUC 0i 系统子程序指令加工工件上的 4 个槽。分别编制主程序和子程序,见表 6.4。

表 6.4　编写子程序调用的数控加工程序

程　序	说　明
O0604	主程序名
G50　X150　Z200　T0300；	
G97　S1200　M03；	
T0303　M08；	
G00　X82　Z0；	起刀位置
M98　P00030103；	调用 O0103 子程序及其 3 次
G00　X150　Z200　T0300；	
M05；	主轴停
M30；	主程序结束
O0103	子程序名
W−20；	
G01　X74　F0.07；	
G00　X82；	
M99；	子程序结束

M99 指令也可用于主程序最后程序段,此时程序执行指针会跳回主程序的第一程序段继续执行此程序,所以此程序将一直重复执行,除非按下"Reset"键才能中断执行。

6.5　项目实施

实施点 1　制订工艺

(1)零件工艺分析

1)尺寸分析

如图 6.1 所示为切槽、切断零件。该零件形状简单,结构尺寸变化不大。该零件有 $\phi20$ 的宽槽,$\phi25$ 的窄槽和 $\phi12$ 的深孔,其径向尺寸 $\phi12$,$\phi20$,$\phi25$ 精度较高,同时其轴向尺寸 17, 3,8 精度也较高,表面粗糙度不大于 $R_a3.2\ \mu m$,零件总长有精度要求。

2)加工基准确定

轴向尺寸采取分散标注,所以加工基准选毛坯的左、右端面均可以。但该零件右端轴向尺寸 5,17 和总长 42 都以右端面为基准进行了标注,所以这里从基准统一出发,确定零件的右端面为加工基准。

(2)确定装夹方案

零件的毛坯左端为 $\phi30$ mm 棒料,在这里采用三爪卡盘进行装夹。毛坯长度尺寸远远大于零件长度,为了便于装夹找正,毛坯的夹持部分可以适当加大,此处确定 60 mm,同时留出 3 mm 作为加工完成后的切断宽度,5 mm 作为安全距离。

(3)选择刀具及切削用量

对于此类零件,各外圆和槽均要求加工,并且加工完成后需要切断,所以此处需要准备外圆车刀 1 把置于 T01 号刀位；切槽刀 1 把置于 T02 号刀位。刀具及切削参数见表 6.5。

表 6.5　刀具及切削参数

序号	刀具号	刀具类型	加工表面	切削用量		
				主轴转速 n /($r \cdot min^{-1}$)	进给速度 F /($mm \cdot min^{-1}$)	背吃刀量 a_p/mm
1	T0101	钻孔刀	端面圆槽	350	0.08~0.15	0.5~5
2	T0202	3 mm 切槽刀	切外圆槽及切断	400	0.08	2~5
编制		审核		批准		

（4）确定加工方案

加工顺序按先粗后精、先近后远的原则确定加工原则。

工步 1：车右端面→工步 2：加工深度为 17 mm 的端面圆槽→工步 3：加工 3 mm 宽外圆槽→工步 4：加工 8 mm 宽外圆槽→工步 5：切断。

（5）填写工序卡

按加工顺序将各工步的加工内容、所用刀具编号、切削用量等加工信息填写入数控加工工序卡中，见表 6.6。

表 6.6　数控加工工序卡

工序号	程序编号	夹具名称	夹具编号	使用设备		车间
001	O0006	三爪卡盘	SK01	CAK6140		数控中心
工步号	工步内容	切削用量			刀具		量具名称	备注
		主轴转速 n /($r \cdot min^{-1}$)	进给速度 F /($mm \cdot min^{-1}$)	背吃刀量 a_p /mm	编号	名称		
1	车右端面	800	0.15	1~2		外圆车刀		手动
2	加工端面深孔	350	0.15	1.2	T0101	钻孔刀	游标卡尺	自动
3	加工 3mm 宽外圆槽	400	0.08	2~5	T0202	切槽刀	游标卡尺	手动
4	加工 8mm 宽外圆槽	400	0.1	2~5	T0202	切槽刀	游标卡尺	自动
5	切断	600	0.1	2~5	T0202	切槽刀		自动
编制		审核		批准			共 1 页	第 1 页

实施点 2　程序编制

编制切槽、切断零件加工程序，见表 6.7。

89

表 6.7 切槽、切断零件数控加工程序

零件图号	CAK-06	零件名称	切槽零件	编程原点	工件右端面中心
程序名字	O0006	数控系统	FANUC 0i	编制日期	2016-01-06
程序内容			简要说明		
O0006			加工程序名（主程序）		
N2　G99　T0101；			换 1 号刀，调用 01 号偏置		
N4　M03　S350；			主轴转速为 350 r/min，主轴正转		
N6　G00　X0　Z5；			刀具定位至起点		
N8　G01　X0　F0.15；			加工端面圆槽		
N10　G74　R0；			端面切槽循环		
N12　G74　Z-17　Q1200　F0.1；					
N14　G00　Z100；			快速定位至加工点		
N16　X100 ；					
N18　T0202；			换 2 号刀，调用 02 号偏置		
N20　M03　S400；			加工外圆切槽		
N22　G00　X31　Z0；					
N24　M98　P030016；			调用子程序切窄槽		
N26　G01　Z-32；			切宽槽		
N28　G75　R0.3；			外圆切槽循环		
N30　G75　X20 Z-37 P2000 Q2500 R0 F0.08；					
N32　M03　S600；			主轴转速为 600 r/min		
N34　G00　X33；					
N36　Z-45；					
N38　G01　X-0.5　F0.1；			切断		
N40　G04　X3；			暂停 3 s		
N42　G00　X100；					
N50　Z100；					
N52　M05；					
N54　M30；			程序结束		
程序内容			简要说明		
O0016			加工程序名（子程序）		
N2　G01　W-8；			三次循环外圆切槽		
N4　G01　U-6　F0.08；					
N6　G04　X3；					
N8　G00　U6；					
N10 M99；			子程序返回		

实施点 3　虚拟加工

①进入数控车仿真软件。

②选择机床、数控系统,并开机。

③机床各轴回参考点。

④安装工件。

⑤安装刀具并对刀。

⑥输入加工程序,并检查调试。

⑦手动移动刀具退到距离工件较远处。

⑧自动加工。

⑨测量工件,优化程序。

实施点 4　实际加工

(1)加工准备

①检查坯料尺寸。

②开机,回参考点。

③程序输入,将编写好的数控程序通过数控面板输入数控机床。

④装夹工件,将工件装夹在三爪自定心卡盘中,伸出 60 mm,找正并夹紧。

⑤装夹刀具,将外圆车刀、切槽刀、切断刀分别按要求装在刀架的 T01,T02 号刀位。

(2)对刀设置

外圆粗车刀对刀时,X,Z 轴均采用试切法对刀,并把操作得到的数据输入 T01,T02 刀具形状补偿中。

(3)空运行及仿真

打开程序,选择自动加工模式,按下空运行按钮和机床锁住开关,按数控启动键,观察程序运行情况,若按图形显示键再按数控启动键可进行加工轨迹仿真。空运行结束,将空运行和机床锁住开关复位,并重新回机床参考点。

(4)自动加工及尺寸控制方法

1)零件的自动加工

选择自动加工模式,打开程序,调好进给倍率,按循环启动按钮进行加工。

2)零件加工过程中尺寸控制

数控机床上首件加工均采用试切和试测方法保证尺寸精度。其具体做法是:当程序执行完粗加工时,停车测量精加工余量。根据精加工余量设置精加工(T01,T02)磨损量,避免因对刀不精确而使精加工余量不足出现缺陷。然后运行精加工程序,程序执行完精加工,再停车测量。根据测量结果,修调精加工车刀磨损值,再次运行精加工程序,直到达到尺寸为止。

实施点 5　检测零件

零件加工结束后进行检测,对工件进行误差与质量分析,将结果写入表 6.8 中。

表 6.8　切槽、切断零件的编程与加工检测表

		序号	检测项目	配分	学生自评	小组互评	教师评分
基本检查	编程	1	切削加工工艺制订正确	6			
		2	切削用量选用合理	6			
		3	程序正确、简单、明确且规范	6			
	操作	4	设备操作、维护保养正确	6			
		5	刀具选择、安装正确、规范	6			
		6	工件找正、安装正确、规范	6			
		7	安全、文明生产	6			
工作态度		8	行为规范、纪律表现	6			
外　圆		9	$\phi12$	6			
		10	$\phi20$	6			
		11	$\phi25$	6			
长　度		12	3	8			
		13	5	8			
		14	8	8			
		15	17	6			
		16	42	3			
表面粗糙度		17	$R_a3.2$	3			
其　余		18	工时	2			
综合得分				100			

6.6　项目小结

本项目详细介绍了外圆槽、端面槽及端面孔的加工方式,数控车编程循环指令 G04,G74,G75,子程序调用 M98,M99 使用。要求读者能够使用循环指令 G74,G75,子程序调用 M98,M99 进行外圆槽、端面槽及端面孔加工的程序编制,熟悉外圆槽的走刀路线设计,掌握编程技巧及加工和检验的方法。

6.7　项目自测

如图 6.8 所示为外圆槽零件。已知毛坯规格为 $\phi30\times100$ mm 的棒料,材料为 45#钢。使用 3 mm 宽切槽刀切槽,要求制订零件的加工工艺,编写零件的数控加工程序,并通过数控仿

真加工调试、优化程序,最后进行零件的加工。

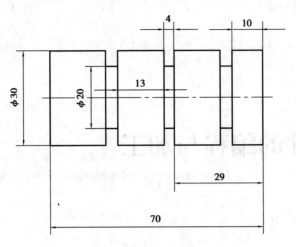

图 6.8　切槽、切断零件图

项目 **7** 螺纹轴零件的编程与加工

7.1 项目导航

如图 7.1 所示为螺纹轴零件。已知毛坯规格为 φ22×50 mm 的棒料,材料为 45#钢。要求制订零件的加工工艺,编写零件的数控加工程序,并通过数控仿真加工调试、优化程序,最后进行零件的加工。

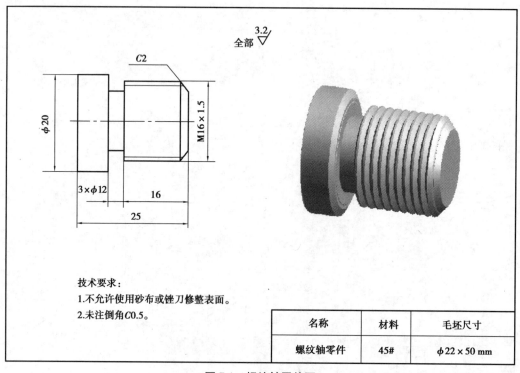

技术要求:
1.不允许使用砂布或锉刀修整表面。
2.未注倒角C0.5。

名称	材料	毛坯尺寸
螺纹轴零件	45#	φ22 × 50 mm

图 7.1 螺纹轴零件图

7.2　项目分析

如图 7.1 所示为螺纹轴零件。该零件形状较简单,结构尺寸变化较大。该零件有外圆面、外圆槽和螺纹面组成,其径向尺寸 $\phi12$,M16,$\phi20$ 精度较高,表面粗糙度不大于 $R_a3.2\ \mu m$,零件总长有公差要求。

7.3　学习目标

(1)知识目标

①掌握螺纹切削指令 G32,G92,G76。

②了解三角螺纹的尺寸计算方法。

③会制订螺纹加工工艺及合理选择循环参数,确定切削用量。

(2)能力目标

①掌握螺纹车刀的安装及对刀方法。

②掌握螺纹加工方法及尺寸控制。

③会使用数控仿真软件进行练习。

④完成三角螺纹零件加工。材料为 Q235。

⑤通过工件制作,学生体验成功的喜悦,感受软件和机器的综合魅力,从而提高学生对专业课的学习兴趣。

⑥通过任务驱动的方法逐步完成项目,培养学生发现和分析问题的能力。

⑦通过分工协作,加强团队合作精神。

7.4　相关知识

知识点 1　螺纹的简单介绍

(1)螺纹的分类

螺纹按牙型分为三角螺纹、梯形螺纹、方牙螺纹等。其中,普通公制三角螺纹应用最多。在加工螺纹时,不管是什么螺纹,程序基本一致,只是加工螺纹的刀具选择不一样。

(2)螺纹切削次数与背吃刀量

如螺纹螺距较大、牙型较深时,可分数次进给,每次进给的背吃刀量见表 7.1。

表 7.1　常用公制螺纹切削的进给次数与背吃刀量（双边）/mm

螺　距		1.0	1.5	2.0	2.5	3.0	3.5	4.0
牙　深		0.649	0.974	1.299	1.624	1.949	2.273	2.598
背吃刀量和切削次数	1 次	0.7	0.8	0.9	1.0	1.2	1.5	1.5
	2 次	0.4	0.6	0.6	0.7	0.7	0.7	0.8
	3 次	0.2	0.4	0.6	0.6	0.6	0.6	0.6
	4 次		0.16	0.4	0.4	0.4	0.6	0.6
	5 次			0.1	0.4	0.4	0.4	0.4
	6 次				0.15	0.4	0.4	0.4
	7 次					0.2	0.2	0.4
	8 次						0.15	0.3
	9 次							0.2

（3）车削三角外螺纹尺寸计算

1）三角形外螺纹主要参数及计算公式（见表 7.2）。

表 7.2　三角形外螺纹主要参数及计算公式

名　称	代　号	计算公式
牙型角	α	$60°$
螺距	P	
螺纹大径	d	公称直径
螺纹中径	d_2	$d_2 = d - 0.649\,5p$
牙型高度	h_1	$h_1 = 0.541\,3p$
螺纹小径	d_1	$d_1 = d - 2h_1 = d - 1.083p$

2）车螺纹前圆柱面及螺纹实际小径的确定

车塑性材料螺纹，在车刀的挤压作用下，会使外径胀大，故车螺纹前，圆柱面直径应比螺纹公称直径小 0.1~0.2 mm，一般取 $d_{计} = d - 0.1p$。螺纹实际牙型高度考虑刀尖圆弧半径等因素的影响，一般取 $h_{1实} = 0.65p$；螺纹实际小径 $d_{1实} = d - 2h_{1实} = d - 1.3p$。

知识点 2　单步螺纹加工指令 G32

功能：

该指令用于车削等螺距圆柱螺纹、圆锥螺纹。

格式：

G32　X（U）__　Z（W）__　F__；

说明：

　　X(U),Z(W)——螺纹切削的终点坐标值;X 省略时为圆柱螺纹切削,Z 省略时为端面螺纹切削;X,Z 均不省略时为锥螺纹切削(X 坐标值依据《机械设计手册》查表确定)。

　　F——螺纹导程。

　　螺纹切削应注意在两端设置足够的升速进刀段 δ_1 和降速退刀段 δ_2。

　　例如,试编写如图 7.2 所示螺纹的加工程序(螺纹导程 4 mm,升速进刀段 $\delta_1 = 3$ mm,降速退刀段 $\delta_2 = 1.5$ mm,螺纹深度 2.165 mm)。加工程序见表 7.3。

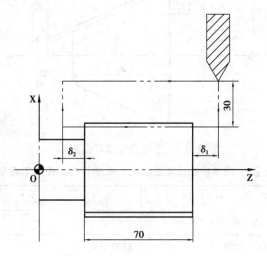

图 7.2　单步圆柱螺纹切削

表 7.3　用单步圆柱螺纹切削 G32 编写的数控加工程序

程　序	说　明
N010　T0101　M03　S450;	
N020　G00　X70　Z5　M08;	起刀位置
N030　G00　U−62;	切入点
N040　G32　W−74.5　F4;	单步圆柱螺纹切削 G32
N050　G00　U62;	X 退刀
N060　W74.5;	Z 退刀
N070　U−64;	切入点
N080　G32　W−74.5　F4;	单步圆柱螺纹切削 G32
N090　G00　U64;	X 退刀
N100　W74.5;	Z 退刀
N110　X80　Z80;	
N120　M09;	
N130　M05;	主轴停
N140　M30;	程序结束

例如,试编写如图 7.3 所示圆锥螺纹的加工程序。(螺纹导程 3.5 mm,升速进刀段 $\delta_1 =$ 2 mm,降速退刀段 $\delta_2 = 1$ mm,螺纹深度 1.082 5 mm)。加工程序见表 7.4。

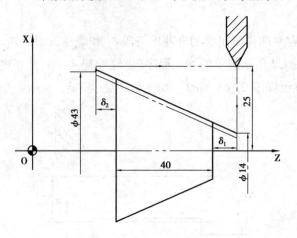

图 7.3　单步圆锥螺纹切削

表 7.4　用单步圆锥螺纹切削 G32 编写的数控加工程序

程　序	说　明
N010　T0101　M03　S450;	
N020　G00　X70　Z5　M08;	起刀位置
N030　G00　X12;	切入点
N040　G32　X41　W−43　F3.5;	单步圆锥螺纹切削 G32
N050　G00　X50;	X 退刀
N060　W43;	Z 退刀
N070　X10;	切入点
N080　G32　X39　W−43　F3.5;	单步圆锥螺纹切削 G32
N090　G00　X50;	X 退刀
N100　W43;	Z 退刀
N110　X80　Z80;	
N120　M09;	
N130　M05;	主轴停
N140　M30;	程序结束

知识点 3　单一螺纹切削固定循环指令 G92

功能:

该指令可完成螺纹加工的 4 个动作。刀具路径如图 7.4、图 7.5 所示。

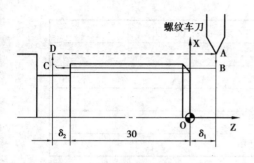

图 7.4　单一循环圆柱螺纹切削　　　　图 7.5　单一循环圆锥螺纹切削

格式：

G92　X(U)＿　Z(W)＿　R＿　F＿；

说明：

①执行该指令时,刀具刀尖从循环始点 A 开始,经 A→B→C→D→A 的 4 段轨迹,其中 AB 和 DA 段按快速移动;BC 和 CD 段按指令进给速度移动。

②F 值是螺纹导程。

③R 值为螺纹始点 B 与螺纹终点 C 的半径差,即 $R = r_{始} - r_{终}$。

例如,试编写如图 7.6 所示圆柱螺纹的加工程序(螺纹导程 1.5 mm,升速进刀段 $\delta_1 = 2$ mm,降速退刀段 $\delta_2 = 1$ mm)。加工程序见表 7.5。

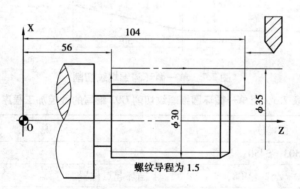

图 7.6　单一循环圆柱螺纹切削

表 7.5　用单一循环圆柱螺纹切削 G92 编写的数控加工程序

程　序	说　明
N010　T0101　M03　S450；	
N020　G00　X35　Z104　M08；	循环起点位置
N030　G92　X29.2　Z53　F1.5；	单一循环圆柱螺纹切削 G92
N040　X28.4；	第 1 刀
N050　X28.2；	第 2 刀
N060　X28；	第 3 刀

续表

程　序	说　明
N070　X28.05;	第 4 刀
N080　G00　X200　Z200;	
N090　M09;	
N100　M05;	主轴停
N110　M30;	程序结束

例如,试编写如图 7.7 所示圆锥螺纹的加工程序(螺纹导程 2 mm,升速进刀段 $\delta_1 = 2$ mm,降速退刀段 $\delta_2 = 1$ mm)。加工程序见表 7.6。

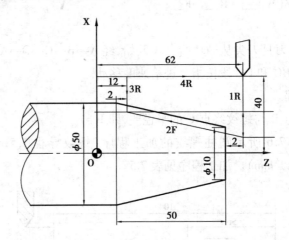

图 7.7　单一循环圆锥螺纹切削

表 7.6　用单一循环圆锥螺纹切削 G92 编写的数控加工程序

程　序	说　明
N010　T0101　M03　S450;	
N020　G00　X80　Z62　M08;	循环起点位置
N030　G92　X29.2　Z53　F1.5;	单一循环圆锥螺纹切削 G92
N040　X28.4;	第 1 刀
N050　X28.2;	第 2 刀
N060　X28;	第 3 刀
N070　X28.05;	第 4 刀
N080　G00　X200　Z200;	
N090　M09;	
N100　M05;	主轴停
N110　M30;	程序结束

知识点 4　复合螺纹切削循环指令 G76

功能：

复合螺纹切削循环指令可以完成一个螺纹段的全部加工任务。它的进刀方法有利于改善刀具的切削条件,在编程中应优先考虑应用该指令,如图 7.8 所示。

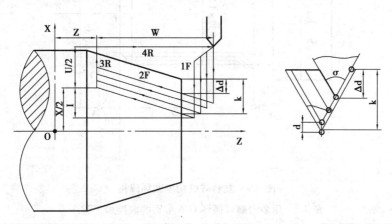

图 7.8　复合螺纹切削循环与进刀法

格式：

G76　P（m）（r）（α）　Q（Δdmin）　R（d）；

G76　X（U）　Z（W）　R（I）　P（k）　Q（Δd）　F（f）；

说明：

m——精加工重复次数。

r——倒角量。

α——刀尖角。

Δdmin——最小切入量。

d——精加工余量。

X（U）　Z（W）终点坐标。

I——螺纹部分半径之差,即螺纹切削起始点与切削终点的半径差。加工圆柱螺纹时,i = 0。加工圆锥螺纹时,当 X 向切削起始点坐标小于切削终点坐标时,I 为负,反之为正。

k——螺牙的高度（X 轴方向的半径值）。

Δd——第一次切入量（X 轴方向的半径值）。

f——螺纹导程。

例如,试编写如图 7.9 所示圆柱工件的 M30×3.5 螺纹。取精加工次数两次,螺纹退尾长度为 7 mm,螺纹车刀刀尖角度 60°,最小背吃刀量取 0.1 mm,精加工余量取 0.3 mm,螺纹牙型高度为 2.3 mm,第一次背吃刀量取 0.6 mm,螺纹小径为 25.4 mm。前端倒角 2×45°。加工程序见表 7.7。

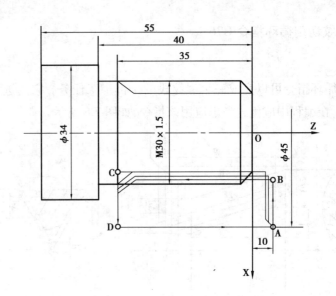

图 7.9　复合螺纹切削循环应用

表 7.7　用复合螺纹循环 G76 编写的数控加工程序

程　序	说　明
N010　T0101　M03　S450；	加工外圆面
N020　G00　X22　Z2　M08；	
N030　G01　X30　Z-2　F100；	
N040　Z-40；	
N050　X34；	
N060　Z-55；	
N070　G00　X80　Z50；	
N080　T0100；	
N090　T0202；	
N100　G00　X45　Z10；	循环起点位置
N110　G76　P020760　Q0.1　R0.3；	复合循环圆锥螺纹切削 G92
N120　G76 X-24.6　Z-35　R0　P2.3　Q0.6　F3.5；	
N130　G00　X80　Z50；	
N140　T0200；	
N150　M05；	主轴停
N160　M30；	程序结束

7.5　项目实施

实施点 1　制订工艺

(1)零件工艺分析

1)尺寸分析

如图 7.1 所示为螺纹轴零件。该零件形状简单,结构尺寸变化不大。该零件有圆柱面、槽及外螺纹组成。外圆径向尺寸 $\phi20,\phi16$ 精度较高,其外圆表面粗糙度不大于 $R_a3.2\ \mu m$。螺纹有公差要求。零件总长有公差要求。

2)加工基准确定

轴向尺寸采取分散标注,所以加工基准选毛坯的左、右端面均可。但该零件螺纹轴轴向尺寸和总长 25 都以右端面为基准进行了标注,故这里从基准统一出发,确定零件的右端面为加工基准。

(2)确定装夹方案

零件的毛坯左端为 $\phi22$ mm 棒料,在这里采用三爪卡盘进行装夹。毛坯长度尺寸远远大于零件长度,为了便于装夹找正,毛坯的夹持部分可以适当加大,此处确定 35 mm,同时留出 3 mm 作为加工完成后的切断宽度,5mm 作为安全距离。

(3)选择刀具及切削用量

对于此类零件,各外圆和槽均要求加工,并且加工完成后需要切断,所以此处需要准备外圆车刀 1 把置于 T01 号刀位;切槽刀 1 把置于 T02 号刀位;螺纹刀 1 把置于 T03 号刀位。刀具及切削参数见表 7.8。

表 7.8　刀具及切削参数

序号	刀具号	刀具类型	加工表面	切削用量		
				主轴转速 n /(r·min^{-1})	进给速度 F /(mm·min^{-1})	背吃刀量 a_p/mm
1	T0101	外圆车刀	车端面	600~800	0.05~0.1	0.1~1
2	T0202	3 mm 切槽刀	切外圆槽及切断	500	0.05	1~3
3	T0303	外螺纹刀	车削螺纹 M16×1.5	675	1.5	0.08~0.2
编制		审核		批准		

(4)确定加工方案

加工顺序按先粗后精、先近后远的原则确定加工原则。

工步 1:车右端面→工步 2:粗、精车外圆 $\phi16$ 和 $\phi30$→工步 3:切退刀槽 3×$\phi12$→工步 4:

车削螺纹 M16×1.5→工步 5：切断。

(5)填写工序卡

按加工顺序将各工步的加工内容、所用刀具编号、切削用量等加工信息填写入数控加工工序卡中，见表 7.9。

表 7.9　数控加工工序卡

工序号	程序编号	夹具名称	夹具编号	使用设备		车　间
001	O0007	三爪卡盘	SK01	CAK6140		数控中心

工步号	工步内容	切削用量			刀具		量具名称	备注
		主轴转速 n /（r·min^{-1}）	进给速度 F /（mm·min^{-1}）	背吃刀量 a_p/mm	编　号	名　称		
1	车右端面	600	0.1	1	T0101	外圆车刀		手动
2	粗、精车外圆	600~800	0.05~0.1	1.2	T0101	钻孔刀	游标卡尺	自动
3	切退刀槽	500	0.05	3	T0202	切槽刀	游标卡尺	手动
4	车削螺纹 M16	675	1.5	0.08~0.4	T0202	切槽刀	游标卡尺	自动
5	切断	500	0.05	3	T0202	切槽刀		自动
编制		审核		批准			共 1 页	第 1 页

实施点 2　程序编制

编制螺纹轴零件加工程序，见表 7.10。

表 7.10　螺纹轴零件数控加工程序

零件图号	CAK-07	零件名称	螺纹轴零件	编程原点	工件右端面中心
程序名字	O0007	数控系统	FANUC 0i	编制日期	2016-01-06
程序内容			简要说明		
O0007			加工程序名		
N2　G99　T0101；			换 1 号刀，调用 01 号偏置		
N4　M03　S600；			主轴转速为 600 r/min，主轴正转		
N6　G00　X25　Z5；			刀具定位至起点		
N8　Z0；					
N10　G01　X−1　F0.1；			车端面		
N12　G00　Z2；					

续表

零件图号	CAK-07	零件名称	螺纹轴零件	编程原点	工件右端面中心
程序名字	O0007	数控系统	FANUC 0i	编制日期	2016-01-06
程序内容			简要说明		
N14　X24；			快速定位至加工点		
N16　G90　X20.2　Z-28　F0.1；			粗车外轮廓		
N18　X18.2　Z-19；					
N20　X16.2；					
N22　S800；			主轴转速为 800 r/min，主轴正转		
N24　G00　X8；					
N26　G01　X16　Z-2　F0.05；			精车外轮廓		
N28　Z-19；					
N30　X20；					
N32　Z-28；					
N34　G00　X22；					
N36　Z100；					
N38　S500　T0202；			换 2 号刀，调用 02 号偏置		
N40　Z-19；			主轴转速为 800 r/min，主轴正转		
N42　G01　X12　F0.05；			切退刀槽		
N50　G04　X2.0；			暂停 2 s		
N52　G00　X25；					
N54　Z100					
N56　T0303　S675；			换 2 号刀，调用 02 号偏置		
N58　G00　X18　Z2；			刀具定位到循环起点		
N60　G92　X15.2　Z-18　F1.5；			第一次螺纹车削		
N62　X14.6；			第二次螺纹车削		
N64　X14.2；			第三次螺纹车削		
N66　X14.04；			第四次螺纹车削		
N68G00　X25；					
N70　Z100；					
N72　S500　T0202；			换 2 号刀，调用 02 号偏置		
N74　G00　X22；					
N76　Z-28；					
N78　G01　X-1　F0.05；			切断		
N80　G04　X2.0；			暂停 2 s		
N82　G00　X25；					
N84　Z150；					
N86　M09；					
N88　M05；					
N90　M30；			程序结束		

实施点 3　虚拟加工

①进入数控车仿真软件。

②选择机床、数控系统,并开机。

③机床各轴回参考点。

④安装工件。

⑤安装刀具并对刀。

⑥输入加工程序,并检查调试。

⑦手动移动刀具退到距离工件较远处。

⑧自动加工。

⑨测量工件,优化程序。

实施点 4　实际加工

(1)加工准备

①检查坯料尺寸。

②开机,回参考点。

③程序输入。将编写好的数控程序通过数控面板输入数控机床。

④装夹工件。将工件装夹在三爪自定心卡盘中,伸出 35 mm,找正并夹紧。

⑤装夹刀具。将外圆车刀,切槽刀,切断刀分别按要求装在刀架的 T01,T02,T03 号刀位。

(2)对刀设置

外圆粗车刀对刀时,X,Z 轴均采用试切法对刀,并把操作得到的数据输入 T01,T02,T03 刀具形状补偿中。

(3)空运行及仿真

打开程序,选择自动加工模式,按下空运行按钮和机床锁住开关,按数控启动键,观察程序运行情况,若按图形显示键再按数控启动键可进行加工轨迹仿真。空运行结束,将空运行和机床锁住开关复位,并重新回机床参考点。

(4)自动加工及尺寸控制方法

1)零件的自动加工

选择自动加工模式,打开程序,调好进给倍率,按循环启动按钮进行加工。

2)零件加工过程中尺寸控制

数控机床上首件加工均采用试切和试测方法保证尺寸精度。其具体做法是:当程序执行完粗加工时,停车测量精加工余量。根据精加工余量设置精加工(T02,T03)磨损量,避免因对刀不精确而使精加工余量不足出现缺陷。然后运行精加工程序,程序执行完精加工,再停车测量。根据测量结果,修调精加工车刀磨损值,再次运行精加工程序,直到达到尺寸为止。

实施点 5　检测零件

零件加工结束后进行检测,对工件进行误差与质量分析,将结果写入表 7.11 中。

表 7.11　螺纹轴零件的编程与加工检测表

		序号	检测项目	配分	学生自评	小组互评	教师评分
基本检查	编程	1	切削加工工艺制订正确	6			
		2	切削用量选用合理	6			
		3	程序正确、简单、明确且规范	6			
	操作	4	设备操作、维护保养正确	6			
		5	刀具选择、安装正确、规范	6			
		6	工件找正、安装正确、规范	6			
		7	安全、文明生产	6			
工作态度		8	行为规范、纪律表现	6			
外　圆		9	$\phi12$	11			
		10	M16	12			
		11	$\phi20$	6			
长　度		12	3	5			
		13	16	5			
		14	25	5			
倒　角		15	C2(两处)	3			
表面粗糙度		16	$R_a3.2$	3			
其　余		17	工时	2			
综合得分				100			

7.6　项目小结

本项目详细介绍了螺纹加工指令 G32、螺纹切削固定循环指令 G92、复合螺纹加工指令 G76;加工工艺制订及循环参数选择零件加工、尺寸控制及检验方法;加工工艺分析、编程和加工操作。螺纹切削时,必须采用专用的螺纹车刀。螺纹车刀角度的选取由螺纹牙型确定。螺纹车刀安装时,刀尖应与工件旋转轴线等高,刀具两侧刃角平分线必须垂直于工件轴线。螺纹加工时,应保持主轴转速不变。首次切削尽可能采用单段加工,熟练以后再采用自动加工。空刀退出量的设置不能过大,预防螺纹车刀退出时撞到台阶面。

7.7 项目自测

如图 7.10 所示为螺纹轴零件。已知毛坯规格为 $\phi18\times50$ mm 的棒料,材料为 45#钢。要求制订零件加工工艺;编写零件数控加工程序;并通过数控仿真加工调试,优化程序;最后进行零件的加工。

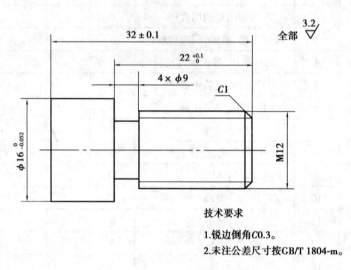

技术要求

1.锐边倒角C0.3。

2.未注公差尺寸按GB/T 1804-m。

图 7.10 螺纹轴零件图

复杂轴零件的编程与加工

8.1 项目导航

如图 8.1 所示为复杂轴零件。已知毛坯规格为 $\phi 45 \times 100$ mm 的棒料,材料为 45#钢。要求制订零件的加工工艺,编写零件的数控加工程序,并通过数控仿真加工调试、优化程序,最后进行零件的加工。

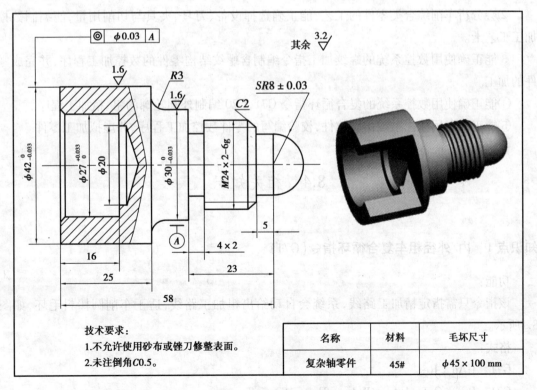

名称	材料	毛坯尺寸
复杂轴零件	45#	$\phi 45 \times 100$ mm

技术要求:
1.不允许使用砂布或锉刀修整表面。
2.未注倒角C0.5。

图 8.1 复杂轴零件图

8.2　项目分析

如图 8.1 所示复杂轴零件。该零件由外圆柱面、圆弧面、球面、沟槽、普通三角螺纹以及内孔组成。其中外圆 $\phi30$，$\phi42$ 和孔 $\phi27$、球面 $SR8$ 有严格的尺寸精度和表面粗糙度要求。$\phi30$ 外圆对 $\phi42$ 外圆轴线有同轴度 0.03 mm 的技术要求。同时，螺纹也有尺寸精度要求。零件材料为 45# 钢，无热处理和硬度要求。

8.3　学习目标

（1）知识目标

①掌握含圆柱面、圆锥面、沟槽和螺纹要素车削综合类零件的结构特点和工艺特点，正确分析此类零件的加工工艺。

②掌握数控车削加工螺纹的工艺知识和编程指令。

③掌握复合循环指令 G71，G70 的编程格式与应用。

（2）能力目标

①巩固数控车一般指令的使用方法。

②会分析车削综合类零件的工艺，能正确选择设备、刀具、夹具与切削用量，能编制数控加工工艺卡。

③能正确使用数控系统的螺纹加工指令编制含螺纹结构零件的数控加工程序，并完成零件的加工。

④能正确使用数控系统的复合循环指令 G71，G70 编制外圆轮廓的粗、精加工程序。

⑤能正确运用数控系统仿真软件，校验编写的零件数控加工程序，并虚拟加工零件。

8.4　相关知识

知识点 1　内/外径粗车复合循环指令（G71）

功能：

该指令只需指定精加工路线，系统会自动给出粗加工路线，适于车削圆棒料毛坯，如图 8.1 所示。

格式：

G71　UΔd　Re；

G71　Pns　Qnf　UΔu　WΔw　F＿＿　S＿＿　T＿＿；

其中,Δd 是背吃刀量,半径值,且为正值;e 是退刀量;ns 是精车开始程序段号,nf 是精车结束程序段号;Δu 是 X 轴方向精加工余量,以直径值表示,Δw 是 Z 轴方向精加工余量。

说明:

①粗车过程中程序段号为 ns—nf 的任何 F,S,T 功能均被忽略,但对 G70 有效。

②在顺序号 ns 至 nf 的程序段中,不能调用子程序。

③车削的路径必须是单调增大或减小,即不可有内凹的轮廓外形。

④当使用 G71 指令粗车内孔轮廓时,须注意 Δu 为负值。

外圆粗车循环的加工路线如图 8.2 所示。图中 A′为精车循环的起点,A 是毛坯外径与轮廓端面的交点,Δu/2 是 X 方向的精车余量半径值,Δw 为 Z 方向的精车余量,e 为退刀量,Δd 为背吃刀量。

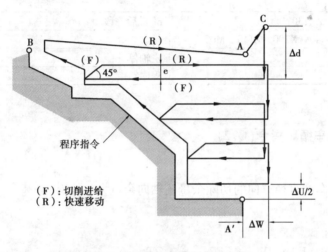

图 8.2 外圆粗车循环加工路线图

例如,要粗车如图 8.3 所示短轴的外圆,假设粗车切削深度为 4 mm,退刀量为 0.5 mm,X 向精车余量为 2 mm,Z 向精车余量为 2 mm。加工程序见表 8.1。

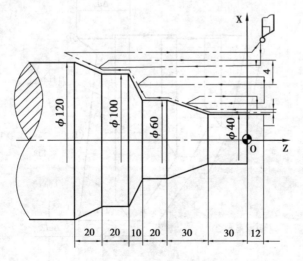

图 8.3 外圆粗车循环示例

表 8.1   用外圆粗车循环 G71 编写的数控加工程序

程序	说明
N010 T0101 M03 S450;	
N020 G00 G42 X125 Z12 M08;	起刀位置
N030 G71 U4 R0.5;	外圆粗车固定循环
N040 G71 P50 Q110 U2 W2 F0.3;	
N050 G00 X40 Z6;	ns 第一段,此段不允许有 Z 方向的定位
N060 G01 Z−30 F0.1;	
N070 X60 Z−60;	
N080 Z−80;	
N090 X100 Z−90;	
N100 Z−110;	
N110 X120 Z−130;	nf 最后一段
N120 G00 G40 X200 Z140 M09;	
N130 M05;	主轴停
N140 M30;	程序结束

知识点 2   端面粗车循环指令 (G72)

功能:

此指令适用于车削直径方向的切除余量比轴向余量大的棒料。

格式:

G72   UΔd Re;

G72   P$\underline{ns}$ Q$\underline{nf}$ UΔu WΔw F__ S__ T__;

说明:

①指令中各项的意义与 G71 相同。其刀具循环路径如图 8.4 所示。

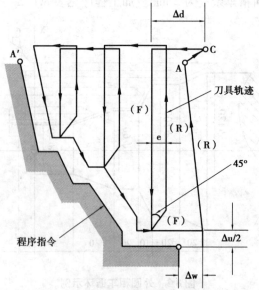

图 8.4   端面粗车循环加工路线图

②在 G72 指令中除 G71 指令中提到的注意事项外还需要注意一点,就是在 ns 到 nf 程序段中不应编有 X 向移动指令。

知识点 3　固定形状粗车复合循环指令(G73)

功能:

该指令只需指定精加工路线,系统会自动给出粗加工路线,适于车削铸造、锻造类毛坯或半成品。

格式:G73　U$\underline{\Delta i}$　W$\underline{\Delta k}$　Rd;

G73　P$\underline{ns}$　Q$\underline{nf}$　U$\underline{\Delta u}$　W$\underline{\Delta w}$　F__　S__　T__;

其中,Δi 是 X 方向的退刀量,半径值;Δk 是 Z 方向的退刀量,d 是循环次数。

说明:

①指令中其他参数的意义与 G71 相同。

②粗车过程中从程序段号 ns—nf 任何 F,S,T 功能均被忽略,只有 G73 指令中指定的 F,S,T 功能有效。

成型车削循环的加工路线如图 8.5 所示。

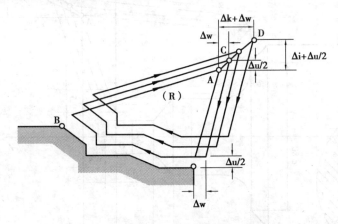

图 8.5　成型车削循环加工路线图

例如,要加工如图 8.6 所示的短轴,X 方向退刀量 9.5 mm,Z 方向退刀量 9.5 mm,X 向精车余量为 1 mm,Z 向精车余量为 0.5 mm,重复加工次数为 3。加工程序见表 8.2。

表 8.2　用成型车削循环 G73 编写的数控加工程序

程　序	说　明
N010　T0101;	
N020　M03　S800;	
N030　G00　G42　X140　Z5　M08;	
N050　G73　U9.5　W9.5　R3;	X/Z 向退刀量 9.5 mm,循环 3 次
N060　G73　P70　Q130　U1　W0.5　F0.3;	精加工余量,X 向余 1 mm,Z 向余量 0.5 mm
N070　G00　X20　Z0;	ns

续表

程 序	说 明
N080 G01 Z-20 F0.15;	
N090 X40 Z-30;	
N100 Z-50;	
N110 G02 X80 Z-70 R20;	
N120 G01 X100 Z-80;	
N130 X105;	nf
N140 G00 G40 X200 Z200;	
N150 M30;	

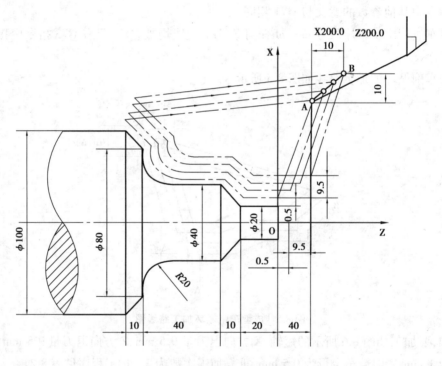

图 8.6 成型车削循环示例

知识点 4 精加工循环指令(G70)

功能:

用 G71,G72,G73 粗车完毕后,可用 G70 指令,使刀具进行精加工。

格式:

G70 Pns Qnf ;

其中,ns 是精车开始程序段号,nf 是精车结束程序段号。

例如,在 FANUC-0i Mate-TC 数控车床上加工如图 8.7 所示的零件。设毛坯是 φ50 mm 的棒料,编程原点选在工件右端面的中心处,在配置后置式刀架的数控车床上加工。采用 G71 进行粗车,然后用 G70 进行精车,最后切断。数控加工程序见表 8.3。

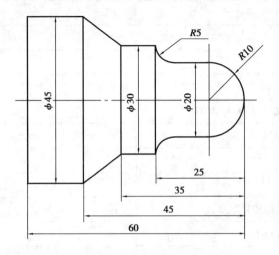

图 8.7 精车削循环示例

表 8.3 用 G71/ G70 编写的数控加工程序

程　　序	说　　明
O0707	程序名
N2　T0101;	
N6　G50　S1500;	限制主轴最高转速为 1 500 m/min
N8　G00　X52　Z0;	
N10　G96　S120　M03　S120;	切换工件转速,恒线速度为 120 m/min
N12　G01　X0　F0.15;	车端面
N14　G97　S800;	切换工件转速,转速为 800 r/min
N16　G00　Z2;	
N18　X52;	
N20　G71　U2　R1;	外圆粗车循环
N22　G71　P24　Q38　U0.2　W0　F0.15;	精车路线为 N24—N38 指定
N24　G01　G42　X0　Z0　F0.08;	
N26　G03　X20　W−10　R10;	
N28　G01　Z−20;	
N30　G02　X30　Z−25　R5;	
N32　G01　Z−35;	
N34　G01　X45　Z−45;	
N36　W−20;	

续表

程　序	说　明
N38　G00　G40　X50；	
N40　G00　X150；	
N42　Z150；	
N44　T0202；	精车加工
N46　G00　X45　Z2　S1000　M03；	
N48　G70　P24　Q38；	
N50　G00　X150；	
N52　Z150；	
N54　S300　M03　T0303；	切断
N56　G00　X52　Z-64；	
N58　G01　X1　F0.05；	
N60　G00　X150；	
N62　Z150；	
N64　M05；	
N66　M30；	程序结束

8.5　项目实施

实施点 1　制订工艺

(1)零件工艺分析

1)尺寸分析

如图 8.1 所示为复杂轴零件。该零件由外圆柱面、圆弧面、球面、沟槽、普通三角螺纹以及内孔组成。其中外圆 $\phi30$,$\phi42$ 和孔 $\phi27$、球面 $SR8$ 有严格的尺寸精度和表面粗糙度要求。$\phi30$ 外圆对 $\phi42$ 外圆轴线有同轴度 0.03 mm 的技术要求。同时,螺纹也有尺寸精度要求。零件材料为 45#钢,无热处理和硬度要求。

2)加工基准确定

轴向尺寸采取分散标注,故加工基准选毛坯的左右端面均可。但该零件复杂轴轴向尺寸和总长 58 左右端面都可作为基准进行了标注。因此,这里从基准统一出发,确定零件的左右端面为加工基准。

（2）确定装夹方案

此零件需经过两次装夹才能完成全部内容加工。第一次采用三爪自定心卡盘装夹，夹右端面车左端面，完成 $\phi27$ 及 $\phi42$ 外圆；第二次以 $\phi42$ 精车外圆为定位基准采用铜皮包裹、三爪卡盘夹持完成右端外形加工。

（3）选择刀具及切削用量

对于此类零件，各外圆、内孔和槽均要求加工，并且加工完成后需要切断，故此处需要准备外圆车刀1把置于T01号刀位；75°镗孔刀1把置于T02号刀位；切槽刀1把置于T03号刀位；螺纹刀1把置于T04号刀位。刀具及切削参数见表8.4。

表8.4　刀具及切削参数

序号	刀具号	刀具类型	加工表面	切削用量		
				主轴转速 n /(r·min^{-1})	进给速度 F /(mm·min^{-1})	背吃刀量 a_p/mm
1	T0101	93°菱形 外圆车刀	外圆表面、端面	600	0.25	1
2	T0202	75°镗孔刀	镗孔	1 000	0.1	2
3	T0303	4 mm 切槽刀	沟槽、切断	350	0.1	3
4	T0404	60°外螺纹刀	三角螺纹	1 000	2	4
5		中心钻	中心孔	800		5
6		$\phi20$ 麻花钻	$\phi20$ 端面底孔	350		6
编制		审核		批准		

（4）确定加工方案

加工顺序按先粗后精、先近后远的原则确定加工原则。

1）工序1

工步1：车端面，打中心孔→工步2：钻 $\phi20$ 毛坯孔→工步3：粗、精镗 $\phi27$ 内孔→工步4：粗、精车 $\phi42$ 外圆柱面。

2）工序1

工步1：工件调头，车平端面，保证总长，打中心孔→工步2：用铜皮包 $\phi42$ 外圆，三爪卡盘装夹安装，粗车 $\phi30$ 圆柱面、$R3$、$SR8$ 圆弧以及 M24×2 螺纹大径等尺寸，留精车余量 0.5 mm→工步3：精车各外圆、圆弧至尺寸要求→工步4：切退刀槽至尺寸要求→工步5：车螺纹 M24×2 至尺寸要求。

（5）填写工序卡

按加工顺序将各工步的加工内容、所用刀具编号、切削用量等加工信息填写入数控加工工序卡中，见表8.5、表8.6。

表 8.5　数控加工工序卡 1

工序号	程序编号	夹具名称	夹具编号	使用设备		车间
001	O0081	三爪卡盘	SK01	CAK6140		数控中心

工步号	工步内容	切削用量			刀具		量具名称	备注
		主轴转速 n /(r·min^{-1})	进给速度 F /(mm·min^{-1})	背吃刀量 a_p /mm	编号	名称		
1	车左端面	600			T0101	外圆车刀	游标卡尺	手动
2	钻中心孔	800				中心钻		手动
3	钻 $\phi20$ 毛坯孔	350				$\phi18$ 麻花钻		手动
4	粗镗 $\phi27$ 孔	600	0.25	1.5	T0202	75°镗孔刀	内径量表	自动
5	精镗 $\phi27$ 孔	1 000	0.1	0.25	T0202	75°镗孔刀	内径量表	自动
6	粗车 $\phi42$ 外圆,留余量	600	0.25	1~2	T0101	外圆车刀	外径千分尺	自动
7	精车 $\phi42$ 外圆	1 000	0.1	0.25	T0101	外圆车刀	外径千分尺	自动
编制		审核		批准			共 1 页	第 1 页

表 8.6　数控加工工序卡 2

工序号	程序编号	夹具名称	夹具编号	使用设备		车间
002	O0082	三爪卡盘	SK01	CAK6140		数控中心

工步号	工步内容	切削用量			刀具		量具名称	备注
		主轴转速 n /(r·min^{-1})	进给速度 F /(mm·min^{-1})	背吃刀量 a_p /mm	编号	名称		
1	车右端面	600	0.25	1~2	T0101	外圆车刀	游标卡尺	手动
2	钻中心孔	800				中心钻		手动
3	粗车右边轮廓,留余量	600	0.25	1~2	T0101	外圆车刀	外径千分尺	自动
4	精车轮廓	1 000	0.1	0.25	T0101	外圆车刀	外径千分尺	自动
5	切槽	350	0.1	2	T0303	切槽刀	游标卡尺	自动
6	螺纹	1 000	2		T0404	螺纹刀	螺纹千分尺	自动
编制		审核		批准			共 1 页	第 1 页

实施点 2   程序编制

编制复杂轴轴零件加工程序,见表 8.7、表 8.8。

表 8.7   复杂轴零件左端面的数控加工程序

零件图号	CAK-08	零件名称	复杂轴零件	编程原点	工件右端面中心
程序名字	O0081	数控系统	FANUC 0i	编制日期	2016-01-06
程序内容			简要说明		
O0081			程序名字		
N10 T0202;			换 T0202 镗孔刀到位		
N12 G00 X80 Z100;			快速定位到换刀点		
N14 M03 S600;			主轴正转,转速 600 r/min		
N16 G00 X18 Z2;			快速定位到循环起始点		
N18 G71 U2 R1;			调用 G71 循环粗镗孔		
N20 G71 P22 Q28 U-0.5 W0.1 F0.25;			设置 G71 参数		
N22 G00 X33;			精加工轮廓描写		
N24 G01 X27 Z-1;					
N26 Z-16;					
N28 X18;			精加工轮廓结束		
N30 G70 P22 Q28 F0.1;			调用 G70 循环精镗孔		
N32 G00 X18 Z200;			快速退刀		
N34 M05;			主轴停转		
N34 M00;			程序暂停		
N36 T0101;			换 T0101 外圆车刀		
N38 M03 S600;			主轴正转,转速 600 r/min		
N40 G00 X45 Z2;			快速定位到循环起始点		
N42 G71 U2 R1;			调用 G71 循环粗车外圆		
N44 G71 P46 Q50 U0.5 W0.1 F0.25;			设置 G71 各加工参数		
N46 X42;			精加工轮廓开始		
N48 G01 Z-30;					
N50 X45;			精加工轮廓结束		
N52 G00 X80 Z100;			快速退刀		
N54 M05;			主轴停止		
N56 M00;			程序暂停		
N58 M03 S1000;			主轴正转,设置转速		
N60 G00 X45 Z2;			快速定位到循环起始点		
N62 G70 P46 Q50 F0.1;			用 G70 精加工外轮廓		
N64 G00 X80 Z100;			回换刀点		
N66 M05;			主轴停止		
N68 M09;			冷却液关闭		
N70 M30;			程序结束		

表 8.8　复杂轴零件右端面的数控加工程序

零件图号	CAK-08	零件名称	复杂轴零件	编程原点	工件右端面中心
程序名字	O0082	数控系统	FANUC 0i	编制日期	2016-01-06
程序内容			简要说明		
O0082			程序名字		
N10　T0101;			换 T0101 外圆车刀		
N12　G00　X80　Z100;			快速回到换刀点		
N14　M03　S600;			主轴正转,设置转速 600 r/min		
N16　G00　X45　Z2;			快速到达循环起始点		
N18　G71　U2　R1;			调用 G71 循环加工外轮廓		
N20　G71　P22　Q44　U0.5　W0.1　F0.25;			设置 G71 各参数		
N22　X0;			精加工轮廓开始		
N24　G01　Z0;					
N26　G03　X18　Z-8　R8;					
N28　G01　Z-13;					
N30　X19.85;					
N32　X23.85　Z-15;					
N34　Z-31;					
N36　X30;					
N40　Z-30;					
N42　G02　X36　Z-33　R3;					
N44　G01　X45;			精加工轮廓结束		
N46　G00　X80　Z100　M05;			快速回到退刀点,主轴停止		
N48　M00;			程序暂停		
N50　M03　S1000;			主轴正转,设置转速		
N52　G00　X45　Z2;			快速回到循环起始点		
N54　G70　P22　Q44　F0.1;			用 G70 精加工外轮廓		
N56　G00　X80　Z100;			回换刀点		
N58　M05;			主轴停止		
N60　M00;			程序暂停		
N62　T0303;			换 T0303 切槽刀		
N64　M03　S350;			主轴正转,设置主轴转速		
N66　G00　X32　Z-31;			快速移动		
N68　G01　X20　F0.1;			切削加工		
N70　G00　X32;			快速移动		

续表

零件图号	CAK-08	零件名称	复杂轴零件	编程原点	工件右端面中心
程序名字	O0082	数控系统	FANUC 0i	编制日期	2016-01-06
程序内容			简要说明		
N72　G00　X80　Z100;			回换刀点		
N74　M05;			主轴停止		
N76　M00;			程序暂停		
N78　T0404;			换 T0404 螺纹刀		
N80　M03　S1000;			主轴正转,设置转速		
N82　G00　X30　Z-10;			快速移动至循环起始点		
N84　G92　X27.85　Z-29　F2;			车螺纹,螺距为 2 mm		
N86　X27.2;					
N88　X26.2;					
N90　X26.3;					
N92　X26;					
N94　X25.835;					
N96　X25.835;			精车螺纹		
N98　G00　X80　Z100;			回到换刀点		
N100　M05;			主轴停止		
N102　M09;			冷却液关闭		
N104　M30;			程序结束		

实施点 3　虚拟加工

①进入数控车仿真软件。

②选择机床、数控系统并开机。

③机床各轴回参考点。

④安装工件。

⑤安装刀具并对刀。

⑥输入加工程序,并检查调试。

⑦手动移动刀具退到距离工件较远处。

⑧自动加工。

⑨测量工件,优化程序。

实施点 4　实际加工

①毛坯、刀具、工具准备(课前准备)。

②程序输入与编辑。

a.开机。

b.回参考点。

c.输入程序。

③安装工件。

④装刀并对刀。

⑤开始加工零件。

⑥在实操加工中,注意事项如下:

a.工件装夹时应使爪子紧力适度。

b.安装车刀时,刀具伸出长度要合理,注意检查行程,要特别注意刀具在右端面进到 X 最小尺寸时与顶尖的距离,不要发生碰撞。

c.螺纹切削时,必须采用专用的螺纹车刀,螺纹车刀刀尖形状决定螺纹形状。

实施点5 检测零件

零件加工结束后进行检测,对工件进行误差与质量分析,将结果写入表8.9中。

表8.9 复杂轴零件的编程与加工检测表

		序号	检测项目	配分	学生自评	小组互评	教师评分
基本检查	编程	1	切削加工工艺制订正确	6			
		2	切削用量选用合理	6			
		3	程序正确、简单、明确且规范	6			
	操作	4	设备操作、维护保养正确	6			
		5	刀具选择、安装正确、规范	6			
		6	工件找正、安装正确、规范	6			
		7	安全、文明生产	3			
工作态度		8	行为规范、纪律表现	3			
内外圆		9	$\phi16$	4			
		10	外 $\phi20$	4			
		11	$\phi24$	4			
		12	$\phi27$	4			
		13	$\phi30$	4			
		14	内 $\phi20$	4			
长 度		15	4	4			
		16	5	4			
		17	16	4			
		18	23	4			
		19	25	4			
		20	58	6			
倒 角		21	$C0.5, C2(5 处)$	3			
表面粗糙度		22	$R_a3.2$	3			
其 余		23	工时	2			
综合得分				100			

8.6　项目小结

本项目详细介绍了内孔车刀的选用,车表面的走刀路线设计,数控车编程指令 G71,G72,G73,G70。要求读者了解车刀的选用,熟悉车内表面的走刀路线设计,掌握 G71,G73,G70 的编程,复杂轴零件的加工和检验的方法。

8.7　项目自测

如图 8.8 所示为复杂轴零件。已知毛坯规格为 $\phi80\times50$ mm 的棒料,材料为 45#钢,要求制订零件的加工工艺,编写零件的数控加工程序,并通过数控仿真加工调试、优化程序,最后进行零件的加工。

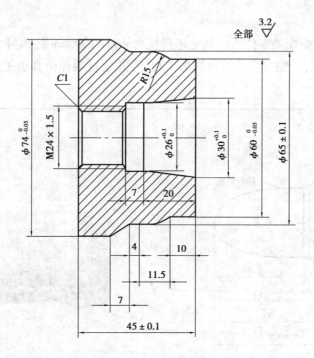

图 8.8　复杂轴零件

项目 **9**
曲线轴零件的编程与加工

9.1 项目导航

如图 9.1 所示为曲线轴零件。已知毛坯规格为 $\phi 42\times 100$ mm 的棒料，材料为 45#钢。要求制订零件的加工工艺，编写零件的数控加工程序，并通过数控仿真加工调试、优化程序，最后进行零件的加工。

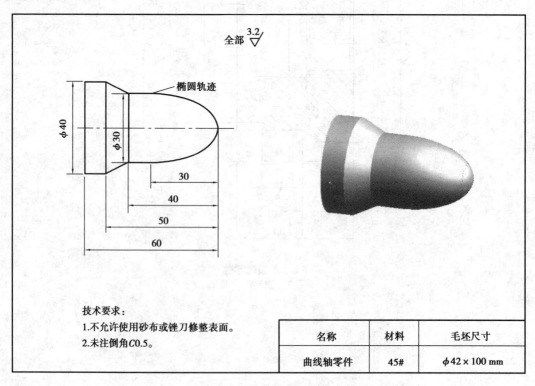

技术要求：
1.不允许使用砂布或锉刀修整表面。
2.未注倒角C0.5。

名称	材料	毛坯尺寸
曲线轴零件	45#	$\phi 42 \times 100$ mm

图 9.1 曲线轴零件图

9.2　项目分析

如图 9.1 所示为曲线轴零件。该零件形状简单,结构尺寸变化不大。该零件有圆柱面、圆锥面及椭圆面组成。外圆径向尺寸 $\phi30,\phi40$ 精度较高,其外圆表面粗糙度不大于 $R_a1.6~\mu m$。零件总长无公差要求。

9.3　学习目标

(1)知识目标
①掌握非圆曲线的基础知识。
②了解 B 类宏程序的应用方法。
③掌握 B 类宏程序的控制指令的编程格式。
④能使用条件跳转语句编制程序。
(2)能力目标
①使用宏程序进行综合编程。
②编制椭圆参数方程和条件跳转语句编制程序。
③零件的质量检测。
④通过工件制作,学生体验成功的喜悦,感受软件和机器的综合魅力,从而提高学生专业课的学习兴趣。
⑤通过任务驱动的方法逐步完成项目,培养学生发现和分析问题的能力。
⑥通过分工协作,加强团队合作精神。

9.4　相关知识

知识点 1　用户宏程序

(1)用户宏程序
用户宏功能是 FANUC 数控系统及其类似产品中的特殊编程功能。用户宏程序的实质与子程序相似,它也是把一组实现某种功能的指令,以子程序的形式先存储在系统存储器中,通过宏程序调用指令执行这一功能。在主程序中,只要编入相应的调用指令就能实现这些功能。

(2)宏程序与普通程序相比较
与普通程序相比,用户宏功能的特点是:可使用变量进行编程,还可用宏指令对这些变量进行赋值、运算,程序能够发生跳转。通过使用宏程序能执行一些有规律变化(如非圆二次曲线)的动作,使程序应用更加灵活、方便。

(3)宏程序编程适用范围

①宏程序编程适用于手工编制抛物线、椭圆、双曲线等,没有插补指令的数控加工程序。

②宏程序编程适用于编制工艺路线相同,但位置参数不同的系列零件的加工程序。

③宏程序编程适用于编制形状相似,但尺寸不同的系列零件的加工程序。

④宏程序编程能扩大数控机床的编程范围,简化零件加工程序。用户宏功能有 A,B 两类。

知识点 2 B 类宏程序

在 FANUC 0MD 等老系统的面板上没有"+""-""*""/""="" [ ]"等符号,故不能进行这些符号的输入,也不能用这些符号进行赋值及数学运算。因此,在这些系统中只能按 A 类宏程序进行编程。而在 FANUC 0i 及其后的系统中,则可输入这些符号,并运用这些符号进行赋值及数学运算,即按 B 类宏程序进行编程。

(1)变量

在常规的主程序和子程序内,总是将一个具体的数值赋予一个地址。为了使程序更具通用性,更加灵活,在宏程序中设置了变量,即将变量赋予一个地址。

1)变量的表示

变量可用"#"号和跟随其后的变量序号来表示:#i(i = 1,2,3,…)。例如,#3,#10,#505 等。B 类宏程序除可采用 A 类宏程序的变量表示方法外,还可用表达式进行表示,但其表达式必须全部写入方括号" [ ]"中。程序中的圆括号" ( )"仅用于表示注释内容。

例如,#[#1+#3-20],#1 = 100,#3 = 40 时,该变量表示#120。

例如,G01 X[#100-20] Y-#101 F[#102+#103]。当#100 = 50,#101 = 80,#102 = 40,#103 = 70 时,上面的语句即表示为 G01 X30 Y-80 F110。

2)变量的引用

将跟随在一个地址后的数值用一个变量来代替,即引入了变量。

例如,对于 F#102,若#102 = 80 时,则为 F80;对于 Z-#110,若#110 = 150 时,则 Z 为-150;对于 G#120,若#120 = 2 时,则为 G02。

3)变量的类型

变量分为局部变量、公共变量(全局变量)和系统变量 3 类,具体见表 9.1。在 A,B 类宏程序中,其分类均相同。

①局部变量

局部变量(#1—#33)是在宏程序中使用的变量,当宏程序 1 调用宏程序 2 而且都有变量#1 时,由于变量#1 服务于不同的局部,故 1 中的#1 和 2 中的#1 不是同一个变量,因此可以赋予不同的值,而且互不影响。

②公共变量

公共变量是在主程序和主程序调用的各用户宏程序内公用的变量。也就是说,在一个宏指令中的#i 与在另一个宏指令中的#i 是相同的。

公共变量的序号为:#100—#149;#500—#531。其中,#100—#149 公共变量在电源断电后即清零,重新开机时被设置为"0";#500—#531 公共变量即使断电后,它们的值也保持不变,故也称保持型变量。

③系统变量

系统变量定义为:有固定用途的变量,它的值取决于系统的状态。系统变量包括刀具偏置变量,接口的输入/输出信号变量,位置信息变量等。

表9.1　变量的分类

变量号	变量类型	功　能
#0	空变量	该变量值总为空
#1—#33	局部变量	只能在一个宏程序中使用
#100—#149(#199) #500—#531(#999)	公共变量	在各宏程序中可以公用
#1000	系统变量	固定用途的变量

(2)变量的赋值

1)直接赋值

变量可在操作面板上用 MDI 方式进行直接赋值,也可在程序中以等式方式赋值,但等号左边不能使用表达式。例如,#100=30　　#101=30.0+20.0。

2)引数赋值

宏程序以子程序方式出现,所用的变量可在宏程序调用时赋值。例如,G65　P100 X100.0　Y50.0　Z30.0　F100.0。

此处的 X,Y,Z 并不代表坐标尺寸字,F 也不代表进给尺寸字,而是对应于宏程序的变量号。变量的具体数值由引数后的数值决定。引数宏程序的变量对应关系有两种(见表9.2 和表9.3),这两种方法可以混用,其中 G,L,N,O,P 不能作为引数代替变量赋值。

表9.2　变量引数赋值方法 I

I 的地址	宏程序中变量	I 的地址	宏程序中变量	I 的地址	宏程序中变量
A	#1	I	#4	T	#20
B	#2	J	#5	U	#21
C	#3	K	#6	V	#22
D	#7	M	#13	W	#23
E	#8	Q	#17	X	#24
F	#9	R	#18	Y	#25
H	#11	S	#19	Z	#26

表 9.3　变量引数赋值方法 Ⅱ

Ⅱ的地址	宏程序中变量	Ⅱ的地址	宏程序中变量	Ⅱ的地址	宏程序中变量
A	#1	K_3	#12	J_7	#23
B	#2	I_4	#13	K_7	#24
C	#3	J_4	#14	I_8	#25
I_1	#4	K_4	#15	J_8	#26
J_1	#5	I_5	#16	K_8	#27
K_1	#6	J_5	#17	I_9	#28
I_2	#7	K_5	#18	J_9	#29
J_2	#8	I_6	#19	K_9	#30
K_2	#9	J_6	#20	I_{10}	#31
I_3	#10	K_6	#21	J_{10}	#32
J_3	#11	I_7	#22	K_{10}	#33

例 9.1　变量引数赋值方法 Ⅰ：

G65　P0050　A30.0　I40.0　J50.0　K60.0　I50.0　J80.0　K100.0;经赋值后#1 = 30.0,#4 = 40.0 #5 = 50.0,#6 = 60.0,#7 = 50.0,#8 = 80.0,#9 = 100.0。

例 9.2　变量引数赋值方法 Ⅱ：

G65　P0060　A50.0　X60.0　F100.0;经赋值后#1 = 50.0,#24 = 60.0,#9 = 100.0。

例 9.3　变量引数赋值方法 Ⅰ和 Ⅱ混合使用：

G65　P0030　A50.0　D40.0　I100.0　K0　I80.0;经赋值后 I100.0 与 D40.0 同时分配给变量#7,则后一个#7 有效,所以变量#7 = 100.0,其余同上。

(3)运算指令

B 类宏程序的运算指令的运算类似于数学运算,仍用各种数学符号来表示。常用运算指令见表 9.4。

表 9.4　B 类宏程序变量的各种运算

功　能	格　式	备　注
定　义	$\#i = \#j$	
加　法	$\#i = \#j + \#k$	
减　法	$\#i = \#j - \#k$	
乘　法	$\#i = \#j * \#k$	
除　法	$\#i = \#j / \#k$	
正　弦	$\#i = SIN[\#j]$	角度以度指定,如 $90°30'$ 表示
余　弦	$\#i = COS[\#j]$	为 $90.5°$
正　切	$\#i = TAN[\#j]$	
平方根	$\#i = SQRT[\#j]$	
绝对值	$\#i = ABS[\#j]$	

宏程序计算说明如下：

①函数 SIN，COS 等的角度单位是(°)，度分秒的形式要换算成十进制度数。例如，90°30′应表示为90.5°。

②运算的优先顺序如下：

a.函数。

b.乘除、逻辑与。

c.加减、逻辑或、逻辑异或。

③可以用［ ］来改变运算次序，函数中的括号允许嵌套使用，但最多允许嵌套5级。

(4)控制语句

控制指令起到控制程序流向的作用。

1)条件转移(GOTO 语句)

格式：

GOTO n;

其中：n——顺序号(1~9999)，可用变量表示。

例如：GOTO 1;

GOTO #10;

2)条件转移(IF 语句)

格式：

IF ［条件式］ GOTO n;

条件式：

#j EQ #k	#j 是否=#k	#j GT #k	#j 是否>#k	#j GE #k	#j 是否≥#k
#j NE #k	#j 是否≠#k	#j LT #k	#j 是否<#k	#j LE #k	#j 是否≤#k

3)循环(WHILE 语句)

格式：

WHILE ［条件式］ DO m(m=1,2,3);

…

END m;

其中：

m——循环执行范围的识别号，只能 1,2 和 3，否则系统报警。

注意：DO—END 循环能够按需要使用多次，即循环嵌套。

举例:求 1 到 10 相加的和。	举例:求 1 到 10 之和。
O7100;	O7200;
#1＝0;	#1＝0;
#2＝1;	#2＝1;
N1 IF［#2 GT 10］GOTO 2;	WHILE［#2 LE 10］DO 1;
#1＝#1+#2;	#1 ＝#1+#2;
#2＝#2+1;	#2＝#2+1;
GOTO 1;	END 1;
N2 M30;	M30;

知识点 3　B 类宏程序加工实例

例如,如图 9.2 所示的加工零件,材料 45#钢,毛坯为 $\phi50\times100$ mm,按图要求,试用 B 类宏程序完成椭圆加工数控加工程序。

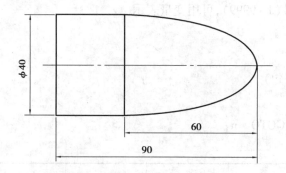

图 9.2　椭圆 B 类宏程序加工零件图

说明:

对于零件右端的加工,由于是属于单调变化的图形,故可采用进行粗加工,然后采用进行精加工,而对于椭圆的加工,则需采用宏程序进行加工。其加工程序见表 9.10。如图 9.2 所示,该椭圆的方程为 $X^2/20^2+(Z+60)^2/60^2=1$;编程时,使用以变量进行运算。

表 9.5　数控车床 B 类参考宏程序

程　序	说　明
O0112	主程序名
S800　M03　T0101;	指定加工刀具和转速
G0　X41　Z2;	粗加工开始
G1　Z−100　F0.3;	调用精加工宏程序
G0　X42;	加工圆弧
Z2;	

续表

程　序	说　明
#1 = 20 * 20 * 4;	$4a^2$
#2 = 60;	b
#3 = 35;	X 初值(直径值)
WHILE 　[#3 GE 0］ DO1;	粗加工控制
#4 = #2 * SQRT[1-#3 * #3/#1];	Z
G0 　X[#3+1];	进刀
G1 　Z[#4-60+0.2] F0.3;	切削
G0 　U1;	退刀
Z2;	返回
#3 = #3-7;	下一刀切削直径
END1;	
#10 = 0.8;	X 向精加工余量
#11 = 0.1;	Z 向精加工余量
WHILE 　[#10 LE 0] DO1;	条件判断,极角 $\alpha \le 126°$
G0 　X0 S1500;	半精、精加工控制
#20 = 0;	角度初值
WHILE 　[#20 LE 90] DO2;	进刀,准备精加工
#3 = 2 * 20 * SIN[#20];	X 方向变量
#4 = 60 * COS[#20];	Z 方向变量
G1 　X[#3+#10] Z[#4+#11] F0.1;	
#20 = #20+1;	
END2;	
G1 　Z-100;	
G0 　X45 Z2;	
#10 = #10-0.8;	
#11 = #11-0.1;	
END1;	
G0 　X100 Z200 T0100;	退刀,回到换刀点
M30;	程序结束

9.5 项目实施

实施点 1 制订工艺

(1)零件工艺分析

1)工艺分析

如图 9.1 所示的曲线轴零件由圆柱面、椭圆面构成。零件材料为 45#钢棒。椭圆长半轴为 30 mm,短半轴为 15 mm,中心在工件轴线上。椭圆轨迹曲线复杂,是非圆弧曲线,不能用 G02,G03 按圆弧来车削,因此,加工难度大,必须采用宏指令编程才能加工。另外,应注意椭圆方程中的坐标值与工件坐标系中坐标值之间的转换。

计算关键节点位置坐标值。椭圆中心点(X0,Z-30)。该椭圆的方程为 $X^2/15^2 + (Z+30)^2/30^2 = 1$;编程时使用以变量进行运算。

2)加工基准确定

轴向尺寸采取集中标注,故加工基准选毛坯的右端面即可。但该零件右端轴向尺寸 30,40,50 和总长 60 都以右端面为基准进行了标注,所以这里从基准统一出发,确定零件的右端面为加工基准。

(2)确定装夹方案

零件的毛坯左端为 ϕ42 mm 棒料,在这里采用三爪卡盘进行装夹。毛坯长度尺寸远远大于零件长度,为了便于装夹找正,毛坯的夹持部分可适当加大,此处确定为 75 mm,同时留出 5 mm 作为加工完成后的切断宽度,5 mm 作为安全距离。

(3)选择刀具及切削用量

对于此类零件,各外径均要求加工,并且加工完成后需要切断,所以此处需要准备外圆车刀两把分别置于 T01 号刀位;切断刀 1 把置于 T02 号刀位。刀具及切削参数见表 9.6。

表 9.6 刀具及切削参数

序号	刀具号	刀具类型	加工表面	切削用量		
				主轴转速 n /($r \cdot min^{-1}$)	进给速度 F /($mm \cdot min^{-1}$)	背吃刀量 a_p/mm
1	T0101	93°菱形外圆车刀	粗精车外轮廓	600~800	0.25~2	3~5
2	T0202	3 mm 切断刀	切断	600	0.05	3
编制		审核		批准		

（4）确定加工方案

加工顺序按先粗后精、先近后远的原则确定加工原则。

工步1：车右端面→工步2：粗、精加工外圆面至尺寸要求→工步3：切断。

（5）填写工序卡

按加工顺序将各工步的加工内容、所用刀具编号、切削用量等加工信息填写入数控加工工序卡中，见表9.7。

表9.7　数控加工工序卡

工序号	程序编号	夹具名称	夹具编号	使用设备		车间
001	O0009	三爪卡盘	SK01	CAK6140		数控中心

工步号	工步内容	切削用量			刀具		量具名称	备注
		主轴转速 n /(r·min^{-1})	进给速度 F /(mm·min^{-1})	背吃刀量 a_p /mm	编号	名称		
1	车右端面	600	0.25	1～2	T0101	外圆车刀	游标卡尺	手动
2	粗精车轮廓，留余量 0.5 mm	600	0.25	2～5	T0101	外圆车刀	游标卡尺	自动
3	切断	350	0.05	2～5	T0202	切断刀		手动
编制		审核		批准			共1页	第1页

实施点2　程序编制

编制曲线轴零件加工程序，见表9.8。

表9.8　曲线轴零件数控加工程序

零件图号	CAK-09	零件名称	曲线轴零件	编程原点	工件右端面中心
程序名字	O0009	数控系统	FANUC 0i	编制日期	2016-01-06

程序内容	简要说明
O0009	程序名为O0009
N10　G50　S2500;	设置主轴最高限制转速
N20　G96　S60　M03　T0101;	设置恒线速度,启动主轴,换1号刀并设置刀具补偿为1号补偿
N30　G00　X44　Z2;	快速运动至 O 点,接近工件
N40　G01　X0　Z0　F0.05;	切削至椭圆起点

续表

零件图号	CAK-09	零件名称	曲线轴零件	编程原点	工件右端面中心
程序名字	O0009	数控系统	FANUC 0i	编制日期	2016-01-06
程序内容			简要说明		
N50 #1＝15;			定义宏变量,即椭圆短轴		
N60 #2＝30;			定义宏变量,即椭圆长轴		
N70 #3＝1;			定义宏变量,即初始增量角度		
N80 #4＝2＊#1＊SIN[#3];			计算 X 轴坐标数据		
N90 #5＝#2＊COS[#3]-#2;			计算 Z 轴坐标数据		
N100 G01 X#4 Z#5;			通过插补直线拟合椭圆轮廓		
N110 #3＝#3+1;			增量角度递增		
N120 IF [#3 LE 90] GOTO 80;			判定是否走完椭圆		
N130 G01 Z-40;			插补直线轮廓		
N140 X40 Z-50;			插补直线轮廓		
N150 Z-60;			插补直线轮廓		
N160 X42;			垂直切出零件		
N170 G00 X80 Z100;			快速退刀,回换刀点		
N180 M05;			主轴停止		
N190 M09;			冷却液关闭		
N200 M30;			程序结束		

实施点 3　虚拟加工

①进入数控车仿真软件。

②选择机床、数控系统并开机。

③机床各轴回参考点。

④安装工件。

⑤安装刀具并对刀。

⑥输入加工程序,并检查调试。

⑦手动移动刀具退到距离工件较远处。

⑧自动加工。

⑨测量工件,优化程序。

实施点 4　实操加工

①毛坯、刀具、工具准备(课前准备)。

②程序输入与编辑。

a.开机。

b.回参考点。

c.输入程序。

③安装工件。

④装刀并对刀。

⑤开始加工零件。

⑥在实操加工中,注意事项如下:

a.工件装夹时,应使爪子紧力适度。

b.安装车刀时,刀具伸出长度要合理,注意检查行程,要特别注意刀具在右端面进到 X 最小尺寸时与顶尖的距离,不要发生碰撞。

实施点5　检测零件

零件加工结束后进行检测,对工件进行误差与质量分析,将结果写入表9.9中。

表9.9　曲线轴零件的编程与加工检测表

		序号	检测项目	配分	学生自评	小组互评	教师评分
基本检查	编程	1	切削加工工艺制订正确	6			
		2	切削用量选用合理	6			
		3	程序正确、简单、明确且规范	6			
	操作	4	设备操作、维护保养正确	6			
		5	刀具选择、安装正确、规范	6			
		6	工件找正、安装正确、规范	6			
		7	安全、文明生产	6			
工作态度		8	行为规范、纪律表现	6			
外圆		9	$\phi30$	6			
		10	$\phi40$	6			
长度		11	30	11			
		12	40	5			
		13	50	5			
		14	60	11			
倒角		15	$C0.5$(1 处)	3			
表面粗糙度		16	$R_a3.2$	3			
其余		17	工时	2			
综合得分				100			

9.6　项目小结

本项目重点阐述宏程序编程的方法和椭圆类零件加工的基本工艺流程,通过宏程序的结构与应用反映了对特殊轮廓曲线(或形状)的程序处理方法,丰富了专业知识和应用能力。宏程序典型实例的应用又使学生了解了一种新的编程方法,拓展了编程的思路和解决特殊零件形状编程的手段,丰富了学生的专业知识和技能。

9.7　项目自测

如图 9.3 所示为椭圆曲线轴零件。已知毛坯规格为 $\phi30\times100$ mm 的棒料,材料为 45#钢。要求制订零件加工工艺;编写零件数控加工程序;并通过数控仿真加工调试,优化程序;最后进行零件的加工。

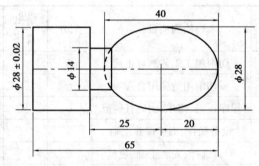

图 9.3　椭圆曲线轴零件图

项目 **10**

车削轴的自动编程与加工

10.1 项目导航

如图 10.1 所示为车削轴零件。毛坯尺寸为 $\phi74×80$ mm 的棒料,材料为 45#钢。要求利用 CAXA 数控车 2013 软件完成车削轴零件加工的造型、工艺参数设置、刀路自动生成、模拟运行以及数控加工程序代码生成,并通过数控仿真加工调试、优化程序,最后进行零件的加工。

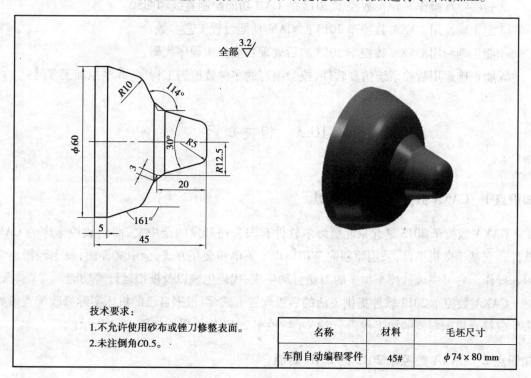

技术要求:
1.不允许使用砂布或锉刀修整表面。
2.未注倒角C0.5。

名称	材料	毛坯尺寸
车削自动编程零件	45#	$\phi74 × 80$ mm

图 10.1 车削自动编程零件图

10.2 项目分析

掌握含直线轴和圆弧轴特征的结构特点,因为直线和圆弧插补指令难以实现手动计算基点坐标值来完成此零件的手工编程,所以这里利用 CAXA 数控车 2013 软件自动编程功能来完成车削轴零件的编程与加工。

10.3 学习目标

(1)知识目标
①掌握 CAXA 数控车 2013 自动编程的功能及应用。
②掌握 CAXA 数控车 2013 造型的步骤。
③掌握 CAXA 数控车 2013 加工步骤的设计。
④了解使用 CAXA 数控车 2013 车削自动编程的基本思想。
(2)能力目标
①能够掌握 CAXA 数控车 2013 车削自动编程基本功能的使用。
②能够熟练操作 CAXA 数控车 2013 的 CAD 功能绘制直线和曲线。
③能正确使用 CAXA 数控车 2013 的 CAM 功能设置工艺参数。
④能正确利用 CAXA 数控车 2013 的后处理功能生成程序代码。
⑤能正确运用数控系统仿真软件,校验编写的零件数控加工程序,并虚拟加工零件。

10.3 相关知识

知识点1　CAXA 数控车 2013 的概念

CAXA 数控车 2013 是北京北航海尔软件有限公司开发的全中文、面向数控车床的 CAM 软件。它基于微机平台,采用原创的 WINDOWS 菜单和交互方式,全中文界面,便于轻松地学习和操作。它可完成数控车加工的刀路自动生成、代码生成以及模拟运行等功能。

CAXA 数控车 2013 软件提供灵活的后置配置方式,可根据自己的机床实际修改配置参数来生成符合机床规范的加工代码。CAXA 数控车 2013 软件界面如图 10.2 所示。

知识点2　CAXA 数控车 2013 的 CAD 功能

CAXA 数控车 2013 与 CAXA 电子图板采用相同的几何内核具有强大的二维绘图功能和

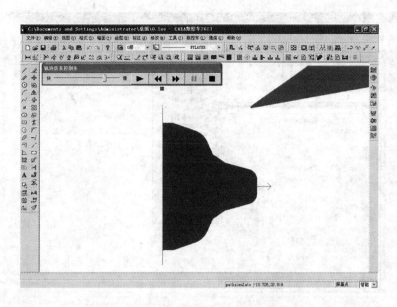

图 10.2　CAXA 数控车 2013 软件界面图

丰富的数据接口,可完成复杂的工艺造型任务。CAXA 数控车 2013 的绘图操作和电子图板相像,可参照电子图板的操作方法进行绘图,如图 10.3 所示。

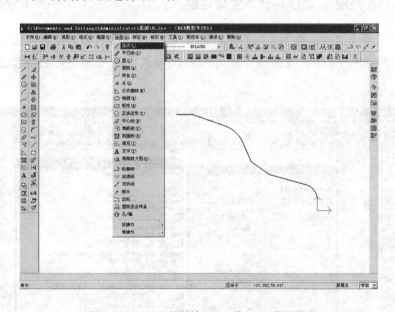

图 10.3　CAXA 数控车 2013 的 CAD 界面图

知识点 3　CAXA 数控车 2013 的 CAM 功能

数控车 CAM 自动编程的主要过程包括加工造型、机床设置、刀路生成及后置处理 4 个部分,如图 10.4 所示。

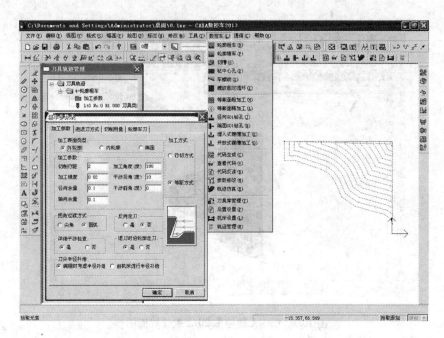

图 10.4　CAXA 数控车 2013 软件 CAM 界面图

知识点 4　CAXA 数控车 2013 的代码生成功能

生成代码就是按照当前机床类型的配置要求,把已经生成的加工轨迹转化生成代码数据文件,即 CNC 数据程序,有了数据程序就可以直接输入数控机床进行数控加工,如图 10.5 所示。

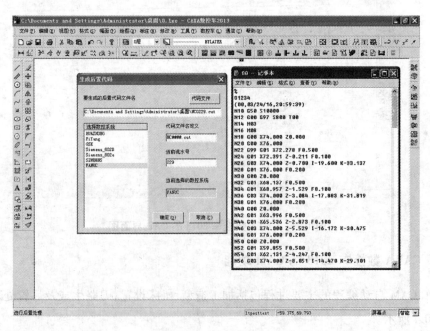

图 10.5　CAXA 数控车 2013 软件生成后处置代码界面

10.4　项目实施

实施点 1　CAXA 数控车 2013 的案例造型

(1)画任意点

首先切换到绘图下拉菜单,单击"点"图标命令绘制任意点,如图 10.6 所示。

(2)画任意直线

首先切换到绘图下拉菜单,单击"直线"图标命令里的"角度线""法线"和"平行线"命令,分别绘制 15°,114°直线及 3 mm 等距平行线,如图 10.7 所示。

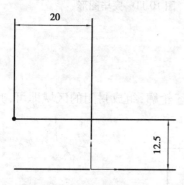

图 10.6　任意点

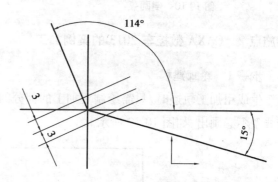

图 10.7　任意直线

(3)画任意直线

首先切换到绘图下拉菜单,单击"直线"图标命令里的"角度线""法线"和"平行线"命令绘制 161°直线,如图 10.8 所示。

(4)修改

首先切换到绘图下拉菜单,单击"修改"图标命令里的"裁剪""删除"命令对不保留直线进行编辑,如图 10.9 所示。

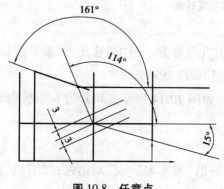

图 10.8　任意点

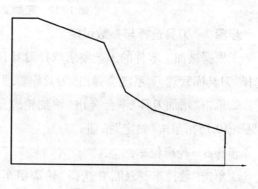

图 10.9　修改任意直线

（5）再修改

首先切换到绘图下拉菜单，单击"修改"图标命令里的"过渡"命令里的"圆角裁剪"、直线进行倒圆弧，如图 10.10 所示。绘制完毕如图 10.11 所示。

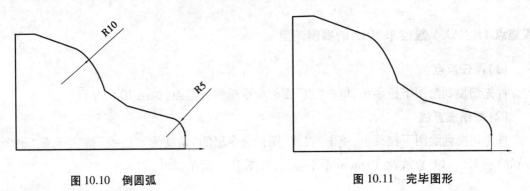

图 10.10　倒圆弧　　　　　　　　　　　　　图 10.11　完毕图形

实施点 2　CAXA 数控车 2013 的案例加工

步骤 1　轮廓建模

生成粗加工轨迹时，只需绘制要加工的部分的轮廓和毛坯轮廓，组成封闭的区域即可，其余线条不必画出，如图 10.12 所示。

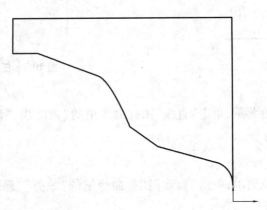

图 10.12　粗加工外轮廓和毛坯轮廓

步骤 2　刀具选择与参数设定

①根据被加工零件的工艺要求选择刀具，确定刀具几何参数。单击"数控车"菜单按钮，选择"刀具库管理"，系统会弹出"刀具库管理"表，如图 10.13 所示。

②单击"增加刀具"系会弹出"增加轮廓车刀"表，如图 10.14 所示。填写刀具参数设置（见图 10.15），单击"确定"按钮。

步骤 3　轮廓粗车

①单击"数控车"按钮，并选择"轮廓粗车"，系统弹出"粗车参数表"对话框，如图 10.16 所示。然后按要求分别填写加工参数，单击"确定"按钮。

图 10.13　刀具库管理表

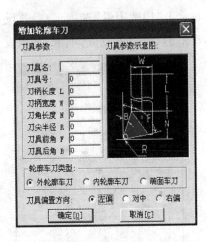

图 10.14　增加轮廓车刀表

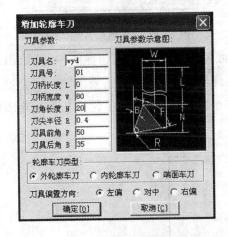

图 10.15　刀具参数表

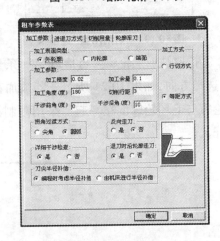

图 10.16　粗车参数表

a.单击"加工参数"选项卡,参数设置如图 10.17 所示。

b.单击"进退刀方式"选项卡,参数设置如图 10.18 所示。

图 10.17　"加工参数"选项卡

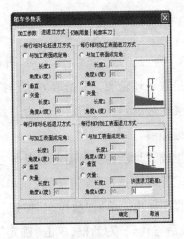

图 10.18　"进退刀方式"选项卡

143

c.单击"切削用量"选项卡,参数设置如图 10.19 所示。

d.单击"轮廓车刀"选项卡,参数设置如图 10.20 所示。

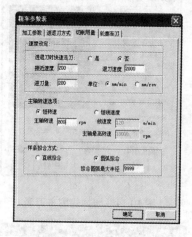

图 10.19 "切削用量"选项卡

图 10.20 "轮廓车刀"选项卡

②拾取被加工轮廓。当拾取第一条轮廓线后,此轮廓线变成红色的虚线,系统给出提示:选择方向,如果 10.21 所示。若被加工轮廓与毛坯轮廓首尾相连,则采用链拾取会被加工轮廓与毛坯轮廓混在一起。采用限制链拾取或单个拾取,则可将加工轮廓与毛坯轮廓区分开。

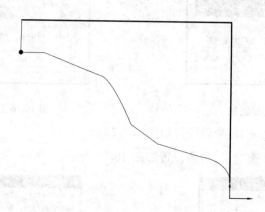

图 10.21 拾取加工轮廓

③拾取毛坯轮廓。其拾取方法与拾取被加工轮廓类似。

④确定进退刀点。指定一点为刀具加工前和加工后所在的位置,该点可为换刀点。单机鼠标右键即可。

⑤生成刀具轨迹。当确定退刀点之后,系统自动会生成刀具轨迹,如图 10.22 所示。可在"数控车"菜单中选择"轨迹仿真"菜单项进行模拟加工过程,如图 10.23 所示。

⑥程序导出。单击"数控车"按钮,选择"代码生成"菜单项,系统会弹出如图 10.24 所示的"生成后置代码"对话框,单击"确定"按钮。拾取刚生成的刀具轨迹,鼠标右击,即可生成加工指令,如图 10.25 所示。

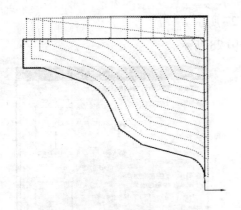

图 10.22　生成的粗车加工轨迹

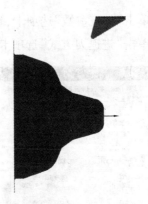

图 10.23　粗车实体仿真

图 10.24　生成后置代码

图 10.25　生成的粗加工程序

步骤 4　轮廓精车

①单击"数控车"按钮，并选择"轮廓精车"，系统弹出如图 10.26 所示的"精车参数表"对话框，然后按要求分别填写加工参数，单击"确定"按钮。

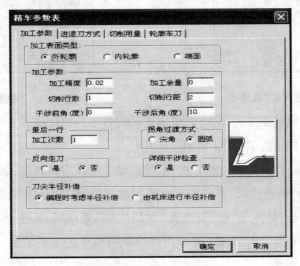

图 10.26　精车参数表

145

a.单击"加工参数"选项卡,参数设置如图 10.27 所示。

b.单击"进退刀方式"选项卡,参数设置如图 10.28 所示。

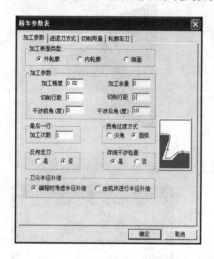

图 10.27 "加工参数"选项卡

图 10.28 "进退刀方式"选项卡

c.单击"切削用量"选项卡,参数设置如图 10.29 所示。

d.单击"轮廓车刀"选项卡,参数设置如图 10.30 所示。

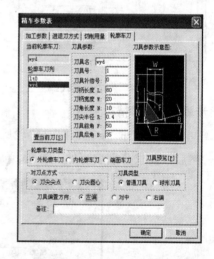

图 10.29 "切削用量"选项卡

图 10.30 "轮廓车刀"选项卡

②确定参数后拾取被加工轮廓,此时可使用系统提供的轮廓拾取工具。

③选择完轮廓后确定进退刀点(粗加工一样)。

④生成刀具轨迹。当确定退刀点之后,系统自动会生成刀具轨迹,如图 10.31 所示。可在"数控车"菜单中选择"轨迹仿真"菜单项进行模拟加工过程,如图 10.32 所示。

⑤程序导出。单击"数控车"按钮,选择"代码生成"菜单项,系统会弹出如图 10.33 所示的"生成后置代码"对话框,单击"确定"按钮。拾取刚生成的刀具轨迹,鼠标右击,即可生成加工指令,如图 10.34 所示。

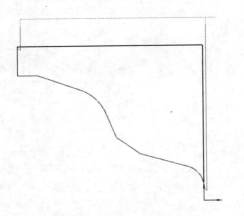

图 10.31　生成的精车加工轨迹

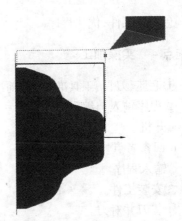

图 10.32　精车实体仿真

图 10.33　生成后置代码

图 10.34　生成的精加工程序

步骤 5　参数修改

若对生成的轨迹不满意,则可用参数修改功能对轨迹的各种参数进行修改,以生成新的加工轨迹。

在"数控车"菜单中,选择"参数修改"菜单项,则提示用户拾取要进行参数修改的加工轨迹。拾取轨迹后,将弹出该轨迹的参数表进行修改。参数修改完毕后,单击"确定"按键,即依据新的参数重新生成该轨迹。

实施点 3　虚拟加工

①进入数控车仿真软件。

②选择机床、数控系统,并开机。

③机床各轴回参考点。

④安装工件。

⑤安装刀具并对刀。

⑥输入加工程序,并检查调试。

⑦手动移动刀具退到距离工件较远处。

⑧自动加工。

147

⑨测量工件,优化程序。

实施点4 实操加工

①毛坯、刀具、工具准备(课前准备)。
②程序输入与编辑。
a.开机。
b.回参考点。
c.输入程序。
③安装工件。
④装刀并对刀。
⑤开始加工零件。
⑥在实操加工中,注意事项如下:
a.工件装夹时应使爪子紧力适度。
b.安装车刀时,刀具伸出长度要合理,注意检查行程,要特别注意刀具在右端面进到X最小尺寸时与顶尖的距离,不要发生碰撞。

实施点5 检测零件

零件加工结束后进行检测,对工件进行误差与质量分析,将结果写入表10.1中。

表 10.1 车削轴的自动编程与加工检测表

基本检查		序号	检测项目	配分	学生自评	小组互评	教师评分
	编程	1	CAD 造型正确	9			
		2	CAM 制造合理	9			
		3	切削加工工艺制订正确	3			
		4	切削用量选用合理	3			
		5	程序正确、简单、明确且规范	6			
	操作	6	设备操作、维护保养正确	6			
		7	刀具选择、安装正确、规范	6			
		8	工件找正、安装正确、规范	6			
		9	安全、文明生产	6			
工作态度		10	行为规范、纪律表现	6			
外圆		11	φ60	6			
		12	φ25	6			
长度		13	3	5			
		14	5	6			
		15	20	5			
		16	45	5			
倒圆角		17	$R5,R10$(两处)	3			
表面粗糙度		18	$R_a3.2$	2			
其余		19	工时	2			
综合得分				100			

10.6　项目小结

本项目详细介绍了 CAXA 数控车 2013 软件的造型和制造功能,同时在 CAXA 数控车模块中完成车削轴的自动编程,生成代码程序,并完成零件的加工。

10.7　项目自测

如图 10.35 所示为车削轴零件。已知毛坯规格为 φ50×80 mm 的棒料,材料为 45#钢。要求利用 CAXA 数控车 2013 软件完成绘制图形;制订零件加工工艺;自动生成零件数控加工程序代码;并通过数控仿真加工调试,优化程序;最后进行零件的加工。

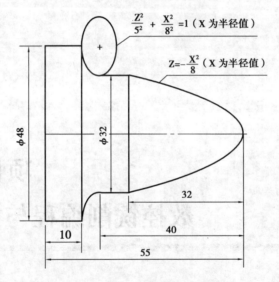

图 10.35　车削轴零件图

情境 **3**
数控铣削编程与加工

项目 **11**
数控铣削编程与加工的入门

❧❧❧

11.1 项目导航

数控铣床是主要采用铣削方式加工工件的数控机床。其加工功能很强,能完成各种平面、沟槽、螺旋槽、成形表面、平面曲线及空间曲线等复杂型面的加工。配上相应的刀具后,数控铣床还可用来对零件进行钻、扩、铰、锪孔和镗孔加工及攻螺纹等。

加工中心是在数控铣床的基础上发展起来的。早期的加工中心就是指匹配有自动换刀装置和刀库并能在加工过程中实现自动换刀的数控镗铣床。因此,它和数控铣床有很多相似之处,但是它的结构和控制系统要比数控铣床复杂得多。加工中心主要用于箱体类零件和复杂曲面零件的加工,因为加工中心具有多种换刀功能及工作台自动交换装置(APC),故工件经一次装夹后,可实现零件的铣、钻、镗、铰、攻螺纹等多工序的加工,从而大大提高了自动化程度和工作效率,如图 11.1 所示。

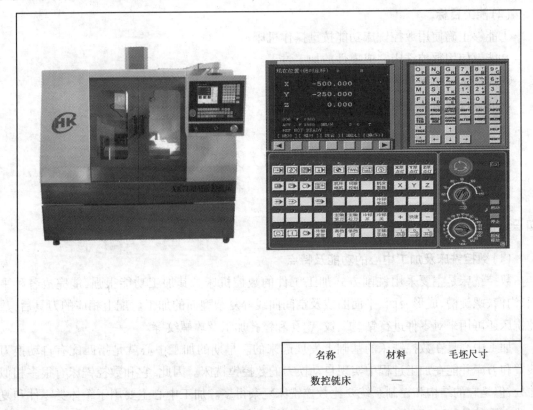

名称	材料	毛坯尺寸
数控铣床	—	—

图 11.1　数控铣床

11.2　项目分析

数控铣床是主要采用铣削方式加工工件的数控机床。其加工功能很强,能完成各种平面、沟槽、螺旋槽、成形表面、平面曲线及空间曲线等复杂型面的加工。配上相应的刀具后,数控铣床还可用来对零件进行钻、扩、铰、锪孔和镗孔加工及攻螺纹等。

11.3　学习目标

(1)知识目标
①掌握数控铣床的控制面板。
②掌握数控铣床的组成及分类。

③了解数控铣床的加工特点。

④掌握数控铣床的基本操作。

⑤掌握数控铣床仿真软件的操作步骤。

⑥熟悉生产现场管理规定。

（2）能力目标

①能够正确使用数控铣床功能按键操作机床。

②能够使用数控铣床完成零件的加工过程。

③能够正确的操作数控铣床仿真软件。

④能够遵守生产车间的管理规定。

11.4　相关知识

知识点1　数控铣床概述

（1）数控铣床及加工中心的功能及特点

数控铣床是主要采用铣削方式加工工件的数控机床。其加工功能很强，能完成各种平面、沟槽、螺旋槽、成形表面、平面曲线及空间曲线等复杂型面的加工。配上相应的刀具后，数控铣床还可用来对零件进行钻、扩、铰、锪孔和镗孔加工及攻螺纹等。

加工中心是在数控铣床的基础上发展起来的。早期的加工中心就是指匹配有自动换刀装置和刀库并能在加工过程中实现自动换刀的数控镗铣床。因此，它和数控铣床有很多相似之处，但是它的结构和控制系统要比数控铣床复杂得多。加工中心主要用于箱体类零件和复杂曲面零件的加工，因为加工中心具有多种换刀功能及工作台自动交换装置（APC），故工件经一次装夹后，可实现零件的铣、钻、镗、铰、攻螺纹等多工序的加工，从而大大提高了自动化程度和工作效率。

由于数控铣床和加工中心有这样密切的联系，就一般的指令和功能而言，两者是相同的。

（2）数控铣床的分类及加工对象

1）立式数控铣床

立式数控铣床的主轴轴线垂直于水平面，如图11.2所示。一般适宜盘、套、板类零件，一次装夹后，可对上表面进行钻、扩、镗、铣、锪、攻螺纹等工序加工以及侧面的轮廓加工。

2）卧式数控铣床

卧式数控铣床的主轴轴线平行于水平面，如图11.3所示。卧式数控铣床一般都带有回转工作台，一次装夹可完成除安装面和顶面以外的其余4个面的各种工序加工。因此，卧式数控铣床主要适用于箱体类零件的加工。

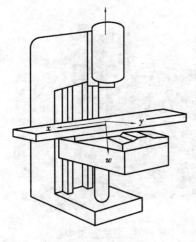

图 11.2　立式数控铣床

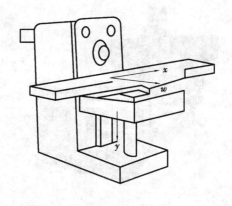

图 11.3　卧式数控铣床

3) 立、卧两用数控铣床

立卧两用数控铣床是指一台机床上有立式和卧式两个主轴,或者主轴可作 90°旋转的数控铣床,同时具备立、卧式铣床的功能,如图 11.4 所示。立、卧两用数控铣床主要用于箱体类零件以及各类模具的加工。

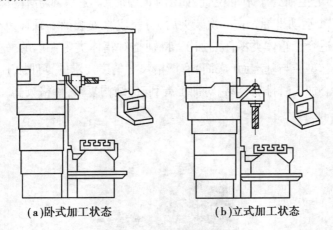

(a)卧式加工状态　　　　　　　(b)立式加工状态

图 11.4　立卧两用数控铣床

4) 龙门式数控铣床

龙门式数控铣床主轴固定于龙门架上,如图 11.5 所示。龙门式数控铣床主要用于大型机械零件及大型模具的各种平面、曲面和孔的加工。

5) 万能式数控铣床

主轴可旋转 90°或工作台带着工件旋转 90°,一次装夹后可完成对工件五个表面的加工。数控铣床主要适用于平面类零件、变斜角类零件、曲面类零件、孔类零件的加工。

(3)加工中心的分类及加工对象

1) 立式加工中心

立式加工中心的主轴处于垂直位置,如图 11.6 所示。它能完成铣削、镗削、钻削、攻螺纹、切削螺纹等工序,适合加工盘套类零件。

图 11.5　龙门式数控铣床

图 11.6　立式加工中心

立式加工中心装夹方便,便于操作,易于观察加工情况,调试程序容易,应用很广泛。但受立柱高度及换刀装置的限制,不能加工太高的零件。在加工型腔或下凹的型面时,切屑不易排出,严重时会损坏刀具,破坏已加工表面,影响加工的顺利进行。

2)卧式加工中心

卧式加工中心的主轴处于水平位置,如图 11.7 所示。通常都带有自动分度的回转工作台,一般具有 3~5 个运动坐标。在一次装夹后,可完成除安装面和顶面以外的其余 4 个面的各种工序加工,较适合于箱体类零件的加工,特别是对箱体类零件上的一些孔和型腔有位置公差要求,以及孔和型腔与基准面(底面)有严格尺寸精度要求的零件加工。与立式加工中心比较,卧式加工中心加工时排屑容易,对加工有利,但结构复杂,价格较高。

图 11.7　卧式加工中心

3)龙门式加工中心

龙门式加工中心的形状与龙门式数控铣床相似,主轴多为垂直设置,除自动换刀装置外,还带有可更换的主轴头附件,数控装置的功能也较全,能够一机多用,适用于大型和零件复杂的零件加工。

4)五面体加工中心

五面体加工中心具有立式加工中心和卧式加工中心的功能(见图 11.8),有两个或三个主轴头,即立式和卧式主轴头,有的五面体加工中心还带有可倾斜一定角度的主轴头,用于加工斜孔或斜面。工件一次装夹后能完成除安装面以外的其余 5 个面的加工。

图 11.8　五面体加工中心

知识点 2　数控车铣编程对比

(1)数控车铣程序联系

1)数控程序的组成相同

一个完整的数控车铣程序都由程序号、程序内容和程序结束 3 部分组成。

①程序号

每一个完整的程序必须给一个编号,供在数控装置存储器中的程序目录中查找、调用。程序号由地址符和编号数字组成,如 P0001,地址符为 P,程序编号为 0001。不同的数控系统程序号地址符可能不同,常用地址符有 O,P 和%。

②程序段

程序段是数控加工程序的主要组成部分。每一程序是由若干个程序段组成的。每一程序段由程序字(或称指令字)组成。程序字由地址符和带符号的数字组成。每个程序段前冠以程序段号,程序段号的地址符为 N。例如:

N30 G01 X10 Y-15 F100;

其中,N30 为程序段号,G01 X10 Y-15 F100 均为程序字,约定数字中正号省略不写。

③程序结束

每一程序必须有程序结束指令,程序结束一般用辅助功能代码 M02 或 M30 来表示。

2)数控程序包含的主要内容

①程序的编号、程序段号。

②工件原点的设置。

③所用刀具的刀具号,换刀指令。

④主轴的启动、转向及转速指令。

⑤刀具的引进、退出路径。

⑥加工方法,刀具切削运动的轨迹及进给量(或进给速度)指令。

⑦其他辅助功能指令,如冷却液的开、关,以及工件的松、夹等。

⑧程序结束指令。

数控车削与铣削加工程序见表11.1、表11.2。

表 11.1 数控车削加工程序

程 序	说 明
O0001	程序名
N010　T0101　M03　S450;	主轴正转
N020　G00　G42　X125　Z20　M08;	起刀位置,冷却液打开
N030　G00　X42;	
N040　G01　Z0　F0.1;	直线插补
N050　G01　X40;	
N060　G01　Z-30　F0.1;	
N070　X60　Z-60;	直线插补
N080　Z-80;	
N090　X100　Z-90;	
N100　Z-110;	直线插补
N110　X120　Z-130;	
N120　G00　G40　X200　Z140;	快速退刀
N130　M09;	冷却液关闭
N140　M05;	主轴停止
N140　M30;	程序结束

表 11.2 数控铣削加工程序

程 序	说 明
O0002	程序名
N10　G90　G54　G00　X0　Y0　M03　S800;	起刀位置
N15　Z50;	起始高度(仅用一把刀具,可不加刀长补偿)
N20　Z5;	安全高度
N25　X10　Y10;	快速达到下刀点
N30　G01　Z-5　F50;	落刀,切深5 mm
N35　G91　G01　X25　Y40;	增量值的直线插补

续表

程　序	说　明
N40　　X55　Y0；	
N50　　G90　G00　Z5；	绝对值直线插补
N55　　Z100；	抬刀到起始高度
N60　　M09；	冷却液关闭
N65　　M05；	主轴停止
N70　　M30；	程序结束并返回程序起点

（2）数控车铣程序区别

1）具体程序格式有区别

不同的车铣程序往往有不同的程序段格式。编程时,应按照车铣数控系统规定的格式编写;否则,数控系统就会报警,不被识别。

例如:刀具号:车削程序格式:T0101;铣削程序格式:T01。

2）有些常用地址符及其含义不同

有些常用地址符及其含义不同,应当注意,不同的车铣数控系统,其所用的地址符及其定义不尽相同。例如,G92 指令功能车铣含义不同。

车削:G92 指令含义为单一内外车削外圆循环指令。

铣削:G92 指令含义为直接建立工件坐标系指令。

3）数控编程有不同的特点

①数控车削编程特点

A.直径编程方式

在数控车削加工的程序编制中,X 轴的坐标值取零件图中的直径值。采用直径尺寸编程与零件图中的尺寸标注一致,这样可避免尺寸换算过程中造成的错误,给编程带来很大方便。

B.加工坐标系

加工坐标系应与机床坐标系的坐标方向一致,X 轴对应工件径向,Z 轴对应工件轴向,C 轴(主轴)的运动方向,则以从机床尾架向主轴看,逆时针为+C 向,顺时针为−C 向。

C.编程原点选择

编程原点选择在便于测量或对刀的基准位置,一般设置在工件的右端面或左端面上。

D.进刀和退刀

对于铣削加工,刀具在换刀点交换刀具后,主轴转动后,先沿 XY 方向移动到刀具在 XY 平面内的进刀点,然后以 G0 的方式快速运动到初始平面。在此过程中,建立刀具长度补偿,然后运动到参考平面,下刀到加工平面,从进刀点运动到加工开始点,沿轮廓轨迹加工到加工结束点,退刀刀退刀点,以切削速度提刀刀参考平面,然后回到换刀点。尽量避免三轴联动,防止干涉,一般沿 Z 方向下刀,最后沿 Z 方向提刀,再返回。

②数控铣削编程特点

A.镜像加工功能

镜像加工也称为轴对称加工。对于一个轴对称形状的工件来说,利用这一功能,只要编出一半形状的加工程序就可完成全部加工。数控铣床一般还有缩放功能,对于完全相似的轮廓也可通过调用子程序的方法完成加工。

B.刀具长度补偿功能

利用该功能可自动改变切削平面高度,同时可降低在制造与返修时对刀具长度尺寸的精度要求,还可弥补轴向对刀误差。

C.加工坐标系

铣削加工一般应具有三坐标以上的联动功能,能够进行直线插补和圆弧插补,自动控制旋转的铣刀相对于工件运动进行铣削加工。坐标联动轴数越多,对工件的装夹要求就越低,定位和安装次数就越少,故加工工艺范围就越大。

D.编程原点选择

编程原点选择在便于测量或对刀的基准位置,一般设置在工件的上表面中心或上表面某一角落上。

知识点 3 数控铣床面板操作

(1)面板的认识及各键的功能说明

数控铣床标准面板主要分为上下两部分。上边为 MDI 键盘区,下边为机床控制面板区。仿真系统中的面板按钮绝大多数与数控铣床面板按钮图标及功能相同。FANUC 0i 数控系统操作面板如图 11.9 所示。各键功能说明见表 11.3。

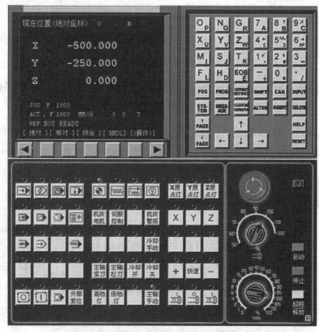

图 11.9 FANUC 0i 数控系统操作面板

表 11.3　各键功能说明

图　标	说　明	图　标	说　明
	自动运行按钮	X　Y　Z	选择 3 个坐标轴
	编辑状态	＋　－	坐标轴运动正负方向
	MDI 方式	快速	快速按钮
	远程执行		主轴正转、反转与停止
	单节按钮		急停按钮
	单节忽略按钮		主轴倍率选择旋钮
	选择性停止		进给倍率
	机械锁定	启动	启动按钮
	试运行	停止	关闭按钮
	进给保持	超程释放	超程释放
	循环启动按钮		手轮及倍率开关
	循环停止按钮	H	手轮显示按钮
	回原点模式	POS	显示坐标
	手动状态	PROG	显示编辑页面
	手动脉冲按钮	OFFSET SETTING	显示刀具参数页面

续表

图 标	说 明	图 标	说 明
HELP	帮助	SHIFT	上挡键
EOB E	回车换行键	CAN	修改键
↑PAGE ↓PAGE	上、下翻页键	INPUT	输入键
← ↑ → ↓	方向键	DELETE	删除键
RESET	复位键	INSERT	插入键
◎	程序保护开关	ALTER	替代键

(2)程序的输入

单击操作面板上的 按钮,编辑状态指示灯亮,此时已进入编辑状态。单击 MDI 键盘上的 键,CRT 显示界面转入编辑页面。此时,可手动输入程序。如果系统中已经存在程序,按软键"操作",在出现的下级菜单中按软键 ,可出现软键"F 检索",按此软键,在弹出的对话框中选择所需的 NC 程序,按软键"打开"确认。在同一级菜单中,按软键"读入",输入程序名,如"O1111",按软键"执行",则数控程序显示在 CRT 界面上。

(3)设置参数

1)G54—G59 参数设置

在 MDI 键盘上单击 键,按菜单软键"坐标系",进入坐标系参数设定界面,输入"0×"(01表示 G54,02 表示 G55,以此类推),按菜单软键"NO 检索",光标停留在选定的坐标系参数设定区域,如图 11.10 所示。

也可用方位键 选择所需的坐标系和坐标轴。利用 MDI 键盘输入通过对刀所得到的工件坐标原点在机床坐标系中的坐标值。设通过对刀得到的工件坐标原点在机床坐标系中的坐标值(如-500,-415,-404),则首先将光标移到 G54 坐标系 X 的位置。在 MDI 键盘上输入"-500.00",按菜单软键"输入"或按 ,参数输入指定区域。按 键可逐个字符删除输入域中的字符。单击 ,将光标移到 Y 的位置,输入"-415.00",按菜单软键"输入"或按 ,参数输入指定区域。同样,可输入 Z 坐标值。此时,CRT 界面如图 11.11 所示。

注:X 坐标值为-100,须输入"X-100.00";若输入"X-100",则系统默认为-0.100。如果按软键"+输入",键入的数值将和原有的数值相加以后输入。

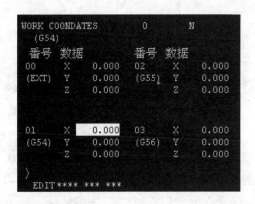

图 11.10　G54—G59 参数设置图

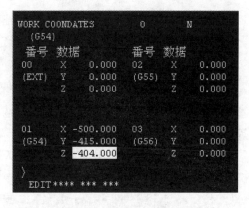

图 11.11　G54 参数输入图

2）刀具补偿参数

铣床及加工中心的刀具补偿包括刀具的半径和长度补偿。

输入直径补偿参数：FANUC 0i 的刀具直径补偿包括形状直径补偿和摩耗直径补偿。

①在 MDI 键盘上单击▦键，进入参数补偿设定界面，如图 11.12 所示。

②用方位键↑↓选择所需的番号，并用－键确定需要设定的直径补偿是形状补偿还是摩耗补偿，将光标移到相应的区域。

③单击 MDI 键盘上的数字/字母键，输入刀尖直径补偿参数。

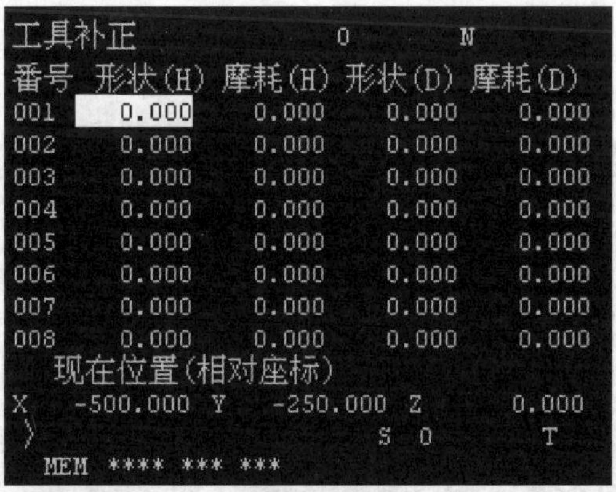

图 11.12　刀具补偿参数设置图

④按菜单软键"输入"或按▦，参数输入指定区域。按▦键逐个字符删除输入域中的字符。

注：直径补偿参数若为 4 mm，在输入时需输入"4.000"，如果只输入"4"，则系统默认为"0.004"。

输入长度补偿参数：长度补偿参数在刀具表中按需要输入。FANUC 0i 的刀具长度补偿包括形状长度补偿和摩耗长度补偿。

①MDI 键盘上单击▦键，进入参数补偿设定界面，如图 11.12 所示。

②用方位↑↓←→键选择所需的番号，并确定需要设定的长度补偿是形状补偿还是摩耗补偿，将光标移到相应的区域。

③单击 MDI 键盘上的数字/字母键,输入刀具长度补偿参数。

④按软键"输入"或按 ,参数输入指定区域。按  键逐个字符删除输入域中的字符。

(4) MDI 模式

单击操作面板上的 MIDI 键  按钮,使其指示灯变亮,进入 MDI 模式。在 MDI 键盘上按  键,进入编辑页面。输入数据指令:在输入键盘上单击数字/字母键,可作取消、插入、删除等修改操作。

按数字/字母键键入字母"O",再键入程序号,但不可以与已有程序号的重复。输入程序后,用回车换行键  结束一行的输入后换行;按  上下方向键翻页;按方位键  移动光标;按  键,删除输入域中的数据;按  键,删除光标所在的代码;按键盘上  键,输入所编写的数据指令;用  清除输入的数据。输入完整数据指令后,按循环启动按钮  运行程序。

知识点 4 数控铣床仿真软件入门

(1)数控铣床(加工中心)仿真软件的进入与退出

1)进入数控铣床(加工中心)仿真软件

打开计算机,双击桌面快捷图标 ,则屏幕显示如图 11.13 所示。进入数控加工仿真系统有以下两种方法:

①单击"快速登录"按钮,直接进入。

②输入用户名和密码,再单击"登录"按钮后。管理员用户名:manage;口令:system;
一般用户名:guest;口令:guest。

图 11.13 上海宇龙仿真软件进入图

2)退出数控铣床(加工中心)仿真软件常用的方法

①单击屏幕右上方的 ☒ 按钮。

②使用快捷键"Alt+F4"退出。

③在主菜单中,选择"文件(F)"→"退出(X)"命令。

(2)数控铣床(加工中心)仿真软件的工作窗口

数控铣床(加工中心)仿真软件的工作窗口分为标题栏区、菜单区、工具栏区、机床显示区、机床控制操作区及数控系统操作区,如图 11.14 所示。

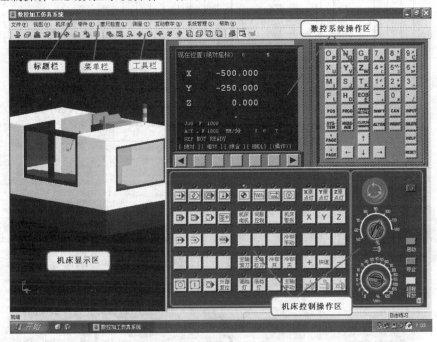

图 11.14　上海宇龙仿真 4.1 工作窗口图

1)菜单栏

菜单栏包含了文件、视图、机床、零件、塞尺检查、测量、互动教学、系统管理及帮助 9 大主菜单。表 11.4 列出了主菜单的选项及其功能。

表 11.4　主菜单的选项及其功能

项　目	功　能
文件(F)	处理文档(新建、打开、保存、导入/导出模型、记录、演示、退出等)
视图(V)	显示设置(视角选择、动态旋转、控制面板切换、选项、触摸屏工具等)
机床(M)	机床类型及刀具的选择,如选择机床、刀具、基准工具等及 DNC 传送
零件(P)	零件毛坯的设置与调整,如毛坯的定义、放置、移动、拆除及夹具安装
塞尺检查(L)	塞尺检查
测量(T)	工艺参数的测量及剖面测量
互动教学(R)	管理员的教学辅助功能,如监控、自动评分等
系统管理(S)	管理员的管理功能,如机床、登录用户、刀具库的管理及系统设置
帮助(H)	软件操作帮助

163

2）工具栏

工具栏具体功能介绍如图 11.15 所示。

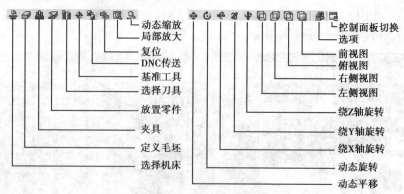

图 11.15　工具栏图

（3）机床、工件和刀具操作

1）选择机床类型

打开菜单"机床/选择机床"或在工具条上选择" "。在选择机床对话框中，选择控制系统类型和相应的机床，并单击"确定"按钮，此时的界面如图 11.16 所示。

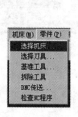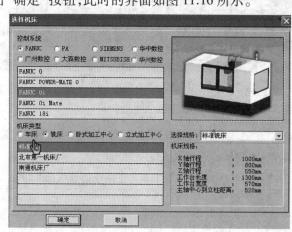

图 11.16　选择机床图

2）工件的定义和使用

①定义毛坯

打开菜单"零件/定义毛坯"或在工具条上选择" "，系统打开如图 11.17 所示的对话框，在输入框内输入或选择各项对应参数，单击"确定"按钮，保存定义的毛坯并且退出本操作。

②使用夹具

打开菜单"零件/安装夹具"命令或者在工具条上选择图标 ，打开操作对话框，如图 11.18所示。首先在"选择零件"列表框中，选择毛坯。然后在"选择夹具"列表框中间选夹具，长方体零件可使用工艺板或者平口钳，圆柱形零件可选择工艺板或者卡盘。

164

图 11.17　零件毛坯设置图

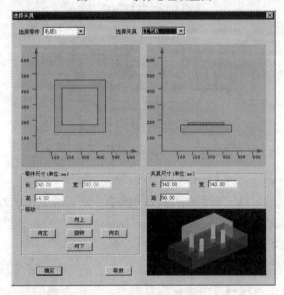

图 11.18　选择夹具图

③放置零件

打开菜单"零件/放置零件"命令或者在工具条上选择图标，系统弹出操作对话框，如图 11.19 所示。在列表中单击所需的零件，选中的零件信息加亮显示，单击"安装零件"按钮，系统自动关闭对话框，零件和夹具(如果已经选择了夹具)将被放到机床上。

④调整零件位置

零件可在工作台面上移动。毛坯放上工作台后，系统将自动弹出一个小键盘，如图 11.20 所示。通过按动小键盘上的方向按钮，实现零件的平移和旋转。小键盘上的"退出"按钮用于关闭小键盘。选择菜单"零件/移动零件"也可打开小键盘。请在执行其他操作前关闭小键盘。

165

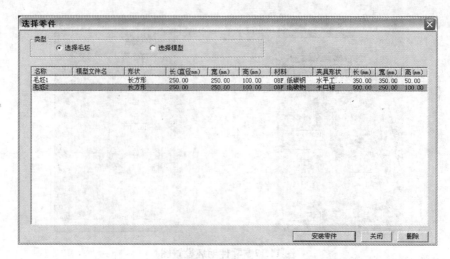

图 11.19 放置零件图

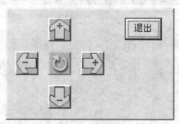

图 11.20 零件位置调整图

3)选择刀具

打开菜单"机床/选择刀具"或者在工具条中选择"📠",系统弹出刀具选择对话框。

①按条件列出工具清单

按条件列出工具清单,筛选的条件是直径和类型。

a.在"所需刀具直径"输入框内输入直径,如果不把直径作为筛选条件,请输入数字"0"。

b.在"所需刀具类型"选择列表中选择刀具类型。可供选择的刀具类型有平底刀、平底带R刀、球头刀、钻头及镗刀等。

c.单击"确定"按钮,符合条件的刀具在"可选刀具"列表中显示。

②指定刀位号

对话框的下半部中的序号(见图 11.21)就是刀库中的刀位号。卧式加工中心允许同时选择 20 把刀具;立式加工中心允许同时选择 24 把刀具。对于铣床,对话框中只有 1 号刀位可使用。用鼠标单击"已经选择的刀具"列表中的序号指定刀位号。

③选择需要的刀具

指定刀位号后,再用鼠标单击"可选刀具"列表中的所需刀具,选中的刀具对应显示在"已经选择刀具"列表中选中的刀位号所在行。

④输入刀柄参数

操作者可按需要输入刀柄参数。参数有直径和长度两个。总长度是刀柄长度与刀具长度之和。

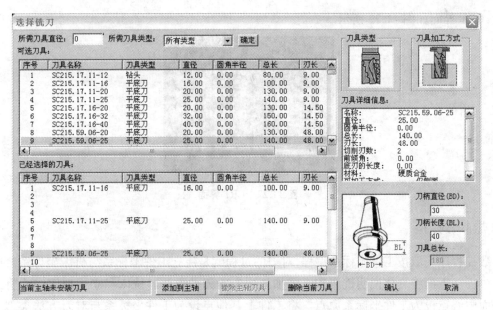

图 11.21　选择刀具图

⑤删除当前刀具

按"删除当前刀具"键可删除此时"已选择的刀具"列表中光标所在行的刀具。

⑥确认选刀

选择完全部刀具,单击"确认"按钮完成选刀操作,或者单击"取消"按钮退出选刀操作。加工中心的刀具在刀库中,如果在选择刀具的操作中同时要指定某把刀安装到主轴上,可先用光标选中,然后单击"添加到主轴"按钮。铣床的刀具自动装到主轴上。

11.5　项目实施

实施点 1　激活机床

单击"启动"按钮，此时机床电机和伺服控制的指示灯变亮。检查"急停"按钮是否松开至状态。若未松开,单击"急停"按钮，将其松开。

实施点 2　机床回参考点

检查操作面板上回原点指示灯是否亮，若指示灯亮,则已进入回原点模式;若指示灯不亮,则单击"回原点"按钮，转入回原点模式。在回原点模式下,先将 X 轴回原点,单击操作面板上的"X 轴选择"按钮，使 X 轴方向移动指示灯变亮，单击，此时 X 轴将回原点,X 轴回原点灯变亮，CRT 上的 X 坐标变为"0.000"。同样,再分别单击 Y 轴、Z 轴方向按钮，使指示灯变亮,单击，此时 Y 轴、Z 轴将回原点,Y 轴、Z 轴回原点灯变亮，。

此时,CRT 界面如图 11.22 所示。

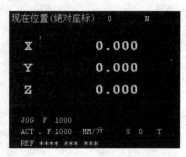

图 11.22　CRT 界面

实施点 3　对刀

数控程序一般按工件坐标系编程,对刀的过程就是建立工件坐标系与机床坐标系之间关系的过程。下面将具体说明铣床和立式加工中心对刀的方法。铣床和立式加工中心将工件上表面中心点设为工件坐标系原点。将工件上其他点设为工件坐标系与对刀方法类似。一般铣床及加工中心在 X,Y 方向对刀时使用的基准工具包括刚性靠棒和寻边器两种。

(1) 刚性靠棒 X,Y 轴对刀

刚性靠棒采用检查塞尺松紧的方式对刀,具体过程如下(采用将零件放置在基准工具的左侧(正面视图)的方式):

选择菜单"机床/基准工具",弹出的基准工具对话框中,左边的是刚性靠棒基准工具,右边的是寻边器,如图 11.23 所示。

1)X 轴方向对刀

单击操作面板中的"手动"按钮,手动状态灯亮,进入"手动"方式。单击 MDI 键盘上的,使 CRT 界面上显示坐标值;借助"视图"菜单中的动态旋转、动态放缩、动态平移等工具,适当单击![X]、![Y]、![Z]按钮和![+]、![−]按钮,将机床移动到如图 11.24 所示的大致位置。

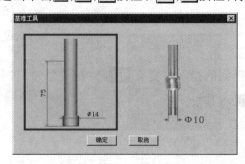

图 11.23　基准工具对话框

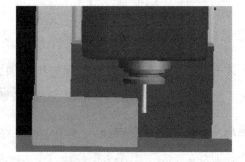

图 11.24　X 轴方向对刀

移动到大致位置后,可采用手轮调节方式移动机床,选择菜单"塞尺检查/1 mm",基准工具和零件之间被插入塞尺。在机床下方显示如图 11.25 所示的局部放大图(紧贴零件的红色物件为塞尺)。单击操作面板上的"手动脉冲"按钮或,使手动脉冲指示灯变亮,采用手动脉冲方式精确移动机床,单击![H]显示手轮,将手轮对应轴旋钮置于 X 挡,调节手轮进给速度旋钮，在手轮上单击鼠标左键或右键精确移动靠棒。使得提示信息对话框显示"塞尺检查的结果:合适"，如图 11.25 所示。

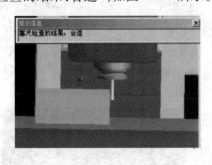 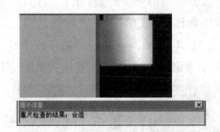

图 11.25　塞尺检查对话框

记下塞尺检查结果为"合适"时 CRT 界面中的 X 坐标值,此为基准工具中心的 X 坐标,记为 X_1;将定义毛坯数据时设定的零件的长度记为 X_2;将塞尺厚度记为 X_3;将基准工件直径记为 X_4(可在选择基准工具时读出)。

则工件上表面中心的 X 的坐标为基准工具中心的 X 的坐标减去零件长度的一半减去塞尺厚度减去 基准工具半径,记为 X。

2)Y 方向对刀

采用同样的方法,得到工件中心的 Y 坐标,记为 Y。

完成 X,Y 方向对刀后,选择菜单"塞尺检查/收回塞尺"将塞尺收回,单击"手动"按钮，手动灯亮，机床转入手动操作状态,单击 Z 和 + 按钮,将 Z 轴提起,再选择菜单"机床/拆除工具"拆除基准工具。

注:塞尺有各种不同尺寸,可根据需要调用。本系统提供的塞尺尺寸有 0.05,0.1,0.2,1,2,3,100 mm(量块)。

(2)寻边器 X,Y 轴对刀

寻边器有固定端和测量端两部分组成。固定端由刀具夹头夹持在机床主轴上,中心线与主轴轴线重合。在测量时,主轴以 400 r/min 旋转。通过手动方式,使寻边器向工件基准面移动靠近,让测量端接触基准面。在测量端未接触工件时,固定端与测量端的中心线不重合,两者呈偏心状态。当测量端与工件接触后,偏心距减小,这时使用点动方式或手轮方式微调进给,寻边器继续向工件移动,偏心距逐渐减小。当测量端和固定端的中心线重合的瞬间,测量端会明显的偏出,出现明显的偏心状态。这是主轴中心位置距离工件基准面的距离等于测量端的半径。

1)X 轴方向对刀

单击操作面板中的"手动"按钮，手动灯亮，系统进入"手动"方式。单击 MDI 键盘上的 使 CRT 界面显示坐标值;借助"视图"菜单中的动态旋转、动态放缩、动态平移等工具,适当单击操作面板上的 X , Y , Z 和 + , − 按钮,将机床移动到如图 16-3-2 所示的大致位置。

在手动状态下,单击操作面板上的 或 按钮,使主轴转动。未与工件接触时,寻边器测量端大幅度晃动。

169

移动到大致位置后,可采用手动脉冲方式移动机床,单击操作面板上的"手动脉冲"按钮 或 ,使手动脉冲指示灯变亮 ,采用手动脉冲方式精确移动机床,单击 显示手轮控制面板 ,将手轮对应轴旋钮 置于 X 挡,调节手轮进给速度旋钮 ,在手轮 上单击鼠标左键或右键精确移动寻边器。寻边器测量端晃动幅度逐渐减小,直至固定端与测量端的中心线重合,如图 11.26 所示。若此时用增量或手轮方式以最小脉冲当量进给,寻边器的测量端突然大幅度偏移,如图 11.27 所示。即认为此时寻边器与工件恰好吻合。

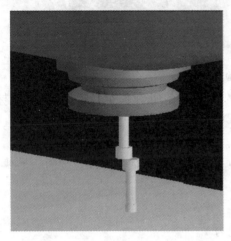

图 11.26　寻边器与工件不吻合　　　　图 11.27　寻边器与工件恰好吻合

记下寻边器与工件恰好吻合时 CRT 界面中的 X 坐标,此为基准工具中心的 X 坐标,记为 X_1;将定义毛坯数据时设定的零件的长度记为 X_2;将基准工件直径记为 X_3(可在选择基准工具时读出)。则工件上表面中心的 X 的坐标为基准工具中心的 X 的坐标减去零件长度的一半减去基准工具半径,记为 X。

2)Y 方向对刀

采用同样的方法,得到工件中心的 Y 坐标,记为 Y。完成 X,Y 方向对刀后,单击 Z 和 + 按钮,将 Z 轴提起,停止主轴转动,再选择菜单"机床/拆除工具"拆除基准工具。

(3)塞尺法 Z 轴对刀

铣床 Z 轴对刀时采用实际加工时所要使用的刀具。单击菜单"机床/选择刀具"或单击工具条上的小图标 ,选择所需刀具。装好刀具后,单击操作面板中的"手动"按钮 ,手动状态指示灯亮 ,系统进入"手动"方式。利用操作面板上的 X , Y , Z 和 + , - 按钮,将机床移到如图 11.28 所示的大致位置。

类似在 X,Y 方向对刀的方法进行塞尺检查,得到"塞尺检查:合适"时 Z 的坐标值,记为 Z1,如图 11.29 所示。则坐标值为 Z1 减去塞尺厚度后数值为 Z 坐标原点,此时工件坐标系在工件上表面。

图 11.28 移动刀具

图 11.29 塞尺检查

(4) 试切法 Z 轴对刀

选择菜单"机床/选择刀具"或单击工具条上的小图标 ⬚，选择所需刀具。装好刀具后，利用操作面板上的 X ， Y ， Z 和 + ， − 按钮，将机床移到如图 11.28 所示的大致位置。

打开菜单"视图/选项…"中"声音开"和"铁屑开"选项。单击操作面板上 ⬚ 或 ⬚ 按钮使主轴转动；单击操作面板上的 Z 和 − ，切削零件的声音刚响起时停止，使铣刀将零件切削小部分，记下此时 Z 的坐标值，记为 Z，此为工件表面一点处 Z 的坐标值。

通过对刀得到的坐标值(X，Y，Z)即为工件坐标系原点在机床坐标系中的坐标值。

实施点 4 手动操作

(1) 手动/连续方式

单击操作面板上的"手动"按钮 ⬚ ，使其指示灯亮 ⬚ ，机床进入手动模式。分别单击 X ， Y ， Z 按钮，选择移动的坐标轴。分别单击 + ， − 按钮，控制机床的移动方向。单击 ⬚ ⬚ ⬚ 控制主轴的转动和停止。

注：刀具切削零件时，主轴需转动。加工过程中，刀具与零件发生非正常碰撞后(非正常碰撞包括车刀的刀柄与零件发生碰撞；铣刀与夹具发生碰撞等)，系统弹出警告对话框，同时主轴自动停止转动，调整到适当位置。继续加工时，需再次单击 ⬚ ⬚ ⬚ 按钮，使主轴重新转动。

(2) 手动脉冲方式

在手动/连续方式或在对刀，需精确调节机床时，可用手动脉冲方式调节机床。单击操作面板上的"手动脉冲"按钮 ⬚ 或 ⬚ ，使指示灯 ⬚ 变亮。单击按钮 ⬚ ，显示手轮 ⬚ 。鼠标对准"轴选择"旋钮 ⬚ ，单击左键或右键，选择坐标轴。鼠标对准"手轮进给速度"旋钮 ⬚ ，单击左键或右键，选择合适的脉冲当量。鼠标对准手轮 ⬚ ，单击左键或右键，精确控制机床的移动。单击 ⬚ ⬚ ⬚ 控制主轴的转动和停止。单击 ⬚ ，可隐藏手轮。

171

实施点5　自动加工方式

(1) 自动/连续方式

1) 自动加工流程

检查机床是否回零。若未回零，先将机床回零。导入数控程序或自行编写一段程序。单击操作面板上的"自动运行"按钮 ⇥ ，使其指示灯变亮 ⇥ 。单击操作面板上的"循环启动" ⬜ ，程序开始执行。

2) 中断运行

数控程序在运行过程中可根据需要暂停、停止、急停和重新运行。数控程序在运行时，单击"进给保持"按钮 ◯ ，程序停止执行；再单击 ⬜ 键，程序从暂停位置开始执行。数控程序在运行时，单击"循环停止"按钮 ⬛ ，程序停止执行；再单击 ⬜ 键，程序从开头重新执行。

数控程序在运行时，按下"急停"按钮 ⬤ ，数控程序中断运行，继续运行时，先将急停按钮松开，再按 ⬜ 按钮，余下的数控程序从中断行开始作为一个独立的程序执行。

(2) 自动/单段方式

检查机床是否机床回零。若未回零，先将机床回零。再导入数控程序或自行编写一段程序。单击操作面板上的"自动运行"按钮 ⇥ ，使其指示灯变亮 ⇥ 。单击操作面板上的"单节"按钮 ⬛ 。单击操作面板上的"循环启动"按钮 ⬜ ，程序开始执行。注：自动/单段方式执行每一行程序均需单击一次"循环启动"按钮 ⬜ 。

单击"单节跳过"按钮 ⬛ ，则程序运行时跳过符号"/"有效，该行成为注释行，不执行。单击"选择性停止"按钮 ⬛ ，则程序中 M01 有效。可通过"主轴倍率"旋钮 ◎ 和"进给倍率"旋钮 ◎ 来调节主轴旋转的速度和移动的速度。按 ⬛ 键可将程序重置。

(3) 检查运行轨迹

NC 程序导入后，可检查运行轨迹。单击操作面板上的"自动运行"按钮 ⇥ ，使其指示灯变亮 ⇥ ，转入自动加工模式；单击 MDI 键盘上的 ⬛ 按钮，单击数字/字母键，输入"O×"(×为所需要检查运行轨迹的数控程序号)，按 ⬛ 开始搜索，找到后，程序显示在 CRT 界面上。单击 ⬛ 按钮，进入检查运行轨迹模式，单击操作面板上的"循环启动"按钮 ⬜ ，即可观察数控程序的运行轨迹。此时，也可通过"视图"菜单中的动态旋转、动态放缩、动态平移等方式对三维运行轨迹进行全方位的动态观察。

11.6　项目小结

本项目主要介绍了数控铣床的加工特点、结构组成及分类，并以典型的立式数控铣床 FANUC0i-MC 系统介绍了数控铣床控制面板和机床基本操作。要求读者了解数控铣床的分类、加工特点、控制面板的按键含义,数控车床正确的基本操作方法,以及数控铣床宇龙仿真系统的基本操作。

11.7　项目自测

(1)**选择题**(请将正确答案的序号填写在题中的括号中)

①数控机床在开机后,须进行回零操作,使 X,Y,Z 各坐标轴运动回到(　　)。

A.机床零点　　　　　B.编程零点　　　　　C.工件零点　　　　　D.坐标原点

②在 CRT/MDI 面板的功能键中,用于程序编制的键是(　　)。

A.POS　　　　　　　B.OFFSET　　　　　　C.PROG　　　　　　D.SYSTEM

③在 CRT/MDI 面板的功能键中,显示机床当前位置的键是(　　)。

A.POS　　　　　　　B.OFFSET　　　　　　C.CURSOR　　　　　D.SYSTEM

④加工中心与数控铣床的主要区别是(　　)。

A.数控系统复杂程度不同　　　　　　　　B.机床精度不同

C.有无自动换刀系统　　　　　　　　　　D.切削方式不同

⑤数控程序编制功能中常用的插入键是(　　)。

A.INSRT　　　　　　B.ALTER　　　　　　C.DELET　　　　　　D.INPUT

⑥数控机床如长期不用时最重要的日常维护工作是(　　)。

A.清洁　　　　　　　B.干燥　　　　　　　C.通电　　　　　　D.润滑

(2)**判断题**(请将判断结果填入括号中,正确的填"√",错误的填"×")

①当数控机床失去记忆对机床参考点的记忆时,必须进行返回参考点的操作。　　(　　)

②数控机床在手动或自动运行中,一旦发现异常情况,应立即使用急停按钮。　　(　　)

③刀具补偿寄存器内只允许存入正值。　　(　　)

④车间日常工艺管理中首要任务是组织职工学习工艺文件,进行遵守工艺纪律的宣传教育,并例行工艺纪律的检查。　　(　　)

⑤数控机床中 MDI 是机床诊断智能化的英文缩写。　　(　　)

(3)**简答题**

①简述铣床/加工中心安全操作规程。

②数控铣床/加工中心的日常维护内容是什么?

项目 *12*

平面凸台零件的编程与加工

12.1 项目导航

如图 12.1 所示为平面凸台零件。已知毛坯规格为 120 mm×80 mm×20 mm 的板料,材料为 45#钢。要求制订零件的加工工艺,编写零件的数控加工程序,并通过数控仿真加工调试、优化程序,最后进行零件的加工。

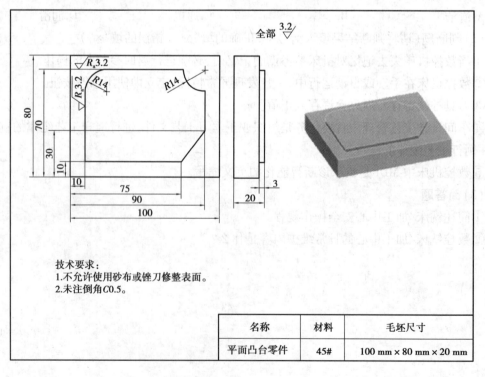

技术要求:
1.不允许使用砂布或锉刀修整表面。
2.未注倒角C0.5。

名称	材料	毛坯尺寸
平面凸台零件	45#	100 mm × 80 mm × 20 mm

图 12.1 平面凸台零件图

12.2　项目分析

如图 12.1 所示为平面凸台零件。该零件形状简单,结构尺寸变化大。该零件由有直线和两个 R14 圆弧构成,轮廓高 3 mm。该工件表面粗糙度 R_a 为 3.2 μm,加工中安排粗铣加工和精铣加工。采用机用平口钳装夹,底部用等高垫块垫起,使加工表面高于钳口 10 mm。

12.3　学习目标

(1)知识目标

①掌握含平面、圆弧面、侧面等要素平面及外轮廓类零件的结构特点和工艺特点,正确分析此类零件的加工工艺。

②掌握数控铣削加工的工艺知识和编程指令。

③掌握常用循环指令 G00,G01,G02,G03 等指令的编程格式与应用。

(2)能力目标

①巩固数控铣一般指令的使用方法。

②会分析此零件的工艺,能正确选择设备、刀具、夹具与切削用量,能编制数控加工工艺卡。

③能正确使用数控系统的圆弧加工指令编制含圆弧结构零件的数控加工程序,并完成零件的加工。

④能正确使用数控系统的插补指令 G00,G01,G02,G03 编制平面及外轮廓的粗、精加工程序。

⑤能正确运用数控系统仿真软件,校验编写的零件数控加工程序,并虚拟加工零。

12.4　相关知识

知识点 1　绝对值(G90)与增量值(G91)

功能:

绝对或增量坐标值编程。

格式:

G90(G91)

说明:

①Δd:背吃刀量,半径值,且为正值;

②G90 指令按绝对值设定输入坐标,即移动指令终点的坐标值 X,Y,Z 都是以工件坐标系坐标原点(程序零点)为基准来计算;

③G91 指令按增量值设定输入坐标,即移动指令的坐标值 X,Y,Z 都是以始点为基准来计算,再根据终点相对于始点的方向判断正负,与坐标轴正方向一致则取正,相反取负。

例如,如图 12.2 所示,已知刀具中心轨迹为"A→B→C",使用绝对坐标方式与增量坐标方式时各动点的坐标如下(则加工程序见表 12.1):

G90 时:A(10,10),B(35,50),C(90,50);

G91 时:A(10,10),B(25,40),C(55,0)。

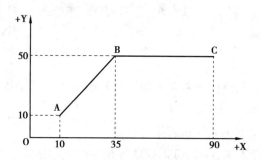

图 12.2　绝对、增量坐标示例

表 12.1　用绝对、增量坐标编写的数控加工程序

程　序	说　明
N10　G90 G54 G00 X0 Y0 M03 S800;	起刀位置
N15　Z50;	起始高度(仅用一把刀具,可不加刀长补偿)
N20　Z5;	安全高度
N25　X10　Y10;	快速达到下刀点
N30　G01　Z-5　F50;	落刀,切深 5 mm
N35　G91　G01　X25　Y40;	增量值的直线插补
N40　X55　Y0;	
N50　G90　G00　Z5;	绝对值直线插补
N55　Z100;	抬刀到起始高度
N60　M09;	冷却液关闭
N65　M05;	主轴停止
N70　M30;	程序结束并返回程序起点

知识点 2　快速点位运动(G00)

功能:

刀具以快速移动速度,从刀具当前点移动到目标点。它只是快速定位,对中间空行程无轨迹要求,G00 移动速度是机床设定的空行程速度,与程序段中的进给速度无关。

格式：

G00 X__ Y__ Z__；

说明：

①常见 G00 轨迹如图 12.3 所示。

②X,Y,Z 是目标点的坐标。

③在未知 G00 轨迹的情况下,应尽量不用三坐标编程,避免刀具碰撞工件或夹具。

④X,Y,Z 指令坐标:在 G90 时为目标点在工件坐标系中的坐标;在 G91 时为目标点相对于当前点的位移量。

⑤不指定参数 X,Y,Z,刀具不移动,系统只改变当前刀具移动方式的模态为 G00。

⑥进给速度 F 对 G00 指令无效,快速移动的速度由系统内部参数确定。

⑦G00 一般用于加工前的快速定位或加工后的快速退刀,通常用虚线表示刀具轨迹。

例如,如图 12.4 所示,若 X 轴和 Y 轴的快速移动速度均为 4 000 mm/min,刀具的始点位于工件坐标系的 O 点,则加工程序见表 12.2。

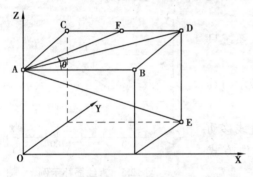

图 12.3 G00 轨迹图

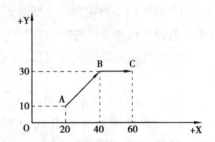

图 12.4 快速点定位刀具轨迹示例

表 12.2 用快速点定位运动编写的数控加工程序

程　序	说　明
绝对值编程：	
N05 G90 G00 X0 Y0；	快速定位到 O 点
N10 G00 X20 Y10；	快速定位到 A 点
N20 G00 X40 Y30；	快速定位到 B 点
N30 G00 X60 Y30；	快速定位到 C 点
相对值编程：	
N05 G90 G00 X0 Y0；	快速定位到 O 点
N10 G00 X20 Y10；	快速定位到 A 点
N20 G00 X40 Y30；	快速定位到 B 点
N30 G00 X60 Y30；	快速定位到 C 点

G90 G00 X40.0 Y30.0 或 G91 G00 X20.0 Y20.0,则刀具的进给路线为一折线,即刀具从始点 O 先沿 X 轴、Y 轴同时移动至 A,然后沿 X 轴、Y 轴同时移动至 B,最后然后再沿 X 轴移至终点 C。由于各轴以各自速度移动,不能保证各轴同时到达终点,因而联动直线轴的合成轨迹不总是直线。

知识点 3 直线插补(G01)

功能:

刀具以指定的进给速度,从当前点沿直线移动到目标点。

格式:

G01 X＿ Y＿ Z＿ F＿;

说明:

①X,Y,Z 是目标点的坐标。

②F 代码是进给速度指令代码。直到新的值被指定之前,一直有效。

③如果 F 代码不指定,进给速度被当作零。

④当 G01 后不指定定位坐标时刀具不移动,系统只改变当前刀具移动方式的模态为 G01。

⑤G01 可在切削加工时使用,通常用实线表示刀具轨迹。

例如,如图 12.5 所示,刀具从 A 点开始沿直线移动到 B 点,可分别用绝对值方式(G90)和相对值方式(G91)编程,加工程序见表 12.3:

G90 G01 X100.0 Y70.0 F200;A→B

或 G91 G01 X60.0 Y40.0 F200;

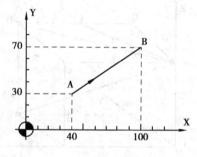

图 12.5 直线插补示例

表 12.3 用直线插补编写的数控加工程序

程　序	说　明
N10　G90 G54 G00 X0 Y0 M03 S800;	起刀位置
N15　G00 Z50;	起始高度(仅用一把刀具,可不加刀长补偿)
N20　Z5 M08;	安全高度
N25　G01 X40 Y30 F100;	刀具半径补偿,D01 为刀具半径补偿号
N30　G01 Z-10 F50;	落刀,切深 10 mm
N35　X100 Y70;	直线插补
N40　G00 Z50;	抬刀到起始高度
N55　G00 X0 Y0;	快速回到起刀位置
N60　M09;	冷却液关闭
N65　M05;	主轴停止
N70　M30;	程序结束并返回程序起点

知识点 4　圆弧插补(G02,G03)

功能:

使刀具从圆弧起点,沿圆弧移动到圆弧终点。G02 为顺时针圆弧(CW),G03 为逆时针圆弧(CCW)。判断方法是:从 Z 轴的正方向往负方向看 XY 平面,由此决定 XY 平面的"顺时针""逆时针"方向。其他平面方法相同,如图 12.6 所示。

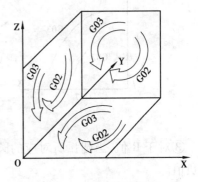

图 12.6　圆弧的方向图

格式:

在 X-Y 平面上的圆弧:

$$G17\begin{Bmatrix}G02\\G03\end{Bmatrix} X\underline{\quad} Y\underline{\quad} \begin{Bmatrix}I\underline{\quad} J\underline{\quad}\\R\underline{\quad}\end{Bmatrix} F\underline{\quad};$$

在 Z-X 平面上的圆弧:

$$G18\begin{Bmatrix}G02\\G03\end{Bmatrix} X\underline{\quad} Z\underline{\quad} \begin{Bmatrix}I\underline{\quad} K\underline{\quad}\\R\underline{\quad}\end{Bmatrix} F\underline{\quad};$$

在 Y-Z 平面上的圆弧:

$$G19\begin{Bmatrix}G02\\G03\end{Bmatrix} Y\underline{\quad} Z\underline{\quad} \begin{Bmatrix}J\underline{\quad} K\underline{\quad}\\R\underline{\quad}\end{Bmatrix} F\underline{\quad};$$

说明:

①与圆弧加工有关的指令说明见表 12.4。

表 12.4　圆弧插补指令说明

项　目	命　令	指定内容		意　义
1	G17	平面指定		XY 平面圆弧指定
	G18			ZX 平面圆弧指定
	G19			YZ 平面圆弧指定
2	G02	回转方向		顺时针转 CW
	G03			逆时针转 CCW
3	X,Y,Z 中的两轴	终点位置	G90 方式	工作坐标系中的终点位置坐标
	X,Y,Z 中的两轴		G91 方式	终点相对始点的坐标
4	I,J,K 中的两轴	从起点到圆心的距离		圆心相对起点的位置坐标
	R	圆弧半径		圆弧半径
5	F	进给速度		圆弧的切线速度

②顺时针圆弧插补(G02)与逆时针圆弧插补(G03)的判断方法:从圆弧所在平面的正法线方向观察,如 XY 平面内,从+Z 轴向-Z 观察,顺时针转为顺圆;反之,为逆圆,如图 12.7 所示。

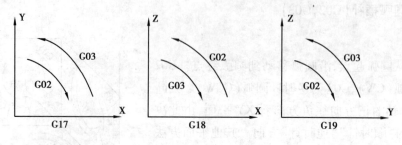

图 12.7　圆弧插补方向

③对于 R 值,当圆弧所对应的圆心角(α):$0° < \alpha \le 180°$时,R 取正值;$180° < \alpha < 360°$时,R 取负值。

④I,J,K 可理解为圆弧始点指向圆心的矢量分别在 X,Y,Z 轴上的投影,I,J,K 根据方向带有符号,I,J,K 为零时可省略,如图 12.8 所示。

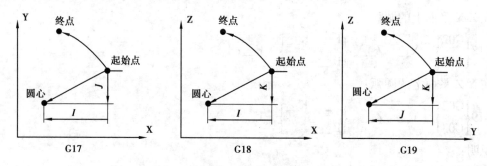

图 12.8　I,J,K 的确定图

⑤整圆编程时不可以使用 R 方式,只能用 I,J,K 方式。

⑥在同一程序段中,如 I,J,K 与 R 同时出现时,R 有效。

例如,如图 12.9 所示,刀具从起始点开始沿直线移动到 1,2,3 点,可分别用绝对值方式(G90)和相对值方式(G91)编程,说明 G02,G03 的编程方法。加工程序见表 12.5。

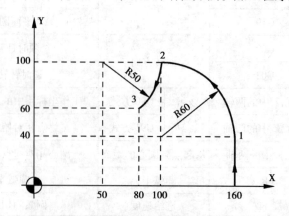

图 12.9　G02,G03 圆弧编程示例

表 12.5　用圆弧插补编写的数控加工程序

程　序	说　明
绝对值编程:	
N05　G90　G01　X160　Y40　F200;	直线插补到达点 1
N10　G03　X100　Y100　R60　F100;	逆时针圆弧插补到达点 2
(G03　X100　Y100　I-60　J0　F100)	
N20　G02　X80　Y60　R50;	顺时针圆弧插补到达点 3
(G02　X80　Y60I-50　J0)	
相对值编程:	
N35　G91　G01　X0　Y40　F200;	直线插补到达点 1
N40　G03　X-60　Y60　R60　F100	逆时针圆弧插补到达点 2
(G03　X-60　Y60　I-60　J0　F100)	
N55　G02　X-20　Y-40　R50;	顺时针圆弧插补到达点 3
(G02　X-20　Y-40　I-50　J0)	

知识点 5　刀具半径补偿(G41,G42,G40)

功能:

G41 是刀具左补偿指令,即顺着刀具前进方向看(假定工件不动),刀具位于工件轮廓的左边,称左刀补,如图 12.10 所示。

G42 是刀具右补偿指令,即顺着刀具前进方向看(假定工件不动),刀具位于工件轮廓的右边,称右刀补,如图 12.11 所示。

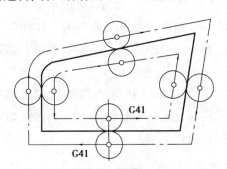

图 12.10　外轮廓补偿图

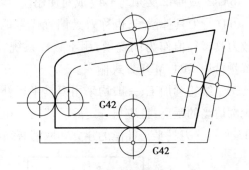

图 12.11　内轮廓补偿图

G40 是为取消刀具半径补偿指令;使用该指令后,G41,G42 指令无效。

格式:

$$\begin{Bmatrix} G17 \\ G18 \\ G19 \end{Bmatrix} \begin{Bmatrix} G41 \\ G42 \end{Bmatrix} \begin{Bmatrix} G00 \\ G01 \end{Bmatrix} \begin{Bmatrix} X\_\_ & Y\_\_ \\ X\_\_ & Z\_\_ \\ Y\_\_ & Z\_\_ \end{Bmatrix} D\_\_ \begin{Bmatrix} F\_\_; \end{Bmatrix}$$

$$\begin{Bmatrix} G17 \\ G18 \\ G19 \end{Bmatrix} G40 \begin{Bmatrix} G00 \\ G01 \end{Bmatrix} \begin{Bmatrix} X\_\_\ \ Y\_\_ \\ X\_\_\ \ Z\_\_ \\ Y\_\_\ \ Z\_\_ \end{Bmatrix} \begin{Bmatrix} \\ F\_\_; \end{Bmatrix}$$

说明：

①G41，G42，G40 为模态指令，机床初始状态为 G40。

②建立和取消刀补必须与 G01 或 G00 指令组合完成。建立刀补的过程如图 12.12 所示，使刀具从无刀具补偿状态（图中 P0 点）运动到补偿开始点（图中 P1 点），其间为 G01 运动。用刀补轮廓加工完成后，还有一个取消刀补的过程，即从刀补结束点（图中 P2 点），G01 或 G00 运动到无刀补状态（图中 P0 点）。

③X，Y 是 G01，G00 运动的目标点坐标。如图 12.12 所示，X，Y 在建立刀补时，是 A 点坐标，取消刀补时，是 P0 点坐标。

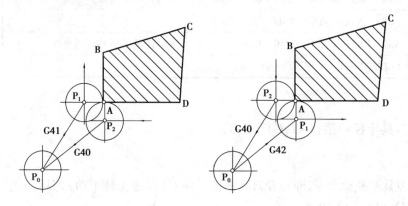

图 12.12　建立和取消刀补过程图

④在建立刀具半径补偿的程序段中，不能使用圆弧指令。

⑤G41 或 G42 必须与 G40 成对使用。

⑥D 为刀具补偿号，也称刀具偏置代号地址字，后面常用两位数字表示代号。D 代码中存放刀具半径值作为偏置量，用于数控系统计算刀具中心的运动轨迹。一般有 D00—D99。偏置量可用 CRT/MDI 方式输入。

⑦二维轮廓加工，一般均采用刀具半径补偿。在建立刀具半径补偿之前，刀具应远离零件轮廓适当的距离，且应与选定好的切入点和进刀方式协调，保证刀具半径补偿的有效，如图 12.13 所示。刀具半径补偿的建立和取消必须在直线插补段内完成。

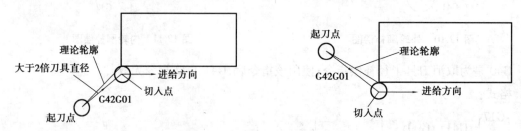

图 12.13　建立刀具半径补偿图

⑧刀具半径补偿的终点应放在刀具切出工件以后,否则会发生碰撞。

例如,在 G17 选择的平面(XY 平面)内,使用刀具半径补偿完成轮廓加工编程,如图12.14所示。加工程序见表12.6。

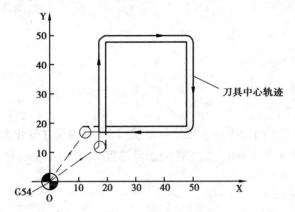

图 12.14 刀具半径补偿示例

表 12.6 用刀具半径补偿编写的数控加工程序

程　序	说　明
N05　T1　M06;	调用 1 号刀(平底刀)
N10　G90　G54　G00　X0　Y0　M03　S800;	起刀位置
N15　G00　Z50;	起始高度(仅用一把刀具,可不加刀长补偿)
N20　Z5;	安全高度
N25　G41　X20　Y10　D01;	刀具半径补偿,D01 为刀具半径补偿号
N30　G01　Z-10　F50;	落刀,切深 10 mm
N35　Y50;	直线插补
N40　X50;	
N50　X10;	
N55　G00　Z50;	抬刀到起始高度
N60　G40　X0　Y0;	取消半径补偿
N120　M09;	冷却液关闭
N130　M05;	主轴停止
N140　M30;	程序结束并返回程序起点

12.5 项目实施

实施点 1 制订工艺

(1)零件工艺分析

1)尺寸分析

如图 12.1 所示为平面凸台零件。该零件形状简单,结构尺寸变化大。该零件由有直线和两个 $R14$ 圆弧构成,轮廓高 3 mm。该工件表面粗糙度 R_a 为 3.2 μm,加工中安排粗铣加工和精铣加工。

2)加工基准确定

X 和 Y 向尺寸采取集中标注,故加工基准选毛坯的边角落就可以。具体为该零件 X 向尺寸和 Y 向尺寸都以毛坯上底面的左下角顶点为基准进行了标注。因此,这里从基准统一出发,确定零件的左下角顶点为加工基准。

工件坐标系的原点设在工件上底面的左下角顶点上。起刀点设在工件坐标系原点的上方 100 mm 处。

(2)确定装夹方案

零件毛坯为 100 mm×80 mm×20 mm 的板料,在这里采用机用平口钳进行装夹,底部用等高垫块垫起,使加工表面高于钳口 10 mm。毛坯高度尺寸远远大于零件加工深度,为了便于装夹找正,毛坯的夹持部分可适当加大。此处,至少确定不小于 10 mm,同时留出 10 mm 作为安全距离。

(3)选择刀具及切削用量

对于此类零件,各外轮廓均要求加工,并且加工完成后需要达到要求,所以此处需要准备粗铣立铣刀 1 把置于 T01 号刀位;精铣立铣刀 1 把置于 T02 号刀位。刀具及切削参数见表12.7。

表 12.7 刀具及切削参数

序号	刀具号	刀具类型	加工表面	切削用量		
				主轴转速 n /(r·min^{-1})	进给速度 F /(mm·min^{-1})	背吃刀量 a_p /mm
1	T01	ϕ24 mm 的三刃立铣刀	粗铣外轮廓	400	60	2.8
2	T02	ϕ24 mm 的四刃立铣刀	精铣外轮廓	400	80	0.2
编制		审核		批准		

(4)确定加工方案

加工顺序按先粗后精、先近后远的原则确定加工原则。首先使用粗铣立铣刀 T02 采用逆铣的方式粗铣外轮廓,在 X 和 Y 方向单边留 0.1 mm,Z 方向留有 0.2 mm 的精铣余量,然后使用精铣立铣刀 T03 采用顺铣的方式精铣外轮廓,最后清除边角残留。

工步1:粗铣外轮廓→工步2:精铣外轮廓。

(5)填写工序卡

按加工顺序将各工步的加工内容、所用刀具编号、切削用量等加工信息填写入数控加工工序卡中,见表 12.8。

表 12.8 数控加工工序卡

工序号	程序编号	夹具名称	夹具编号	使用设备	车间
001	O0012	机用平口钳	SK02	XK7132	数控中心

工步号	工步内容	切削用量			刀具		量具名称	备注
		主轴转速 n /(r·min^{-1})	进给速度 F /(mm·min^{-1})	背吃刀量 a_p /mm	编号	名称		
1	粗铣外轮廓	400	60	2.8	T01	ϕ24 mm 的三刃立铣刀	游标卡尺	自动
2	精铣外轮廓	400	80	0.2	T02	ϕ24 mm 的四刃立铣刀	游标卡尺	自动
编制		审核		批准			共1页	第1页

实施点 2 程序编制

编制平面凸台零件加工程序,见表 12.9。

表 12.9 平面凸台零件数控加工程序

零件图号	CKA-12	零件名称	平面凸台零件	编程原点	工件边角落一点
程序名字	O0012	数控系统	FANUC 0i	编制日期	2016-01-06

程序内容	简要说明
O0012	加工程序名
N10 G17 G21 G40 G49 G54 G90 G94;	调用工件坐标系,设置编程环境
N20 T01 M06;	换三刃立铣刀(数控铣床中手工换刀)
N30 S400 M03;	开启主轴
N40 G43 G00 Z100 H02;	将刀具快速定位到初始平面
N50 X-20 Y-20;	快速定位到下刀点(X-20 Y-20 Z100)
N60 Z5 M08;	快速定位到 R 平面,开启切削液
N70 G01 Z-2.8 F60;	进刀
N80 G42 G01 X-10 Y10 D02;	调用半径补偿,快速定位
N90 G01 X75;	粗铣削工件

185

续表

程序内容	简要说明
N100　X90　Y30；	粗铣削工件
N110　Y56；	粗铣削工件
N120　G02　X76　Y70　R14；	粗铣削工件
N130　G01　X24；	粗铣削工件
N140　G03　X10　Y56　R14；	粗铣削工件
N150　G01　Y-10；	粗铣削工件
N160　G40　G00　X-20　Y-20；	取消半径补偿，返回到安全点
N170　G00　Z100　M09；	快速返回到初始平面，关闭切削液
N180　X0　Y0；	返回到工件原点
N190　M05；	主轴停止
N200　M00；	程序暂停
N210　T02　M06；	换四刃立铣刀（数控铣床中手工换刀）
N220　S400　M03；	开启主轴
N230　G43　G00　Z100　H03；	将刀具快速定位到初始平面
N240　X-20　Y-20；	快速定位到下刀点（X-20　Y-20　Z-100）
N250　Z5；	快速定位到 R 平面
N260　G01　Z-3　F80；	进刀
N270　G41　G01　X10　Y-10　D03；	调用半径补偿，快速定位
N280　G01　Y56；	精铣削工件
N290　G02　X24　Y70　R14；	精铣削工件
N300　G01　X76；	精铣削工件
N310　G03　X90　Y56　R14；	精铣削工件
N320　G01　Y30；	精铣削工件
N330　X75　Y10；	精铣削工件
N340　X-10；	精铣削工件
N350　G40　G00　X-20　Y-20；	取消半径补偿
N360　X104；	快速定位
N370　G01　Y92　F80；	清理残留
N380　G00　Z100；	快速返回晋初始平面
N390　X0　Y0；	返回到工件原点
N400　M09；	主轴冷却液关闭
N410　M05；	主轴停止
N420　M30；	程序结束

实施点 3　虚拟加工

①进入数控铣床仿真软件。

②选择机床、数控系统,并开机。

③机床各轴回参考点。

④安装工件。

⑤安装刀具并对刀。

⑥输入加工程序,并检查调试。

⑦手动移动刀具退到距离工件较远处。

⑧自动加工。

⑨测量工件,优化程序。

实施点 4　实操加工

①毛坯、刀具、工具准备(课前准备)。

②程序输入与编辑。

a.开机。

b.回参考点。

c.输入程序。

③安装工件。

④装刀并对刀。

⑤开始加工零件。

⑥零件检测。

实施点 5　检测零件

零件加工结束后进行检测,对工件进行误差与质量分析,将结果写入表 12.10 中。

表 12.10　平面凸台零件的编程与加工检测表

		序号	检测项目	配分	学生自评	小组互评	教师评分
基本检查	编程	1	切削加工工艺制订正确	6			
		2	切削用量选用合理	6			
		3	程序正确、简单、明确且规范	6			
	操作	4	设备操作、维护保养正确	6			
		5	刀具选择、安装正确、规范	6			
		6	工件找正、安装正确、规范	6			
		7	安全、文明生产	6			
工作态度		8	行为规范、纪律表现	6			

续表

长 度	9	10	6		
	10	75	6		
	11	90	6		
宽 度	12	10	6		
	13	30	6		
	14	70	6		
高 度	15	3	6		
倒 角	16	$C0.5$(4 处)	3		
表面粗糙度	17	$R_a3.2$	5		
其 余	18	工时	2		
综合得分			100		

12.6 项目小结

本项目详细介绍了 FANUC-0i Mate-MC 数控系统的编程指令 G90,G91,G00,G01,G02, G03,G41,G42,G40 的编程格式及应用。数控铣床加工盘类零件的特点,并能够正确地对零件进行数控铣削工艺分析。对盘类零件的加工,掌握数控铣床加工零件的工艺编制方法。通过对盘类零件的加工,掌握数控铣床的手工编程方法。

12.7 项目自测

如图 12.15 所示为平面凸台零件。已知毛坯规格为 100 mm×80 mm×15 mm 的板料,材料为 45#钢。要求制订零件加工工艺;编写零件数控加工程序;并通过数控仿真加工调试,优化程序;最后进行零件的加工。

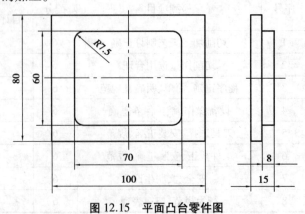

图 12.15　平面凸台零件图

平面型腔零件的编程与加工

13.1 项目导航

如图 13.1 所示为平面型腔零件。该零件的毛坯尺寸为 120 mm×100 mm×20 mm,工件材料为 45#钢。要求制订零件的加工工艺,编写零件的数控加工程序,并通过数控仿真加工调试、优化程序,最后进行零件的加工。

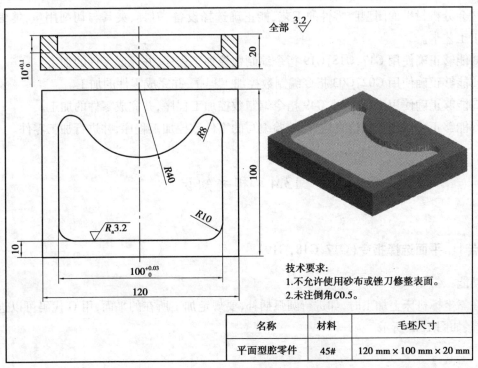

技术要求:
1.不允许使用砂布或锉刀修整表面。
2.未注倒角C0.5。

名称	材料	毛坯尺寸
平面型腔零件	45#	120 mm × 100 mm × 20 mm

图 13.1 平面型腔零件图

13.2　项目分析

如图 13.1 所示为平面型腔零件。该零件形状简单,结构尺寸变化大。该零件有直线、$R40$,$R8$ 和 $R10$ 的圆弧构成,轮廓高 10 mm。该工件表面粗糙度 R_a 为 3.2 μm,加工中安排粗铣加工和精铣加工。

13.3　学习目标

(1)知识目标

①掌握封闭型腔的结构特点和工艺特点,正确分析此类零件的加工工艺。

②掌握 G17,G18,G19 加工平面的选择及使用方法。

③掌握 G02,G03 螺旋下刀的工艺知识和编程指令。

④掌握 G43,G44,G49 刀具长度补偿的工艺知识和编程指令。

⑤掌握任意角度倒角和倒圆的编程指令。

(2)能力目标

①巩固数控铣一般指令的使用方法。

②会分析封平面闭型腔零件的工艺,能正确选择设备、刀具、夹具与切削用量,能编制数控加工工艺卡。

③能够正确使用 G17,G18,G19 指令编制数控加工程序,并完成零件的加工。

④能够正确使用 G02,G03 指令编制数控加工程序,并完成零件的加工。

⑤能够正确使用 G43,G44,G49 指令编制数控加工程序,并完成零件的加工。

⑥能够正确运用数控仿真软件,校验编写的零件数控加工程序,并进行加工零件。

13.4　相关知识

知识点 1　平面选择指令(G17,G18,G19)

功能:

在三坐标机床上加工时,如进行圆弧插补,要规定加工所在的平面,用 G 代码可以进行平面选择,如图 13.2 所示。

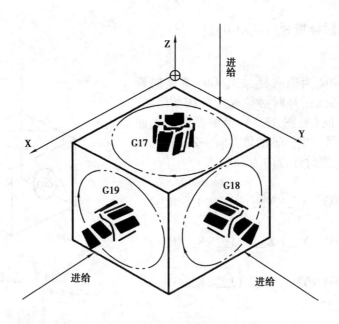

图 13.2　平面选择

格式:

G17　XY 平面

G18　ZX 平面

G19　YZ 平面

说明:

可单独使用写一行,一般立式数控铣床开机默认 G17 功能,在使用时可以省略。

使用时,根据不同的加工平面和进给刀轴,进行选择,见表 13.1。

表 13.1　工作平面选择

平面选择/G 功能代码	坐标平面/工作平面	进给轴/刀具轴
G17	X/Y 平面	Z
G18	Z/X 平面	Y
G19	Y/Z 平面	X

知识点 2　圆弧插补指令（G02,G03）

功能：

圆弧插补,G02 为顺时针加工,G03 为逆时针加工,刀具进行圆弧插补时必须规定所在平面,然后再确定回转方向(见图13.3),沿圆弧所在平面(如 XY 平面)的另一坐标轴的负方向(-Z)看去,顺时针方向为 G02,逆时针方向为 G03。

格式：

G17(G02/G03)　X__　Y__　(I__　J__/R__)
F__;

G18(G02/G03)　X__　Z__　(I__　K__/R__)
F__;

G19(G02/G03)　Y__　Z__　(J__　K__/R__)
F__;

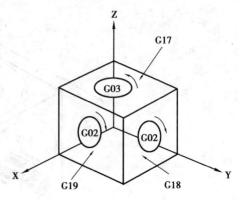

图 13.3　圆弧顺逆方向

说明：

G02:顺时针圆弧插补(见图13.3)。

G03:逆时针圆弧插补(见图13.3)。

G17:XY 平面的圆弧。

G18:ZX 平面的圆弧。

G19:YZ 平面的圆弧。

①从圆弧所在平面的垂直坐标轴的负方向看去,顺时针方向为 G02,逆时针方向为 G03。

②X,Y,Z 为圆弧终点坐标值,如果采用增量坐标方式 G91,X,Y,Z 表示圆弧终点相对于圆弧起点在各坐标轴方向上的增量。

③I,J,K 表示圆弧圆心相对于圆弧起点在各坐标轴方向上的增量,与 G90 或 G91 的定义无关(等于圆心的坐标减去圆弧起点的坐标,见图13.4)。

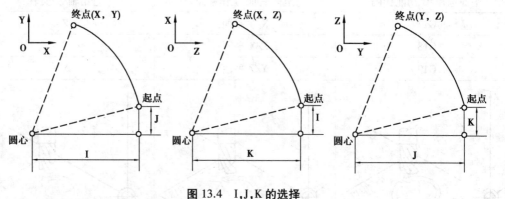

图 13.4　I,J,K 的选择

④R 是圆弧半径,当圆弧所对应的圆心角为 0°~180°时,R 取正值;圆心角为 180°~360°时,R 取负值;I,J,K 的值为零时可以省略。

⑤在同一程序段中,如果 I,J,K 与 R 同时出现则 R 有效。

⑥F 规定了沿圆弧切向的进给速度。

例如,使用 G02 对如图 13.5 所示劣弧 a 和优弧 b 进行编程,见表 13.2。

例如,使用 G02/G03 对如图 13.6 所示的整圆编程,见表 13.3。

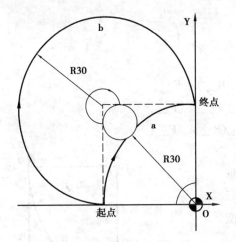

图 13.5   圆弧编程

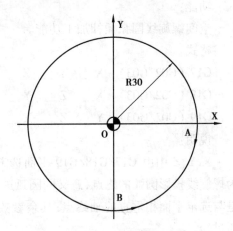

图 13.6   整圆编程

表 13.2   用 G02 指令编写部分圆弧程序

程　序	说　明
（1）　圆弧 a	
G91　G02　X30　Y30　R30　F300;	
G91　G02　X30　Y30　I30　J0 F300;	
G90　G02　X0　Y30　R30　F300;	
G90　G02　X0　Y30　I30　J0 F300;	
（2）　圆弧 b	
G91　G02　X30　Y30　R-30　F300;	
G91　G02　X30　Y30　I0　J30　F300;	
G90　G02　X0　Y30　R-30　F300;	
G90　G02　X0　Y30　I0　J30　F300;	

表 13.3   用 G02/G03 编写的整圆弧程序

程　序	说　明
（1）从 A 点顺时针一周时	
G90　G02　X30　Y0　I-30　J0　F300;	
G91　G02　X0　Y0　I-30　J0　F300;	
（2）从 B 点逆时针一周时	
G90　G03　X0　Y30　I0　J30　F300;	
G91　G03　X0　Y0　I0　J30　F300;	

注意:整圆编程时不可以使用 R 只能用 I,J,K。

知识点 3 螺旋线插补指令(G02,G03)

功能:

空间螺旋线圆弧插补加工功能。

格式:

G17 (G02/G03) X__ Y__ Z__ (I__ J__/R__) F__;

G18 (G02/G03) X__ Z__ Y__ (I__ K__/R__) F__;

G19 (G02/G03) Y__ Z__ X__ (J__ K__/R__) F__;

说明:

X,Y,Z 中由 G17/G18/G19 平面选定的两个坐标为螺旋线投影圆弧的终点,意义同圆弧进给,第 3 坐标是与选定平面相垂直的轴终点;其余参数的意义同圆弧进给。

该指令对另一个不在圆弧平面上的坐标轴施加运动指令,对于任何小于 360° 的圆弧,可附加任一数值的单轴令。

例如,使用 G03 对如图 13.7 所示的螺旋线编程,见表 13.4。

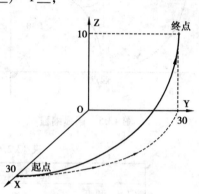

图 13.7 螺旋线编程

表 13.4 用 G03 编写螺旋线数控程序

程 序	说 明
G91 编程时:	
G91 G17 F300;	
G03 X-30 Y30 R30 Z10;	
G90 编程时:	
G90 G17 F300;	
G03 X0 Y30 R30 Z10;	

知识点 4 刀具长度补偿指令(G43,G44,G49)

功能:

为了提高加工效率,可测量出刀具的长度,然后存在相应的刀具长度补偿寄存器中,作为刀长补偿。刀具的测量一般分为了两种方式:一种是使用对刀仪测量刀具的长度,也就是刀具的实际长度(刀具端面到主轴锥孔定位点的距离),如图 13.8 所示;另一种是选择一把刀具作为基准刀具,先用这把基准刀具在工件零点对一下刀,然后用第二把刀具与基准刀具进行刀具长度比较,再将两把刀具长度的差值存到相应的刀具长度补偿寄存器中,作为刀长补偿,如图 13.9 所示。因此,在加工时就需要使用刀具长度补偿指令,来调用出相应的刀具长度补偿值进行刀具补偿。

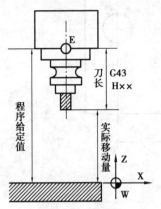

图 13.8　刀长补偿

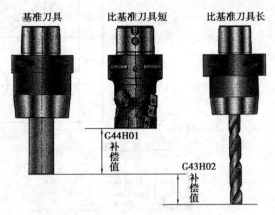

图 13.9　刀具长度补偿指令

格式:

G17(G43/G44/G49)　(G00/G01)　Z__　H__　F__;

G18(G43/G44/G49)　(G00/G01)　Y__　H__　F__;

G19(G43/G44/G49)　(G00/G01)　X__　H__　F__;

说明:

G17:刀具长度补偿轴为 Z 轴。

G18:刀具长度补偿轴为 Y 轴。

G19:刀具长度补偿轴为 X 轴。

G43:正向偏置(补偿轴终点加上偏置值)。

G44:负向偏置(补偿轴终点减去偏置值)。

G49:取消刀具长度补偿。

X,Y,Z:刀补建立或取消的终点。

H:G43/G44 刀具长度补偿偏置号(H00—H99),它代表了刀补表中对应的长度补偿值。

G43,G44,G49 都是模态代码,可以相互取代。

注意:

①垂直于 G17/G18/G19 所选平面的轴受到长度补偿。

②偏置号改变时,新的偏置值并不加到旧偏置值上。

例如,设 H01 的偏置值为 20,H02 的偏置值为 30;则:

G90　G43　Z100　H01;Z 坐标将达到 120

G90　G44　Z100　H02;Z 坐标将达到 70

例如,考虑刀具长度补偿,编制如图 13.10 所示零件的加工程序,要求建立如图 13.10 所示的工件坐标系按箭头所指示的路径进行加工,加工程序见表 13.5。

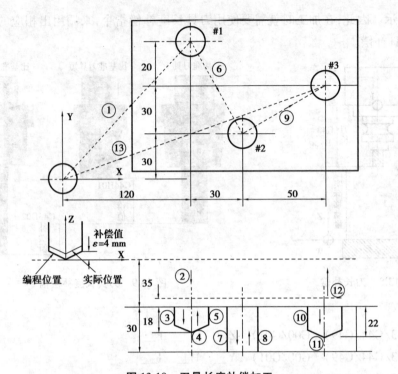

图 13.10　刀具长度补偿加工

表 13.5　用刀具补偿功能编写的数控加工程序

程　序	说　明
O1610	
G92　X0　Y0　Z0;	
G91　G00　X120　Y80　M03　S600;	
G43　Z-32　H01;	
G01　Z-21　F300;	
G04　P2;	
G00　Z21;	
X30　Y-50;	
G01　Z-41;	
G00　Z41;	
X50　Y30;	
G01　Z-25;	
G04　P2;	
G00　G49　Z57;	
X-200　Y-60;	
M05;	主轴停
M30;	程序结束

196

知识点 5   任意角度倒角和倒圆功能

功能：

在任意两直线插补程序段之间、在直线和圆弧插补或圆弧与直线插补程序段之间、在两圆弧插补程序段之间可自动地插入倒角和倒圆。

格式：

G01 X__ Y__ C__； 拐角倒角

G01 X__ Y__ R__； 拐角圆弧过渡

说明：

X,Y 表示任意两直线、圆弧插补或圆弧与直线插补的交点坐标。

C 后的值表示倒角起点和终点距假想拐角交点的距离,假想拐角交点即未倒角前的拐角交点,如图 13.11 所示;R 后的值表示圆角半径,如图 13.12 所示。

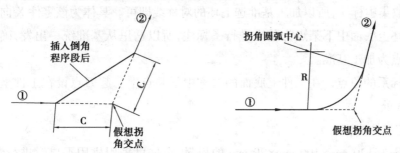

图 13.11 任意角度倒角   图 13.12 任意角度倒圆

上面的指令应加在直线插补 G01 或圆弧插补 G02/G03 程序段的末尾。倒角和拐角圆弧过渡的程序段可连续地指定。

使用时,需注意以下 4 点:

①00 组 G 代码(除了 G04 以外),16 组的 G68 不能与倒角和拐角圆弧过渡位于同一程序段中,也不能用在连续形状的倒角和拐角圆弧过渡的程序段中。

②在螺纹加工程序段中,不能指定拐角圆弧过渡。

③在坐标系变动(G92 或 G52—G59),或执行返回参考点(G28—G30)之后的程序段中不能指定倒角或拐角圆弧过渡。

④DNC 操作不能使用任意角度倒角和拐角圆弧过渡。

13.5　项目实施

实施点 1　制订工艺

(1)零件工艺分析

1)尺寸分析

如图 13.1 所示的平面型腔零件,该零件形状简单,结构尺寸变化大。该零件有直线、$R40,R8$ 和 $R10$ 的圆弧构成,轮廓高 10 mm。该工件表面粗糙度 R_a 为 3.2 μm,加工中安排粗铣加工和精铣加工。

2)加工基准确定

X 向采取集中标注,所以加工基准选毛坯的对称线即可。具体为该零件 X 向尺寸和 Y 向尺寸都以毛坯上底面中下某点为基准进行了标注,所以这里从基准统一出发,确定零件的上底面中下某点为加工基准。

工件坐标系的原点设在工件上底面的对称中下某点上。起刀点设在工件坐标系原点的上方 100 mm 处。

(2)确定装夹方案

零件毛坯为 120 mm×100 mm×20 mm 的板料,在这里采用机用平口钳进行装夹,底部用等高垫块垫起,使加工表面高于钳口 10 mm。毛坯高度尺寸远远大于零件加工深度,为了便于装夹找正,毛坯的夹持部分可以适当加大,此处至少确定不大于 10 mm,同时留出 5 mm 作为安全距离。

(3)选择刀具及切削用量

对于此类零件,各内轮廓均要求加工,并且加工完成后需要达到要求,所以此处需要准备铣键槽铣刀 1 把置于 T01 号刀位。刀具及切削参数见表 13.6。

表 13.6　刀具及切削参数

序号	刀具号	刀具类型	加工表面	切削用量		
				主轴转速 n /(r·min⁻¹)	进给速度 F /(mm·min⁻¹)	背吃刀量 a_p /mm
1	T01	$\phi16$ mm 的三刃键槽铣刀	粗铣内轮廓	1 000	70	5
2	T01	$\phi16$ mm 的四刃键槽铣刀	精铣内轮廓	1 200	40	0.5
编制		审核		批准		

(4)确定加工方案

加工顺序按先粗后精、先近后远的原则确定加工原则。首先使用键槽铣刀 T01 采用顺铣的方式粗铣内轮廓,在 X 和 Y 方向单边留 0.5 mm,Z 方向留有 0.2 mm 的精铣余量,然后使用键槽铣刀 T01 采用顺铣的方式精铣内轮廓,最后清除边角残留。如图 13.13 所示为具体走刀路线图。

工步 1:粗铣内轮廓→工步 2:精铣内轮廓。

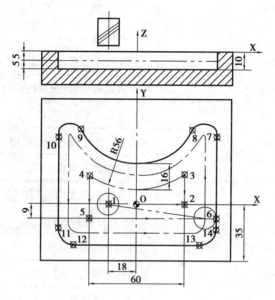

图 13.13　走刀路线图

(5)填写工序卡

按加工顺序将各工步的加工内容、所用刀具编号、切削用量等加工信息填写入数控加工工序卡中,见表 13.7。

表 13.7　数控加工工序卡

工序号	程序编号	夹具名称	夹具编号	使用设备	车间
001	O0013	机用平口钳	SK02	XK7132	数控中心

工步号	工步内容	切削用量			刀具		量具名称	备注
		主轴转速 n /(r·min^{-1})	进给速度 F /(mm·min^{-1})	背吃刀量 a_p /mm	编号	名称		
1	粗铣内轮廓	1 000	70	5	T01	$\phi 16$ mm 的三刃键槽铣刀	游标卡尺	自动
2	精铣内轮廓	1 200	40	0.5	T01	$\phi 16$ mm 的三刃键槽铣刀	游标卡尺	自动
编制		审核		批准			共 1 页	第 1 页

实施点 2　程序编制

编制平面型腔零件加工程序,见表 13.8。

表 13.8 平面型腔零件数控加工程序

零件图号	CKA-13	零件名称	平面凸台零件	编程原点	工件上表面中心
程序名字	O0013	数控系统	FANUC 0i	编制日期	2016-01-06

程序内容	简要说明
O0013	加工程序名
N10　G00　G90　G54　Z100;	调用工件坐标系,设置编程环境
N20　T01　M06;	换三刃键槽铣刀(数控铣床中手工换刀)
N30　S1000　M03;	开启主轴
N40　G43　G00　Z50　H01;	将刀具快速定位到初始平面
N50　X-18　Y0;	快速定位到下刀点
N60　Z5　M08;	快速定位到 R 平面,开启切削液
N70　G01　Z-5　F40;	从 Z5 下刀到 Z-5 的位置
N80　G01　X30　Y0　F70;	直线插补加工 1→2
N90　G01　X30　Y17.714;	直线插补加工 2→3
N100　G02　X-30　Y17.714　R56;	顺时针圆弧插补加工 3→4
N110　G01　X-30　Y-9;	直线插补加工 4→5
N120　G41　X50　Y-9　D01;	建立半径补偿 5→6
N130　Y41.762;	直线插补加工 6→7
N140　G03　X35　Y45.635　R8;	逆时针圆弧插补加工 7→8
N150　G02　X-35　R40;	顺时针圆弧插补加工 8→9
N160　G03　X-50　Y41.762　R8;	逆时针圆弧插补加工 9→10
N170　G01　X-50　Y-15;	直线插补加工 10→11
N180　G03　X-40　Y-25　R10;	逆时针圆弧插补加工 11→12
N190　G01　X40;	直线插补加工 12→13
N200　G03　X50　Y-15　R10;	逆时针圆弧插补加工 13→14
N210　G01　Y-9;	直线插补加工 14→6
N220　G01　G40　X-18　Y0　F200;	取消半径补偿 6→1
N230　G01　Z5　F200;	抬刀
N240　G00　Z100;	快速返回到初始平面
N250　X0　Y0;	返回到工件原点

续表

零件图号	CKA-13	零件名称	平面凸台零件	编程原点	工件上表面中心
程序名字	O0013	数控系统	FANUC 0i	编制日期	2016-01-06
程序内容			简要说明		
N260　M09；			主轴冷却液关闭		
N270　M05；			主轴停止		
N280　M30；			程序结束		

实施点 3　虚拟加工

①进入数控铣床仿真软件。

②选择机床、数控系统并开机。

③机床各轴回参考点。

④安装工件。

⑤安装刀具并对刀。

⑥输入加工程序,并检查调试。

⑦手动移动刀具退到距离工件较远处。

⑧自动加工。

⑨测量工件,优化程序。

实施点 4　实操加工

①毛坯、刀具、工具准备(课前准备)。

②程序输入与编辑。

a.开机。

b.回参考点。

c.输入程序。

③安装工件。

④装刀并对刀。

⑤开始加工零件。

⑥零件检测。

实施点 5　检测零件

零件加工结束后进行检测,对工件进行误差与质量分析,将结果写入表 13.9 中。

表 13.9　平面型腔零件的编程与加工检测表

基本检查		序号	检测项目	配分	学生自评	小组互评	教师评分
基本检查	编程	1	切削加工工艺制订正确	6			
		2	切削用量选用合理	6			
		3	程序正确、简单、明确且规范	6			
	操作	4	设备操作、维护保养正确	6			
		5	刀具选择、安装正确、规范	6			
		6	工件找正、安装正确、规范	6			
		7	安全、文明生产	6			
工作态度		8	行为规范、纪律表现	6			
长　度		9	100	9			
宽　度		10	10	6			
圆　弧		11	$R40$	6			
		12	$R8$	6			
		13	$R10$	6			
高　度		14	10	9			
倒　角		15	$C0.5$（4处）	3			
表面粗糙度		16	$R_a3.2$	5			
其　余		17	工时	2			
综合得分				100			

13.6　项目小结

本项目详细介绍了封闭槽的加工方式,数控铣常用编程指令,加工平面选择 G17,G18,G19,圆弧进给 G02,G03,刀具长度补偿 G43,G44,G49,任意角度倒角和倒圆功能。要求读者能够使用所学编程指令来进行封闭槽加工的程序编制,掌握编程技巧及加工与检验的方法。

13.7　项目自测

如图 13.14 所示为平面环形槽零件。已知毛坯规格为 100 mm×100 mm×20 mm 的板料,材料为 45#钢。要求制订零件加工工艺;编写零件数控加工程序;并通过数控仿真加工调试,优化程序;最后进行零件的加工。

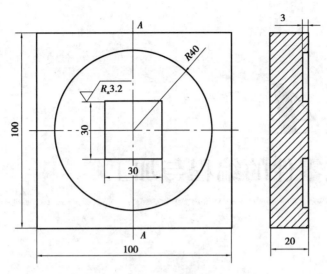

图 13.14　平面环形槽零件图

项目 *14*

平面相似零件的编程与加工

14.1 项目导航

加工如图 14.1 所示的平面相似零件。毛坯尺寸为 170 mm×100 mm×15 mm,工件材料为 45#钢。要求制订零件的加工工艺,编写零件的数控加工程序,并通过数控仿真加工调试、优化程序,最后进行零件的加工。

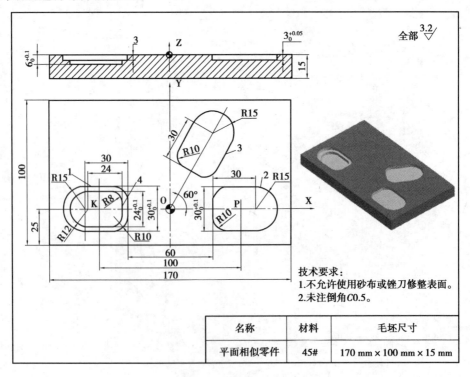

技术要求:
1.不允许使用砂布或锉刀修整表面。
2.未注倒角C0.5。

名称	材料	毛坯尺寸
平面相似零件	45#	170 mm × 100 mm × 15 mm

图 14.1 平面相似零件图

14.2　项目分析

如图 14.1 所示为平面相似零件。该零件形状简单,结构尺寸变化大。该零件有直线、$R40$,$R8$ 和 $R10$ 的圆弧构成,轮廓高 10 mm。该工件表面粗糙度 R_a 为 3.2 μm,加工中安排粗铣加工和精铣加工。

14.3　学习目标

(1)知识目标
①掌握平面相似零件的结构特点和工艺特点,正确分析此类零件的加工工艺。
②掌握子程序调用的使用方法。
③掌握编程指令 G68 旋转坐标系工艺知识和编程指令。
④掌握编程指令 G51 比例缩放工艺知识和编程指令。
⑤掌握编程指令 G51.1 镜像工艺知识和编程指令。
⑥掌握常用指令的编程技巧。

(2)能力目标
①巩固数控铣一般指令的使用方法。
②会分析平面相似零件的工艺,能正确选择设备、刀具、夹具与切削用量,能编制数控加工工艺卡。
③能够正确使用 M98、M99 指令编制数控加工程序,并完成零件的加工。
④能够正确使用 G68 指令编制数控加工程序,并完成零件的加工。
⑤能够正确使用 G51 指令编制数控加工程序,并完成零件的加工。
⑥能够正确使用 G51.1 指令编制数控加工程序,并完成零件的加工。
⑦能够正确运用数控仿真软件,校验编写的零件数控加工程序,并进行加工零件。

14.4　相关知识

知识点 1　子程序的调用指令(M98,M99)

(1)子程序的调用指令
M98 用来调用子程序,M99 表示子程序结束,执行 M99 使控制返回到主程序。在子程序开头必须规定子程序号,以作为调用入口地址。在子程序的结尾用 M99,以控制执行完该子程序后返回主程序。

FAUNC 系统的主程序调用子程序调指令格式如下：

主程序：　　　　　　　　　　子程序

    O0001　　　　　　　　　　O0002

    ⋮　　　　　　　　　　　　　⋮

M98××××L××××　　　　　　⋮

    ⋮　　　　　　　　　　　　M99

    M30

其中，M98 为调用子程序指令字。地址 P 后面的 4 位数字为子程序号。地址 L 后面的数字为重复调用的次数。如果只调用一次，此项可省略不写。从主程序中被调用出的子程序称一重子程序，共可调用四重子程序，如图 14.2 所示。

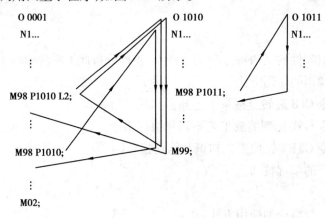

图 14.2　子程序嵌套

例如，如图 14.3 所示，M98 P123 L3，表示主程序 100 号主程序重复调用 3 次 123 号子程序。

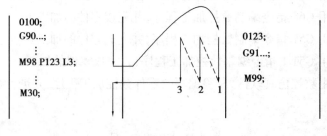

图 14.3　子程序调用

（2）子程序的应用

①零件上有若干处具有相同的轮廓形状。在这种情况下，只编写一个轮廓形状的子程序，然后用一个主程序来调用该程序。

②加工中反复出现具有相同轨迹的走刀路线。被加工的零件从外形看并无相同的轮廓，但需要刀具在某一区域分层或分行反复走刀，走刀轨迹总是出现某一特定的形状，采用子程序就比较方便。此时，通常以增量方式编程。

(3) 编程举例

例如:如图 14.4 所示的零件,用 φ8 键槽铣刀加工 10 mm 深的槽,每次 Z 轴下刀 2.5 mm,试利用子程序编写程序,见表 14.1。

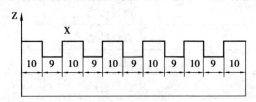

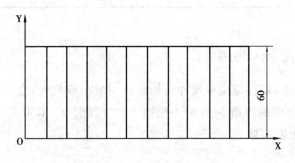

图 14.4　子程序编程

表 14.1　用编写的数控加工子程序

程　序	说　明
O0181	主程序名
G54　G90;	建立工件坐标系
M03　S800;	主轴运转
G00　Z100;	提刀至安全位置
G00　X-4　Y-10　M08;	确定下刀点,冷却打开
G00　Z2;	主轴下移
G01　Z0　F100;	主轴进给
M98　P0002　L4;	调用子程序 O002 号 4 次
G00　Z100;	提到至安全位置
M05;	停止主轴
M30;	主序结束
O0182	子程序名
G91　G01　Z-2.5;	增量进给下刀
M98　P0003　L5;	调用子程序 O003 号 5 次
G00　X-99;	X 向返回
M99;	子程序返回

续表

程 序	说 明
O0183;	子程序名
G91　G00　X18;	增量移动
G01　Y76;	直线进给
G01　X1;	直线进给
G01　Y-76;	直线进给
M99;	子程序返回

知识点 2　比例缩放指令(G50,G51)

使用 G50,G51 指令,可使原编程尺寸按指定比例缩小或放大;也可让图形按指定规律产生镜像变换。G51 为比例编程指令,G50 为撤销比例编程指令。G50,G51 均为模态代码。

(1)各轴按相同比例缩放

格式:

G51　X__　Y__　Z__　P__;

其中,X,Y,Z 为比例中心的坐标(绝对方式),P 为比例系数,最小输入量为 0.001。比例系数的范围为 0.001~999.999。该指令以后的移动指令,均从比例中心点开始,实际移动量为原数值的 P 倍。P 值对偏移量无影响。

例如:如图 14.5 所示,P_1—P_4 为原加工图形,P_1'—P_4' 为比例编程的图形,P_0 为比例中心。

例如:如图 14.6 所示,已知三角形 ABC 的顶点为 A(10,30),B(90,30),C(50,110),三角形 A′B′C′是缩放后的图形,其中缩放中心为 D(50,50,10),缩放系数为 0.5 倍,进行比例缩放编程,见表 14.2。

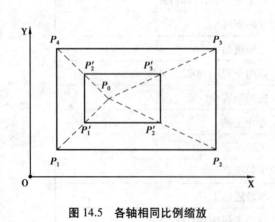

图 14.5　各轴相同比例缩放

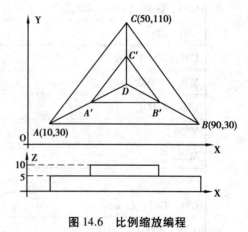

图 14.6　比例缩放编程

表 14.2　用编写的数控加工比例缩放程序

程　序	说　明
O0182；	程序名
G54　G90　G50　G17；	建立工件坐标系
G00　Z100　M03　S500；	主轴运转
G00　X0　Y0；	确定下刀点
G00　Z5；	提刀至安全位置
G51　X50　Y50　Z10　P0.5；	缩放中心 50,50,Z10,缩放系数 0.5
G01　Z-10　F100；	
G01　G41　X10　D1；	
G01　Y30；	
G01　X50　Y110；	
G01　X90　Y30；	
G01　X0；	
G01　G40　Y0；	
G50；	取消缩放
G00　Z100；	
M30；	程序结束

（2）各轴按不同比例缩放

各个轴可以按不同比例来缩小或放大,可进行各轴不同比例缩放。

格式:

G51　X__　Y__　Z__　I__　J__　K__；

其中,X,Y,Z 为比例中心的坐标;I,J,K 则分别对应 X,Y,Z 轴的比例系数,其范围为 0.001~999.999。使用方式与相同比例缩放编程一样。

当比例系数为负值时,比例缩放功能就变为镜像功能。

知识点 3　坐标系旋转指令（G68,G69)

该指令可使编程图形按指定旋转中心及旋转方向旋转一定的角度。G68 表示开始坐标旋转,G69 用于撤销旋转功能。

格式:

G68　X__　Y__　Z__　R__；

G69

其中,X,Y 为旋转中心的坐标值(坐标值可以是 X,Y,Z 中的任意两个,由平面选择指令确定)。当 X,Y 省略时,G68 指令以当前位置为旋转中心。

R 为旋转角度,逆时针旋转定义为正向,一般为绝对值。旋转角度范围-360°~360°,最小角度单位为 0.001°。当 R 省略时,按系统参数确定旋转角度。

当程序在绝对方式下时,G68 程序段后的第一个程序段必须使用绝对方式移动指令,才能确定旋转中心。如果这一程序段为增量方式移动指令,那么,系统将以当前位置为旋转中心,按 G68 给定的角度旋转坐标。

例如,如图 14.7 所示,使用旋转坐标系功能编制图中轮廓的加工程序,见表 14.3。刀具直径 ϕ8 mm,切削深度 5 mm。

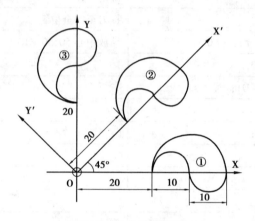

图 14.7　坐标旋转编程

表 14.3　用编写的数控加工坐标旋转程序

程　序	说　明
O0183	主程序名
G54 G90 G69 G17;	建立工件坐标系
G00　Z100　M03　S600;	主轴运转
G00　X0　Y−5;	确定下刀点
G00　Z5;	提刀至安全位置
G01　Z−5　F100;	
M98　P2000;	加工①
G68　X0　Y0　R45;	旋转 45°
M98　P2000;	加工②
G68　X0　Y0　R90;	旋转 90°
M98　P2000;	加工③
G00　Z100　G69;	取消旋转
M05;	主轴停止
M30;	主程序结束
O2000	子程序,图形①的加工程序
G41　G01　X20　D01;	程序结束
Y0;	

续表

程 序	说 明
G02　X40　R10;	
G02　X30　R5;	
G03　X20　R5;	
G01　X0;	
G01　G40　Y-5;	
M99;	子程序返回

知识点 4　镜像加工指令(G51,G50)

该指令可使编程图形按镜像功能可实现坐标轴的对称加工。G51 表示开始镜像,G50 用于撤销镜像功能。

格式:

G51　X__　Y__　Z__　I__　J__　K__;

其中,X,Y,Z 为镜像中心的坐标;I,J,K 则分别对应 X,Y,Z 轴的镜像系数,且镜像系数为负值,其范围为-0.001～-999.999。

使用镜像功能后,G02 和 G03,G42 和 G43 指令互换;在可编程镜像方式中,与返回参考点有关指令和改变坐标系指令(G54—G59)等有关代码不许指定。

例如,如图 14.8 所示,使用镜像功能编制图中轮廓的加工程序,见表 14.4。刀具直径 ϕ10 mm,切削深度 10 mm。

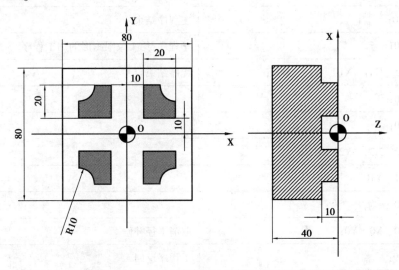

图 14.8　镜像加工编程

211

表 14.4　用编写的数控加工镜像加工程序

程　序	说　明
O0114	主程序名
G54　G90　G69　G17；	建立工件坐标系
G00　Z100　M03　S600；	主轴运转
G00　X0　Y0；	确定下刀点
G00　Z5；	提刀至安全位置
G01　Z-10　F100；	
M98　P2011；	第 1 象限图形的加工
G51　X0　Y0　I-1　J1；	Y 轴镜像,镜像位置 X=0
M98　P2011；	第 2 象限图形的加工
G51　X0　Y0　I-1　J-1；	原点镜像,镜像位置 X=0　Y=0
M98　P2011；	第 3 象限图形的加工
G51　X0　Y0　I1　J-1；	X 轴镜像,镜像位置 Y=0
M98　P2011；	第 4 象限图形的加工
G50；	取消镜像
G00　Z100；	
M05；	主轴停止
M30；	主程序结束
O2011	子程序,第 1 象限图形的加工程序
G01　G41　X10　Y10　D01；	程序结束
Y30；	
X20；	
G03　X30　Y20　R10；	
G01　Y10；	
X10；	
G40　X0　Y0；	取消半径补偿
M99；	子程序返回

14.5   项目实施

实施点 1   制订工艺

(1)零件工艺分析

1)尺寸分析

如图 14.1 所示为平面相似零件。该零件形状简单,结构尺寸变化不大。该零件由有直线和多个圆弧构成,轮廓高 3 mm 和 6 mm。该工件表面粗糙度 R_a 为 3.2 μm,公差精度要求较高,加工中安排粗铣加工和精铣加工。

2)加工基准确定

X 向采取集中标注,所以加工基准选毛坯的对称线即可。具体为该零件 X 向尺寸和 Y 向尺寸都以毛坯上底面中下某点为基准进行了标注。因此,这里从基准统一出发,确定零件的上底面中下某点为加工基准。

工件坐标系的原点设在工件上底面的对称中下某点上。起刀点设在工件坐标系原点的上方 100 mm 处。

(2)确定装夹方案

零件毛坯为 170 mm×100 mm×15 mm 的板料。在这里采用机用平口钳进行装夹,底部用等高垫块垫起,使加工表面高于钳口 8 mm。毛坯高度尺寸远远大于零件加工深度,为了便于装夹找正,毛坯的夹持部分可以适当加大,此处至少确定不大于 8 mm,同时留出 5 mm 作为安全距离。

(3)选择刀具及切削用量

对于此类零件,各内外轮廓均要求加工,并且加工完成后需要达到要求,故此处需要准备铣键槽铣刀 1 把置于 T01 号刀位。刀具及切削参数见表 14.5。

表 14.5   刀具及切削参数

序号	刀具号	刀具类型	加工表面	切削用量		
				主轴转速 n /(r·min^{-1})	进给速度 F /(mm·min^{-1})	背吃刀量 a_p /mm
1	T01	ϕ14 mm 的三刃键槽铣刀	粗铣内轮廓	800	80	3.6
2	T01	ϕ14 mm 的四刃键槽铣刀	精铣内轮廓	100	40	0.2
编制		审核		批准		

(4)确定加工方案

加工顺序按先粗后精、先近后远的原则确定加工原则。首先使用键槽铣刀 T01 采用顺铣的方式粗铣内轮廓,在 X 和 Y 方向单边留 0.2 mm,Z 方向留有 0.2 mm 的精铣余量,然后使用键槽铣刀 T01 采用顺铣的方式精铣内轮廓,最后清除边角残留。如图 14.9 所示为具体走刀路线图。

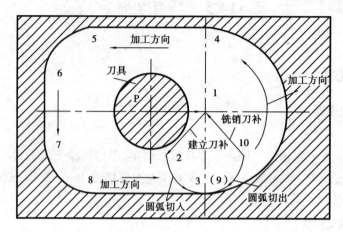

图 14.9 走刀路线图

工步 1:粗铣多个内轮廓→工步 2:精铣多个内轮廓。

(5)填写工序卡

按加工顺序将各工步的加工内容、所用刀具编号、切削用量等加工信息填写入数控加工工序卡中,见表 14.6。

表 14.6 数控加工工序卡

工序号	程序编号	夹具名称	夹具编号	使用设备		车间	
001	O0014	机用平口钳	SK02	XK7132		数控中心	
工步号	工步内容	切削用量			刀具		量具名称	备注
		主轴转速 n /(r · min^{-1})	进给速度 F /(mm · min^{-1})	背吃刀量 a_p /mm	编号	名称		
1	粗铣内轮廓	800	80	3.6	T01	$\phi14$ mm 的三刃键槽铣刀	游标卡尺	自动
2	精铣内轮廓	1 000	40	0.2	T01	$\phi14$ mm 的三刃键槽铣刀	游标卡尺	自动
编制		审核		批准			共 1 页	第 1 页

实施点 2 程序编制

编制平面相似零件加工程序,见表 14.7。

表 14.7　平面相似零件数控加工程序

零件图号	CKA-14	零件名称	平面相似零件	编程原点	工件上表面中心
程序名字	O0014	数控系统	FANUC 0i	编制日期	2016-01-06
程序内容			简要说明		
O0014			加工主程序名		
N10　G00　G90　G54　X0　Y0　Z100;			调用工件坐标系,设置编程环境		
N20　T01　M06;			换三刃键槽铣刀(数控铣床中手工换刀)		
N30　S800　M03;			开启主轴		
N40　G43　G00　Z50　H01;			将刀具快速定位到初始平面		
N50　X-50　Y0;			轮廓定位,工件坐标系下 P 点		
N60　Z5　M08;			快速定位到 R 平面,开启切削液		
N70　M98　P0141;			加工槽 2		
N80　G68　X0　Y0　R60;			坐标系旋转 60°		
N90　G00　X50　Y0;			轮廓定位		
N100　M98　P0141;			调用子程序加工槽 3		
N110　G69;			取消旋转		
N120　G51　X0　Y0　I-1　J1;			Y 轴镜像,镜像位置 X=0		
N130　G00　X50　Y0;			轮廓定位		
N140　M98　P0141;			加工槽 1		
N150　G51　X50　Y0　P0.8;			在镜像后的坐标系中以 K 点比例缩放		
N160　G01　Z-3　F50;			下刀 3 mm		
N170　M98　P0141;			加工槽 4		
N180　G50;			取消比例缩放		
N190　G50.1　X0;			取消镜像功能		
N200　G00　Z100;			快速返回到初始平面		
N210　X0　Y0;			返回到工件原点		
N220　M09;			主轴冷却液关闭		
N230　M05;			主轴停止		
N240　M30;			程序结束		
O0141			加工子程序名		
N010　G91　G01　Z-8　F50;			从 Z5 下刀到 Z-3 的位置		
N020　G01　X10　Y0;			行切加工 P→1		
N030　G01　G41　X-8　Y-7　D1　F80;			建立半径补偿 1→2		
N040　G03　X8　Y-8　R8;			圆弧切入 2→3		
N050　G03　X0　Y30　R15;			逆时针圆弧插补 3→4		
程序内容			简要说明		
N060　G01　X-20　Y0;			直线插补 4→5		

215

续表

零件图号	CKA-14	零件名称	平面相似零件	编程原点	工件上表面中心
程序名字	O0014	数控系统	FANUC 0i	编制日期	2016-01-06
程序内容			简要说明		
N070 G03 X-10 Y-10 R10;			逆时针圆弧插补 5→6		
N080 G01 X0 Y-10;			直线圆弧插补 6→7		
N090 G03 X10 Y-10 R10;			逆时针圆弧插补 7→8		
N100 G01 X20 Y0;			直线圆弧插补 8→9		
N110 G03 X8 Y8 R8;			圆弧切出 9→10		
N120 G01 G40 X-8 Y7;			取消刀补到达 1 点		
N130 G90 G01 Z5 F1000;			绝对编程抬刀		
N140 G00 X0 Y0;			回到坐标原点		
N150 M99;			子程序结束,返回主程序		

实施点 3　虚拟加工

①进入数控铣仿真软件。

②选择机床、数控系统并开机。

③机床各轴回参考点。

④安装工件。

⑤安装刀具并对刀。

⑥输入加工程序,并检查调试。

⑦手动移动刀具退到距离工件较远处。

⑧自动加工。

⑨测量工件,优化程序。

实施点 4　实操加工

①毛坯、刀具、工具准备(课前准备)。

②程序输入与编辑。

a.开机,并预热机床。

b.将机床进行回参考点。

c.将程序输入机床中。

d.设定虚拟毛坯,进行程序校验。

③安装工件。

④按照刀位号,依次安装刀具,并进行刀具对正。

⑤设定主轴、快进、进给等倍率。

⑥选择自动模式,启动循环按钮,开始加工零件。

⑦在实操加工中,注意事项如下:

a.工件装夹时应伸出虎钳的高度应满足加工需要。

b.安装刀具时,刀具伸出长度要满足需要,尽可能短一些,以提高刚性。

c.要精确检测每一把刀的长度,以免影响加工误差。

d.对刀时,保证对刀误差,应结合程序中给定的下刀深度。

实施点 5　检测零件

零件加工结束后进行检测,对工件进行误差与质量分析,将结果写入表 14.8。

表 14.8　平面相似零件的编程与加工检测表

		序号	检测项目	配分	学生自评	小组互评	教师评分
基本检查	编程	1	切削加工工艺制订正确	6			
		2	切削用量选用合理	6			
		3	程序正确、简单、明确且规范	6			
	操作	4	设备操作、维护保养正确	6			
		5	刀具选择、安装正确、规范	6			
		6	工件找正、安装正确、规范	6			
		7	安全、文明生产	6			
工作态度		8	行为规范、纪律表现	6			
外　圆		9	$\phi28$	6			
		10	$\phi34$	6			
		11	$\phi40$	6			
		12	$\phi44$	6			
长　度		13	6	5			
		14	16	5			
		15	31	5			
		16	45	5			
倒　角		17	$C2$(两处)	3			
表面粗糙度		18	$R_a3.2$	3			
其余		19	工时	2			
综合得分				100			

14.6　项目小结

本项目详细介绍了铣削平面相似零件加工的加工方式,数控铣常用编程指令,子程序调用 M98,M99,比例缩放指令 G50,G51,坐标系旋转指令 G68,G69,镜像加工指令 G51.1,G50.1。要求读者能够使用所学编程指令来进行平面相似零件加工的程序编制,掌握编程技巧,加工和检验的方法。

14.7　项目自测

如图 14.10 所示为导向槽零件。已知毛坯规格为 70 mm×60 mm×12 mm 的方料,材料为 45#钢,要求制订零件的加工工艺,选择合适的切削刀具,编写零件的数控加工程序,并通过数控仿真加工调试、优化程序,最后进行零件的加工。

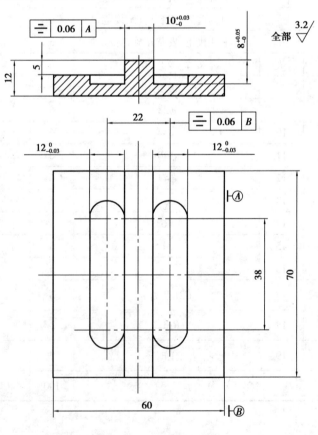

图 14.10　导向槽零件图

项目 **15**
平面孔系零件的编程与加工

15.1 项目导航

如图 15.1 所示为平面孔系零件。已知毛坯规格为 100 mm×80 mm×15 mm 的坯料,材料为 45#钢。要求制订零件的加工工艺,编写零件的数控加工程序,并通过数控仿真加工调试、优化程序,最后进行零件的加工。

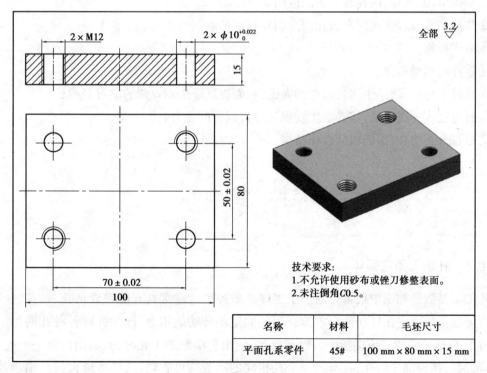

图 15.1　平面孔系零件图

15.2　项目分析

如图 15.1 所示为平面孔系零件。该零件形状简单,结构尺寸变化大。该零件有一般孔直和螺纹孔构成,轮廓高 15 mm。该工件表面粗糙度 R_a 为 3.2 μm,尺寸精度要求较高,加工中安排粗加工和精加工。

15.3　学习目标

(1)知识目标
①钻、扩削刀具的基本构造和钻、扩孔加工固定循环指令与功能。
②刀具长度补偿代码的基本概念和功能以及应用。
③丝锥的基本构造和螺纹加工固定循环指令与功能。
④镗削加工基础与镗孔加工固定循环编程功能指令。
⑤铰刀的基本构造和铰削加工工艺分析与程序编制。

(2)能力目标
①掌握卡尺、塞规、内径百分表的应用。
②掌握钻孔、攻丝、镗削和铰孔固定循环程序的编制与加工。
③机床操作。
④零件的质量检测。
⑤通过工件制作,学生体验成功的喜悦,从而提高学生专业课的学习兴趣。
⑥通过逐步完成项目,培养学生发现和分析问题的能力。
⑦通过分工协作,加强团队合作精神。

15.4　相关知识

知识点 1　孔加工固定循环

孔加工是数控加工中最常见的加工工序。数控铣床通常具有能完成钻孔、镗孔、铰孔和攻螺纹等加工的固定循环功能。本节介绍的固定循环功能指令,即是针对各种孔的加工,用一个 G 代码即可完成。该类指令为模态指令,使用它编程加工孔时,只需给出第一个孔加工的所有参数,接着加工的孔,凡与第一个孔相同的参数均可省略,这样可极大提高编程效率,而且使程序变得简单易读。

(1)固定循环的基本动作

如图 15.2 所示,孔加工固定循环一般由以下 6 个动作组成(图中用虚线表示的是快速进给,用实线表示的是切削进给):

动作 1——X 轴和 Y 轴定位:使刀具快速定位到孔加工的位置。

动作 2——快进到 R 点:刀具自初始点快速进给到 R 点(Referance point)。

动作 3——孔加工:以切削进给的方式执行孔加工的动作。

动作 4——孔底动作:包括暂停、主轴准停和刀具移位等动作。

动作 5——返回到 R 点:继续加工其他孔且可安全移动刀具时,选择返回 R 点。

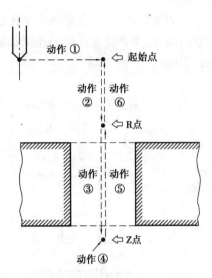

图 15.2　固定循环动作

动作 6——返回到起始点:孔加工完成后一般应选择返回起始点。

说明:

①循环指令中地址 R 与地址 Z 的数据指定与 G90 或 G91 的方式选择有关。选择 G90 方式时,R 与 Z 一律取其终点坐标值;选择 G91 方式时,则 R 是指自起始点到 R 点间的距离,Z 是指自 R 点到孔底平面上 Z 点的距离,如图 15.3 所示。

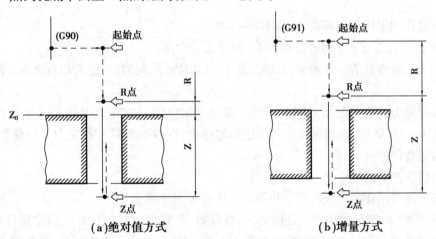

(a)绝对值方式　　　　　　(b)增量方式

图 15.3　R 点与 Z 点指令

②起始点是为安全下刀而规定的点。该点到零件表面的距离可任意设定在一个安全的高度上。当使用同一把刀具加工若干孔时,只有孔间存在障碍需要跳跃或全部孔加工完毕时,才使用 G98 功能使刀具返回到起始点,如图 15.4(a)所示。

③R 点又称参考点,是刀具下刀时自快进转为工进的转换起点。距工件表面的距离主要考虑工件表面尺寸的变化,一般可取 2~5 mm。使用 G99 时,刀具将返回到该点,如图 15.4

（b）所示。

④加工盲孔时，孔底平面就是孔底的轴高度；加工通孔时，一般刀具还要伸出工件底平面一段距离，这主要是保证全部孔深都加工到规定尺寸。钻削加工时，还应考虑钻头钻尖对孔深的影响。

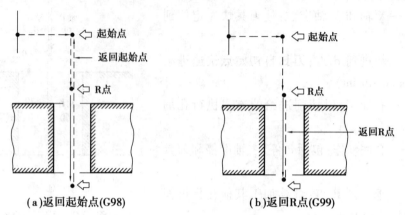

图15.4　刀具返回指令

⑤孔加工循环与平面选择指令（G17，G18 或 G19）无关，即不管选择了哪个平面，孔加工都是在 XY 平面上定位并在 Z 轴方向上加工孔。

（2）固定循环指令书写格式

孔加工固定循环指令书写格式：

G90/G91　G98/G99　G××　X＿＿　Y＿＿　Z＿＿　R＿＿　Q＿＿　P＿＿　F＿＿　L＿＿；

说明：

①G××是孔加工固定循环指令，指 G73—G89。

②X，Y 指定孔在 XY 平面的坐标位置（增量或绝对值）。

③Z 指定孔底坐标值。在增量方式时，是 R 点到孔底的距离；在绝对值方式时，是孔底的 Z 坐标值。

④R 在增量方式中是起始点到 R 点的距离；而在绝对值方式中是 R 点的 Z 坐标值。

⑤Q 在 G73，G83 中，是用来指定每次进给的深度；在 G76，G87 中指定刀具位移量。

⑥P 指定暂停的时间，最小单位为 1 ms。

⑦F 为切削进给的进给量。

⑧L 指定固定循环的重复次数。只循环一次时 L 可不指定。

⑨G73—G89 是模态指令。一旦指定，一直有效，直到出现其他孔加工固定循环指令，或固定循环取消指令（G80），或 G00，G01，G02，G03 等插补指令才失效。因此，多孔加工时该指令只需指定一次。以后的程序段只给孔的位置即可。

⑩固定循环中的参数（Z，R，Q，P，F）是模态的，当变更固定循环方式时，可用的参数可以继续使用，不需重设。但中间如果隔有 G80 或 G01，G02，G03 指令，不受固定循环的影响。

⑪在使用固定循环编程时，一定要在前面程序段中指定 M03（或 M04），使主轴启动。

⑫若在固定循环指令程序段中同时指定一后指令 M 代码（如 M05，M09），则该 M 代码并不是在循环指令执行完成后才被执行，而是执行完循环指令的第一个动作（X，Y 轴向定位）

后,即被执行。因此,固定循环指令不能和后指令 M 代码同时出现在同一程序段。

⑬当用 G80 指令取消孔加工固定循环后,那些在固定循环之前的插补模态(如 G00,G01, G02,G03,)恢复,M05 指令也自动生效(G80 指令可使主轴停转)。

⑭在固定循环中,刀具半径尺寸补偿(G41,G42)无效。刀具长度补偿(G43,G44)有效。

(3)固定循环指令介绍

1)高速深孔往复排屑钻循环指令(G73)

格式:

G73　X__　Y__　Z__　R__　Q__　F__;

说明:

孔加工动作如图 15.5 所示。分多次工作进给,每次进给的深度由 Q 指定(一般 2~3 mm),且每次工作进给后都快速退回一段距离 d,d 值由参数设定(通常为 0.1 mm)。这种加工方法,通过 Z 轴的间断进给可以比较容易地实现断屑与排屑。

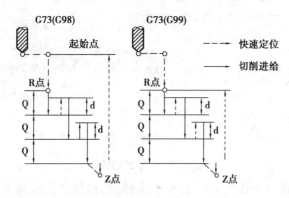

图 15.5　G73 的动作

2)攻左旋螺纹循环指令(G74)

格式:

G74　X__　Y__　Z__　R__　F__;

说明:

加工动作如图 15.6 所示。图中 CW 表示主轴正转,CCW 表示主轴反转。此指令用于攻左旋螺纹,故需先使主轴正转,再执行 G74 指令,刀具先快速定位至 X,Y 所指定的坐标位置,再快速定位到 R 点,接着以 F 所指定的进给速度攻螺纹至 Z 所指定的坐标位置后,主轴转换为正转且同时向 Z 轴正方向退回至 R 点,退至点后主轴恢复原来的反转。

攻螺纹的进给速度为

$$v_F(\text{mm/min}) = 螺纹导程\ p(\text{mm}) \times 主轴转速\ n(\text{r/min})$$

3)精镗孔循环指令(G76)

格式:

G76　X__　Y__　Z__　R__　Q__　P__　F__;

说明:

孔加工动作如图 15.7 所示。图中 P 表示在孔底有暂停,OSS 表示主轴准停,Q 表示刀具移动量。采用这种方式镗孔可保证提刀时不至于划伤内孔表面。

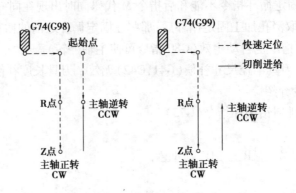

图 15.6　G74 的动作

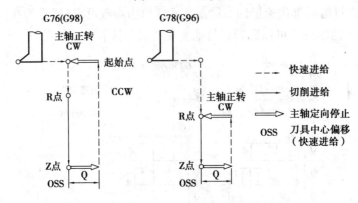

图 15.7　G76 的动作

执行 G76 指令时,镗刀先快速定位至 X,Y 坐标点,再快速定位到 R 点,接着以 F 指定的进给速度镗孔至 Z 指定的深度后,主轴定向停止,使刀尖指向一固定的方向后,镗刀中心偏移使刀尖离开加工孔面(见图 15.7),这样镗刀以快速定位退出孔外时,才不至于刮伤孔面。当镗刀退回到 R 点或起始点时,刀具中心即回复原来位置,且主轴恢复转动。

应注意偏移量 Q 值一定是正值,且 Q 不可用小数点方式表示数值,如欲偏移 1.0 mm,应写成 Q1000。偏移方向可用参数设定选择+X,+Y,−X 及−Y 的任何一个方向(FANUC 0i 参数号码为 0002),一般设定为+X 方向。指定 Q 值时不能太大,以避免碰撞工件。

这里要特别指出的是,镗刀在装到主轴上后,一定要在 CRT/MDI 方式下执行 M19 指令使主轴准停后,检查刀尖所处的方向,如图 15.8 所示。若与图中位置相反(相差 180°)时,须重新安装刀具使其按图中的定位方向定位。

4)钻孔循环指令(G81)

格式:

G81　X__　Y__　Z__　R__　F__;

说明:

孔加工动作如图 15.9 所示。本指令属于一般孔钻削加工固定循环指令。

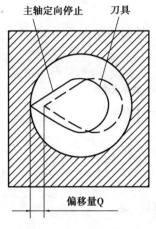

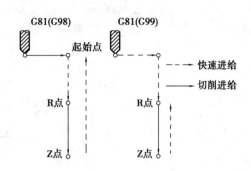

图 15.8　主轴定向停止与偏移　　　　　　图 15.9　G81 的动作

5)沉孔钻孔循环指令(G82)

格式:

G82　X__　Y__　Z__　R__　Q__　P__　F__;

说明:

与 G81 动作轨迹一样,仅在孔底增加了"暂停"时间,因而可得到准确的孔深尺寸,表面更光滑,适用于锪孔或镗阶梯孔。

6)深孔往复排屑钻循环指令(G83)

格式:

C83　X__　Y__　Z__　R__　Q__　F__;

说明:

孔加工动作如图 15.10 所示。本指令适用于加工较深的孔。与 G73 不同的是每次刀具间歇进给后退至 R 点,可把切屑带出孔外,以免切屑将钻槽塞满而增加钻削阻力及切削液无法到达切削区。图中的 d 值由参数设定(FANUC 0H 由参数 0532 设定,一般设定为 1 000,表示 1.0 mm),当重复进给时,刀具快速下降,到 d 规定的距离时转为切削进给,q 为每次进给的深度。

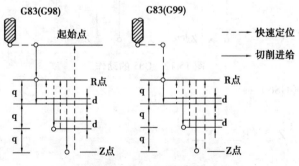

图 15.10　G83 的动作

7)攻右旋螺纹循环指令(G84)

格式:

G84　X__　Y__　Z__　R__　F__;

说明：

与 G74 类似，但主轴旋转方向相反，用于攻右旋螺纹。其循环动作如图 15.11 所示。

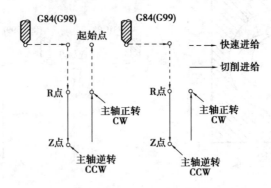

图 15.11　G84 的动作

在 G74，G84 攻螺纹循环指令执行过程中，操作面板上的进给率调整旋钮无效。另外，即使按下进给暂停键，循环在回复动作结束之前也不会停止。

8）铰孔循环指令（G85）

格式：

G85　X__　Y__　Z__　R__　F__；

说明：

孔加工动作与 G81 类似，但返回行程中，从 Z→R 段为切削进给，以保证孔壁光滑，其循环动作如图 15.12 所示。此指令适宜铰孔。

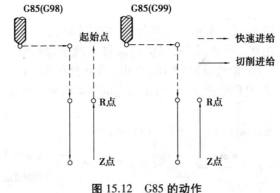

图 15.12　G85 的动作

9）镗孔循环指令（G86）

格式：

G86　X__　Y__　Z__　R__　F__；

说明：

指令的格式与 G81 完全类似，但进给到孔底后，主轴停止，返回到 R 点（G99）或起始点（G98）后主轴再重新启动，其循环动作如图 15.13 所示。采用这种方式加工，如果连续加工的孔间距较小，则可能出现刀具已经定位到下一个孔加工的位置而主轴尚未到达规定的转速的情况，为此可在各孔动作之间加入暂停指令 G04，以使主轴获得规定的转速。使用固定循环指令

G74 与 G84 时也有类似的情况,同样应注意避免。本指令属于一般孔镗削加工固定循环。

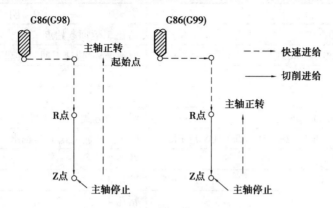

图 15.13　G86 的动作

10)取消固定循环指令(G80)

格式:

G80;

当固定循环指令不再使用时,应用 G80 指令取消固定循环,而回复到一般基本指令状态如 G00,G01,G02,G03 等,此时固定循环指令中的孔加工数据(如 Z 点、R 点值等)也被取消。

例如,加工如图 15.14 所示的 5 个孔,分别用 G81 和 G83 编程。加工程序见表 15.1。

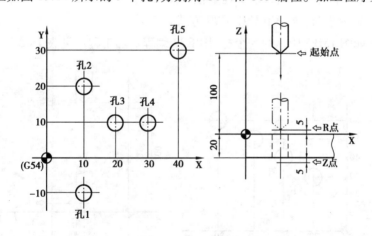

图 15.14　加工 5 个孔

表 15.1　用 G81 和 G83 编写的数控加工程序

程　　序	说　　明
G81 编程(增量方式)	
G91　F00　S200　M03;	增量方式,主轴正转
G99　G8I　X10.0　Y-10.0　Z-30.0　R-95.0　F150;	G81 钻孔循环加工孔 1,返回 R 点
Y30.0;	钻孔 2
X10.0　Y-10.0;	钻孔 3
X10.0;	钻孔 4

227

续表

程　序	说　明
G98　X10.0　Y20.0;	钻孔 5,返回起始点
G80　X−40.0　Y−30.0　M05;	取消循环,快速返回刀具起刀点位置,主轴停
M30;	
G83 编程(绝对值方式)	
G90　G54　C00　S200　M03;	绝对值方式,建立工件坐标系,主轴正转
G99　G83　X10.0　Y−10.0　Z−25.0　R5.0　Q5.0　F150;	G83 循环加工孔 1,返回 R 点
Y20.0;	钻孔 2
X20.0　Y10.0;	钻孔 3
X30.0;	钻孔 4
G98　X40.0　Y30.0;	钻孔 5,返回起始点
G80　X0　Y0　M05;	取消循环,快速返回刀具起刀点位置,主轴停
M30;	程序结束

(4) 固定循环的重复使用

在固定循环指令最后,用 L 地址指定重复次数。在增量方式(G91)时,如果有间距相同的若干个相同的孔,采用重复次数来编程是很方便的。

采用重复次数编程时,要采用 G91,G99 方式。

例如,加工如图 15.15 所示的 5 个孔,用 G82 编程。加工程序见表 15.2。

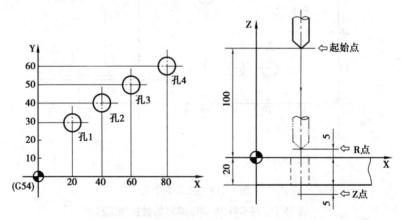

图 15.15　G82 编程

表 15.2　用 G82 编写的数控加工程序

程　序	说　明
G82 编程(增量方式)	
G91　G00　200　M03;	增量方式,主轴正转
G99　G82　X20.0　Y30.0　Z−30.0　R−95.0　P1000　F120;	82 固定循环钻孔 1
X20.0　Y10.0　L3;	G82 固定循环钻孔 2,3,4

续表

程　序	说　明
G80 Z95.0;	取消循环,刀具快速返回起始点
X-80.0 Y-60.0 M05;	刀具快速返回工件原点,主轴停
M30;	程序结束

注意:如果使用 G74 或 G84 时,因为主轴回到 R 点或起始点时要反转,因此需要一定时间,如果用 L 来进行多孔操作,要估计主轴的启动时间。如果时间不足,不应使用 L 地址,而应对每一个孔给出一个程序段,并且每段中增加 G04 指令来保证主轴的启动时间。

知识点 2　加工刀具的结构和特点

(1)钻头的基本构造

麻花钻是应用最广的孔加工刀具。通常直径范围为 0.25~80 mm。它主要由工作部分和柄部构成。标准麻花钻的切削部分顶角为 118°,横刃斜角为 40°~60°,后角为 8°~20°。

(2)丝锥的基本构造

丝锥的工作部分包括切削部分和校准部分。切削工作担任主要切削工作,校准部分用以校准螺纹廓形和丝锥工作时的导向作用。

(3)镗孔的基础知识

镗孔是常用加工孔的方法之一。它是把金属工件上已钻出或铸的孔加以扩大或作进一步加工的方法。其加工范围广,可进行粗、精加工,常规加工方法镗孔精度一般可达到 IT7—IT6 级,表面粗糙度可达 R_a0.8~1.6。

(4)铰刀的基本构造和铰削加工

铰刀有手用铰刀和机用铰刀两种。铰刀的工作部分由切削部分和修光部分组成。铰刀主要用于孔的半精加工和精加工,也可用于磨孔和研孔的预加工。尺寸公差等级可达 IT8—IT7,表面粗糙度 R_a 值可达 0.8 μm。

知识点 3　孔质量检验工具

(1)电子数显卡尺

采用容栅、磁栅等测量系统,以数字显示测量示值的长度测量工具,常用的分辨率为0.01 mm。

(2)塞规

①螺纹塞规是测量内螺纹尺寸的正确性的工具。此塞规种类可分为普通粗牙、细牙和管子螺纹 3 种。螺距为 0.35 mm 或更小的,2 级精度及高于 2 级精度的螺纹塞规,以及螺距为 0.8 mm或更小的 3 级精度的螺纹塞规都没有止端测头。

②通止规是量具的一种,称为极限量规,是两个量具分为通规和止规。按孔径允许偏差的上限作止端,按孔径允许偏差的下限作通端。检验时,若止端能通过,说明孔径大了,不合格,

且不能重加工;若通端不能通过,则说明孔径小了,也是不合格,但是可通过重加工使之合格。

(3)内径百分表

内径百分表是利用齿条齿轮或杠杆齿轮传动,将测杆的直线位移变为指针的角位移的一种测量内孔直径的量具。

15.5 项目实施

实施点1 制订工艺

(1)零件工艺分析

1)尺寸分析

如图15.1所示为平面孔系零件。该零件形状简单,结构尺寸变化大。该零件有一般孔直和螺纹孔构成,轮廓高15 mm。该工件表面粗糙度 R_a 为3.2 μm,尺寸精度要求较高,加工中安排粗加工和精加工。

2)加工基准确定

X 和 Y 向尺寸采取集中标注,故加工基准选毛坯的对称中心即可。具体为该零件 X 向尺寸和 Y 向尺寸都以毛坯上底面的对称中心点为基准进行了标注。因此,这里从基准统一出发,确定零件的对称中心为加工基准。

工件坐标系的原点设在工件上底面的对称中心点上。起刀点设在工件坐标系原点的上方100 mm 处。

(2)确定装夹方案

零件毛坯为100 mm×80 mm×15 mm 的板料,在这里采用机用平口钳进行装夹,使加工表面高于钳口5 mm。毛坯高度尺寸远远大于零件加工深度,为了便于装夹找正,毛坯的夹持部分可适当加大,此处至少确定不大于8 mm,同时留出5 mm 作为安全距离。

(3)选择刀具及切削用量

对于此类零件,各个孔轮廓均要求加工,并且加工完成后需要达到要求,故此处需要准备多把刀具。刀具及切削参数见表15.3。

表15.3 刀具及切削参数

序号	刀具号	刀具类型	加工表面	切削用量		
				主轴转速 n /(r·min⁻¹)	进给速度 F /(mm·min⁻¹)	背吃刀量 a_p /mm
1	T01	A3 中心钻	钻4个中心孔	1 200	80	4
2	T02	ϕ8 mm 的麻花钻	钻4个底孔	500	80	20
3	T03	ϕ10 mm 的铰刀	铰 ϕ10 mm 的底孔	450	60	2
4	T04	ϕ11 mm 的铰刀	铰 M12 的底孔	400	50	21

续表

序号	刀具号	刀具类型	加工表面	切削用量		
				主轴转速 n /(r·min⁻¹)	进给速度 F /(mm·min⁻¹)	背吃刀量 a_p /mm
5	T05	45°的倒角刀	4 个孔口倒角	350	60	6
6	T06	φ12 mm 的镗刀	镗 M12 底孔	50	40	17
7	T07	M12 丝锥	攻 M12 螺纹	100	175	19
编制		审核		批准		

（4）确定加工方案

加工顺序按先粗后精、先近后远的原则确定加工原则。首先使用一般孔刀具粗加工孔且留有余量，然后使用丝锥攻螺纹精加工，最后清除边角残留。

工步 1：钻 4 个中心孔→工步 2：钻 4 个底孔→工步 3：铰 φ10 mm 的底孔→工步 4：铰 M12 的底孔→工步 5：4 个孔口倒角→工步 6：镗 M12 底孔→工步 7：攻 M12 螺纹。

（5）填写工序卡

按加工顺序将各工步的加工内容、所用刀具编号、切削用量等加工信息填写入数控加工工序卡中，见表 15.4。

表 15.4　数控加工工序卡

工序号	程序编号	夹具名称	夹具编号	使用设备		车间
001	O0015	机用平口钳	SK02	XK7132		数控中心

工步号	工步内容	切削用量			刀具		量具名称	备注
		主轴转速 n /(r·min⁻¹)	进给速度 F /(mm·min⁻¹)	背吃刀量 a_p /mm	编号	名称		
1	钻 4 个中心孔	1 200	80	4	T01	A3 中心钻	游标卡尺	自动
2	钻 4 个底孔	500	80	20	T02	φ8 mm 的麻花钻	游标卡尺	自动
3	铰 φ10 mm 的底孔	450	60	2	T03	φ10 mm 的铰刀	游标卡尺	自动
4	铰 M12 的底孔	400	50	21	T04	φ11 mm 的铰刀	游标卡尺	自动
5	4 个孔口倒角	350	60	6	T05	45°的倒角刀	游标卡尺	自动
6	镗 M12 底孔	50	40	17	T06	φ12 mm 的镗刀	游标卡尺	自动
7	攻 M12 螺纹	100	175	19	T07	M12 丝锥	游标卡尺	自动
编制		审核		批准			共 1 页	第 1 页

实施点 2　**程序编制**

编制平面孔系零件加工程序,见表 15.5。

表 15.5　平面孔系零件数控加工程序

零件图号	CKA-15	零件名称	平面凸台零件	编程原点	工件上表面中心
程序名字	O0015	数控系统	FANUC 0i	编制日期	2016-01-06
程序内容			简要说明		
O0015			加工程序名		
N10　G17　G21　G40　G49　G54　G90　G94;			调用工件坐标系,设置编程环境		
N20　M06　T01;			钻 4 个中心孔(数控铣床中手工换刀)		
N30　S1200　M03;			开启主轴		
N40　G43　G00　Z100　H01;			建立长度补偿		
N50　Z5　M08;			快速定位到 R 平面,开启切削液		
N60　G99　G81　X35　Y25　Z-4　R5　F80;			钻孔固定循环 G81 指令执行钻孔		
N70　Y-25;					
N80　X-35;					
N90　G98　Y25;					
N100　G80　M09;			取消孔循环,关闭冷却液		
N110　G49　G00　Z100;			取消长度补偿		
N120　G28G91Z0　或 M00;			数控铣床中手工换刀		
N130　M06　T02;			钻 4 个底孔		
N140　G90　G49　G54　M3　S500;			开启主轴		
N150　M08;			开启切削液		
N160　G43　H02　G00　Z50;			建立长度补偿,快速定位到 R 平面		
N170　G99　G81　X35　Y25　Z-20　R5　F80;			钻孔固定循环 G81 指令执行钻孔		
N180　Y-25;					
N190　X-35;					
N200　G98　Y250;					
N210　G80　M09;			取消孔循环,关闭冷却液		
N220　G49　G00　Z200;			取消长度补偿		
N230　G28G91Z0 或 M00;			(数控铣床中手工换刀)		
N240　M06　T03;			铰 $\phi 10$ mm 的底孔		
N250　G90　G49　G54　M3　S450;			开启主轴		
N260　M08;			开启切削液		
N270　G43　H03　G00　Z50;			建立长度补偿,快速定位到 R 平面		

续表

零件图号	CKA-15	零件名称	平面凸台零件	编程原点	工件上表面中心
程序名字	O0015	数控系统	FANUC 0i	编制日期	2016-01-06
程序内容			简要说明		
N280　G99　G83　X35　Y-25　Z-21　R5　Q2　F60;			钻孔固定循环 G83 指令执行铰孔		
N290　G98　X-35　Y25;					
N300　G80　M09;			取消孔循环,关闭冷却液		
N310　G49　G00　Z100;			取消长度补偿		
N320　G28G91Z0 或 M00;			数控铣床中手工换刀		
N330　M06　T04;			铰 M12 的底孔		
N340　G90　G49　G54　M3　S400;			开启主轴		
N350　M08;			开启切削液		
N360　G43　H04　G00　Z50;			建立长度补偿,快速定位到 R 平面		
N370　G99　G81　X35　Y25　Z-21　R5　F50;			钻孔固定循环 G81 指令执行铰孔		
N380　G98　X-35　Y-25;					
N390　G80　M09;			取消孔循环,关闭冷却液		
N400　G49　G00　Z100;			取消长度补偿		
N410　G28G91Z0　或 M00;			数控铣床中手工换刀		
N420　M06　T05;			4 个孔口倒角		
N430　G90　G49　G54　M3　S350;			开启主轴		
N440　M08;			开启切削液		
N450　G43　H05　G00　Z50;			建立长度补偿,快速定位到 R 平面		
N460　G99　G82　X35　Y25　Z-6　R5　P2000　F60;			钻孔固定循环 G82 指令执行钻孔		
N470　Y-25;					
N480　X-35;					
N490　G98　Y25;					
N500　G80　M09;			取消孔循环,关闭冷却液		
N510　G49　G00　Z100;			取消长度补偿		
N520　G28G91Z0　或 M00;			数控铣床中手工换刀		
N530　M06　T06;			镗 M12 底孔		
N540　G90　G49　G54　M3　S50;			开启主轴		
N550　M08;			开启切削液		
N560　G43　H06　G00　Z50;			建立长度补偿,快速定位到 R 平面		
N570　G99　G85　X35　Y-25　Z-17　R5　F40;			钻孔固定循环 G85 指令执行镗孔		
N580　G98　X-35　Y25;					
N590　G80　M09;			取消孔循环,关闭冷却液		

续表

零件图号	CKA-15	零件名称	平面凸台零件	编程原点	工件上表面中心
程序名字	O0015	数控系统	FANUC 0i	编制日期	2016-01-06
程序内容			简要说明		
N600 G49 G00 Z100;			取消长度补偿		
N610 G28G91Z0 或 M00;			数控铣床中手工换刀		
N620 M06 T07;			攻 M12 螺纹		
N630 G90 G49 G54 M3 S100;			开启主轴		
N640 M08;			开启切削液		
N650 G43 H07 G00 Z50;			建立长度补偿,快速定位到 R 平面		
N660 G99 G84 X35 Y25 Z-19 R5 F175;			钻孔固定循环 G84 指令执行攻右螺纹		
N670 G98 X-35 Y-25;					
N680 G80 M09;			取消孔循环,关闭冷却液		
N690 G00 G49 Z100;			取消长度补偿		
N700 X0 Y0;			返回到工件原点		
N710 M09;			主轴冷却液关闭		
N720 M05;			主轴停止		
N730 M30;			程序结束		

实施点 3 虚拟加工

①进入数控铣床仿真软件。

②选择机床、数控系统并开机。

③机床各轴回参考点。

④安装工件。

⑤安装刀具并对刀。

⑥输入加工程序,并检查调试。

⑦手动移动刀具退到距离工件较远处。

⑧自动加工。

⑨测量工件,优化程序。

实施点 4 实操加工

①毛坯、刀具、工具准备(课前准备)。

②程序输入与编辑。

a.开机。

b.回参考点。

c.输入程序。

③安装工件。

④装刀并对刀。

⑤开始加工零件。

⑥零件检测。

实施点 5　检测零件

零件加工结束后进行检测,对工件进行误差与质量分析,将结果写入表 15.6 中。

表 15.6　平面孔系零件的编程与加工检测表

基本检查		序号	检测项目	配分	学生自评	小组互评	教师评分
基本检查	编程	1	切削加工工艺制订正确	6			
		2	切削用量选用合理	6			
		3	程序正确、简单、明确且规范	6			
	操作	4	设备操作、维护保养正确	6			
		5	刀具选择、安装正确、规范	6			
		6	工件找正、安装正确、规范	6			
		7	安全、文明生产	6			
工作态度		8	行为规范、纪律表现	6			
长度		9	70	6			
		10	10	9			
		11	12	9			
宽度		12	50	9			
高度		13	15	9			
倒角		14	$C0.5$(4 处)	3			
表面粗糙度		15	$R_a3.2$	5			
其余		16	工时	2			
综合得分				100			

15.6　项目小结

本项目以平面孔系零件的数控加工为重点内容,通过学习本项目可掌握以下知识:孔类零件加工方法和孔加工刀具的基本结构与用途;数控加工固定循环、长度补偿指令与功能;测量孔类零件量具的结构原理、方法及应用;数控机床操作中的基本参数设定方法与零件加工的基本操作。

15.7　项目自测

如图 15.16 所示为平面孔系零件。已知毛坯规格为 100 mm×80 mm×15 mm 的板料,材料为 45#钢。要求制订零件加工工艺;编写零件数控加工程序;并通过数控仿真加工调试,优化程序;最后进行零件的加工。

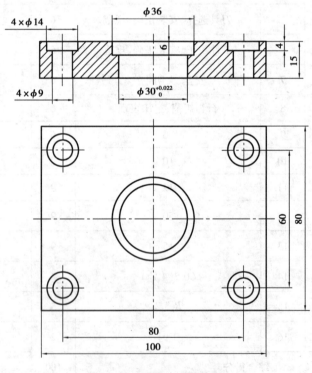

图 15.16　平面孔系零件图

项目 16
非圆曲线零件的编程与加工

16.1 项目导航

如图 16.1 所示为非圆曲线零件。已知毛坯规格为 100 mm×80 mm×20 mm 的板料,材料为 45#钢。要求制订零件加工工艺;编写零件数控加工程序;并通过数控仿真加工调试,优化程序;最后进行零件的加工。

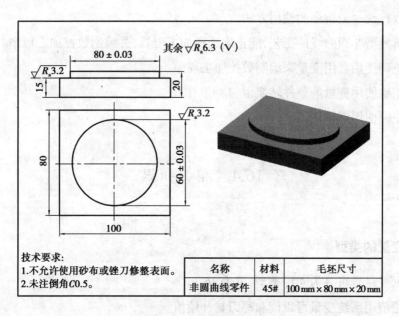

技术要求:
1.不允许使用砂布或锉刀修整表面。
2.未注倒角C0.5。

名称	材料	毛坯尺寸
非圆曲线零件	45#	100 mm × 80 mm × 20 mm

图 16.1 非圆曲线零件图

16.2　项目分析

如图 16.1 所示为非圆曲线零件,该零件形状简单,结构尺寸变化大。该零件由整椭圆曲线构成,轮廓高 5 mm。该工件表面粗糙度 R_a 为 3.2 μm,尺寸有精度要求,加工中安排粗铣加工和精铣加工。

16.3　学习目标

(1)知识目标

①掌握典型非圆曲线的结构特点和工艺特点,正确分析此类零件的加工工艺。

②掌握宏程序的调用方法。

③掌握常用变量的使用范围。

④掌握变量语句的运算及条件转换。

⑤掌握变量参数的编程技巧。

(2)能力目标

①巩固数控铣一般指令的使用方法。

②会分析典型非圆曲线的工艺,能正确选择加工刀具,并编制数控加工程序。

③能够正确使用常用变量来编制数控加工程序。

④能够正确使用变量的条件转换语句。

⑤能够正确使用宏调用。

16.4　相关知识

知识点 1　变量的类型

变量根据变量号可分为 4 种类型,见表 16.1。

刀具补偿值用系统变量可以读和写刀具补偿值。

可使用的变量数取决于刀补数,是否区分外形补偿和磨损补偿以及是否区分刀长补偿和刀尖补偿。当偏置组数小于等于 200 时,也可使用#2001—#2400,表 16.2 为刀具补偿存储器 C 的系统变量。

表 16.1　变量类型

变量号	变量类型	功　能
#0	空变量	该变量总是空,没有值能赋给该变量
#1—#33	局部变量	只能用在宏程序中存储数据,如运算结果。当断电时,局部变量被初始化为空。调用宏程序时,自变量对局部变量赋值
#100—#199 #500—#999	公共变量	在不同的宏程序中的意义相同。当断电时,变量#100—#199初始化为空。变量#500—#999 的数据保存,即使断电也不丢失
#1000—	系统变量	用于读写 CNC 运行时各种数据的变化,如刀具的当前位置和补偿值

注:变量是在主程序和主程序调用的各用户内公用的变量。也就是说,在一个宏指令中的#i 与在另一个宏指令中的#i 是相同的。其中,#100—#131 公共变量在电源断电后即清零,重新开机时被设置为"O";#500—#531 公共变量即使断电后,它们的值也保持不变。

表 16.2　刀具补偿存储器 C 的系统变量

补偿号	刀具长度补偿/H		刀具半径补偿/D	
	外形补偿	磨损补偿	外形补偿	磨损补偿
1	#11001(#2001)	#10001(#2001)	#13001	#12001
⋮	⋮	⋮		
200	#1121(#2400)	#10201(#2200)	⋮	⋮
⋮	⋮	⋮		
400	#11400	#10400	#13400	#12400

知识点 2　变量的各种运算

表 16.3 中列出的运算可在变量中执行。在变量之间、变量与常量之间可以进行的运算主要是赋值运算、算术运算、逻辑运算及函数运算等。运算符右边的表达式可包含常量或由函数、运算符组成的变量。表达式中的变量#j和#k可用常数替换。左边的变量也可用表达式赋值。

表 16.3　变量的各种运算

运算类型	表达式	意　义
赋值运算	#i = #j	赋值
算术运算	#i = #j+#k	加
	#i = #j−#k	减
	#i = #j * #k	乘
	#i = #j/#k	除
	#i = #jMOD#k	余
逻辑运算	#i = #jAND#k	与(逻辑乘)
	#i = #jOR#k	或(逻辑和)
	#i = #jXOR#k	异或
函数运算	#i = SIN[#j]	正弦
	#i = ASIN[#j]	反正弦
	#i = COS[#j]	余弦
	#i = ACOS[#j]	反余弦
	#i = TAN[#j]	正切
	#i = ATAN[#j]	反正切
	#i = SQRT[#j]	平方根
	#i = ABS[#j]	绝对值
	#i = ROUND[#j]	四舍五入取整
	#i = FIX[#j]	小数点以下舍去
	#i = FUP[#j]	小数点以下进位
	#i = LN[#j]	自然对数
	#i = EXP[#j]	指数对数

注:i=1,2,3,…;j=1,2,3,…;k=1,2,3,…。

知识点 3　宏程序调用

宏程序有许多种调用方式,其中包括非模态调用(G65),模态调用(G66,G67),用 G 代码、T 代码和 M 代码调用宏程序。利用宏程序调用指令 G65 可实现丰富的宏功能,包括算术运算、逻辑运算等处理功能。其一般形式为宏程序格式与子程序类似,结尾用 M99 返回主程序。

格式:

G65　Hm　P#i　Q#j　R#k

其中:

m——宏程序功能,数值范围 01~99。

#i——运算结果存放处的变量名。

#j——被操作的第一个变量,也可以是一个常数。

#k——被操作的第二个变量,也可以是一个常数。

(1)非模态调用

格式:

G65　PL<引数赋值>;

其中,P 后面的数字为宏程序号,L 后面的数字为重复次数。引数是一个字母,对应宏程序中的变量地址,引数后面的数值赋给宏程序中对应的变量,同一调用语句中可以有多个引数。加工程序见表 16.4。

表 16.4　用 G65 编写的数控加工程序

程　序	说　明
O0211	主程序
N01　G65　P2000　L2　X100　Y100　Z-12　R-7　F80;	
N02　G00　X-200　Y100;	
⋮	
N08　M30;	主程序结束
O2000	宏程序
N10　G91　G00　X#24　Y#25;	
N11　Z#18;	
N12　G01　Z#26　F#9;	
N13　#100=　#18+#26;	
N14　G00　Z-#100;	
N15　M99;	宏程序结束

(2)模态调用

格式:

G66 P L<引数赋值>;　　　　此时机床不动

X Y;　　　　　　　　　　机床在这些点开始加工

X Y;

⋮

G67;　　　　　　　　　　停止宏程序调用

其中,P 后面的数字为宏程序号,L 后面的数字为重复次数。G67 为取消宏程序模态调用指令。加工程序见表 16.5。

表 16.5　用 G67 编写的数控加工程序

程　序	说　明
O0212	主程序
N01　G54　G90;	
N02　G00　X0　Y0　Z100　S500　M03;	
N03　Z0;	
N04　X100　Y−30;	
N05　G66　P3000　L2　Z−12　R−2　F100;	
N06　G90　X100　Y−50;	
N07　X100　Y−80;	
N08　G67;	
N09　Z100　M05;	
N10　X0　Y0;	
N11　M30;	主程序结束
O3000	宏程序
N10　G91　G00　Z#18;	
N11　G01　Z#26　F#9;	
N12　#100＝#18+#26;	
N13　G00　Z−#100;	
N14　M99;	宏程序结束

知识点 4　变量的赋值

(1)直接赋值

在程序中采用赋值号(＝)对变量直接赋值,注意赋值号左边不可以是表达式。

例如:

#2＝20;

#1＝#2+50;

#5＝#5+5;

(2)引数赋值

当调用宏程序时,必须对宏程序中的变量进行初始化。其方法是:在调用指令中给出各变量的初始值,通过对应的引数向宏程序内传递。引数与宏程序内变量的对应关系有两种,见表 16.6 和表 16.7。

表 16.6　引数赋值方法 1

引数	对应变量	引数	对应变量	引数	对应变量	引数	对应变量
A	#1	H	#11	R	#18	X	#24
B	#2	I	#4	S	#19	Y	#25
C	#3	J	#5	T	#20	Z	#26
D	#7	K	#6	U	#21		
E	#8	M	#13	V	#22		
F	#9	Q	#17	W	#23		

表 16.7　引数赋值方法 2

引数	对应变量	引数	对应变量	引数	对应变量	引数	对应变量
A	#1	I3	#10	I6	#19	I9	#28
B	#2	J3	#11	J6	#20	J9	#29
C	#3	K3	#12	K6	#21	K9	#30
I1	#4	I4	#13	I7	#22	I10	#31
J1	#5	J4	#14	J7	#23	J10	#32
K1	#6	K4	#15	K7	#24	K10	#33
I2	#7	I5	#16	I8	#25		
J2	#8	J5	#17	J8	#26		
K2	#9	K5	#18	K8	#27		

注:表中 I,J,K 的下标表示在引数赋值时 I、J、K 出现的顺序。

在作引数赋值时,除 I,J,K 以外的引数没有顺序要求,可任意排列,字母 G,L,N,O,P 不可作为引数使用。两种引数赋值方法可以混合使用。

例如:

宏程序调用指令　　　　　　　　　　　　　　　　　　　　　变量

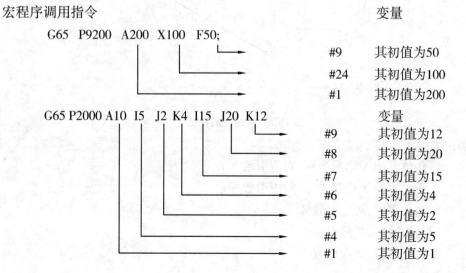

G65　P9200　A200　X100　F50;

#9	其初值为50
#24	其初值为100
#1	其初值为200

G65 P2000 A10 I5　J2 K4 I15　J20 K12

	变量
#9	其初值为12
#8	其初值为20
#7	其初值为15
#6	其初值为4
#5	其初值为2
#4	其初值为5
#1	其初值为1

知识点 5　控制指令

(1)分支指令

格式:

IF[<条件表达式>]GOTO n

若条件表达式成立,则程序转向执行程序号为 n 的程序段;反之,则继续执行下一条程序。条件表达式的种类见表 16.8。

表 16.8　条件表达式种类

条件表达式	意　义	条件表达式	意　义
#j　EQ　#k	=	#j　LT　#k	<
#j　NE　#k	≠	#j　GE　#k	≥
#j　GT　#k	>	#j　LE　#k	≤

(2)循环指令

格式:

WHILE [<条件表达式>] DO m（m:1,2,3,…）

⋮

END m

若条件表达式成立,则循环执行 WHILE 和 END 之间的程序段 m 次;反之,则执行 END m 之下的程序。

知识点 6　举例说明

例如,沿直线方向钻 10 个孔,孔位置如图 16.2 所示。加工程序见表 16.9。

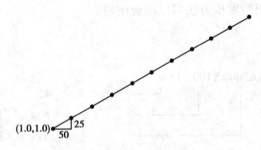

(1.0,1.0)　50　25

图 16.2　直线上的孔位

宏程序中用到变量:

#24	孔位置的 X 增量坐标,对应引数 X
#25	孔位置的 Y 增量坐标,对应引数 Y
#26	钻孔深度,对应引数 Z
#9	进给速度,对应引数 F
#20	钻孔数量,对应引数 T

表 16.9　用变量编写的数控加工宏程序

程　序	说　明
G90　G00　X10　Y10　Z10；	刀具定位起始孔位
G65　P9010　X50　Y25　Z10　F10　T10；	调用 9010 宏程序,对变量进行初始化
G28　M30；	返回参考点,程序结束
09010；	宏程序
G81　Z-#26　R5　F#9；	钻孔循环
G91；	X,Y 坐标改为增量坐标
WHILE　［#20>0］　DO1；	若#20>0,执行循环体一次
#20=#20-1；	孔数减一
IF　［#20 EQ 0］　G0T05；	如果孔数为 0,转入 N5
G00　X#24　Y#25；	移位下一孔
N5　END1；	WHILE 循环结束
M99；	宏程序结束,返回调用处

16.5　项目实施

实施点 1　制订工艺

(1)零件工艺分析

1)尺寸分析

如图 16.1 所示为非圆曲线零件。该零件形状简单,结构尺寸变化不大。该零件由整椭圆曲线构成,轮廓高 5 mm。该工件表面粗糙度 R_a 为 3.2 μm,尺寸有精度要求,加工中安排粗铣加工和精铣加工。

2)加工基准确定

X 和 Y 向尺寸采取集中标注,所以加工基准选毛坯的对称中心点就可以。具体为该零件 X 向尺寸和 Y 向尺寸都以毛坯上底面的对称中心点为基准进行了标注,故这里从基准统一出发,确定零件工件上底面的对称中心点为加工基准。

工件坐标系的原点设在工件上底面的对称中心点上。起刀点设在工件坐标系原点的上方 100 mm 处。

(2)确定装夹方案

零件毛坯为 100 mm×80 mm×20 mm 的板料,在这里采用机用平口钳进行装夹,底部用等高垫块垫起,使加工表面高于钳口 10 mm。毛坯高度尺寸远远大于零件加工深度,为了便于装夹找正,毛坯的夹持部分可以适当加大,此处至少确定不小于 5 mm,同时留出 10 mm 作为安全距离。

(3)选择刀具及切削用量

对于此类零件,各外轮廓均要求加工,并且加工完成后需要达到要求,所以此处需要准备粗铣立铣刀 1 把置于 T01 号刀位;精铣立铣刀 1 把置于 T01 号刀位。刀具及切削参数见表 16.10。

表 16.10　刀具及切削参数

序号	刀具号	刀具类型	加工表面	切削用量		
				主轴转速 n /(r · min^{-1})	进给速度 F /(mm · min^{-1})	背吃刀量 a_p/mm
1	T01	$\phi36$ mm 的三刃立铣刀	粗铣外轮廓	400	150	36
2	T01	$\phi36$ mm 的三刃立铣刀	精铣外轮廓	600	100	0.5
编制		审核		批准		

(4)确定加工方案

加工顺序按先粗后精、先近后远的原则确定加工原则。首先使用粗铣立铣刀 T01 采用逆铣的方式粗铣外轮廓,在 X 和 Y 方向单边留 0.5 mm,Z 方向留有 0.2 mm 的精铣余量,然后使用精铣立铣刀 T01 采用逆铣的方式精铣外轮廓,最后清除边角残留。

工步 1:粗铣外轮廓→工步 2:精铣外轮廓。

(5)填写工序卡

按加工顺序将各工步的加工内容、所用刀具编号、切削用量等加工信息填写入数控加工工序卡中,见表 16.11。

表 16.11　数控加工工序卡

工序号	程序编号	夹具名称	夹具编号	使用设备		车　间
001	O0016	机用平口钳	SK02	XK7132		数控中心
工步号	工步内容	切削用量			刀具		量具名称	备注
		主轴转速 n /(r · min^{-1})	进给速度 F /(mm · min^{-1})	背吃刀量 a_p /mm	编号	名称		
1	粗铣外轮廓	400	150	36	T01	$\phi36$ mm 的三刃立铣刀	游标卡尺	自动
2	精铣外轮廓	600	100	0.5	T01	$\phi36$ mm 的三刃立铣刀	游标卡尺	自动
编制			审核		批准		共1页	第1页

实施点 2　程序编制

编制非圆曲线零件加工程序，见表 16.12。

表 16.12　非圆曲线零件数控加工程序

零件图号	CKA-16	零件名称	非圆曲线零件	编程原点	工件上表面中心
程序名字	O0016	数控系统	FANUC 0i	编制日期	2016-01-06
程序内容			简要说明		
O0016			加工主程序名		
N10　G17　G90　G21　G40　G49　G54　G80;			调用工件坐标系		
N20　T01;			选 $\phi36$ 立铣刀(数控铣床中手动换刀)		
N30　M06;			换刀		
N40　S400　M03;			开启主轴		
N50　G43　G00　Z100　H02;			调用刀具长度补偿		
N60　X0　Y0;			定位到下刀点		
N70　Z5　M08;			定位到参考高度,开启冷却液		
N80　G65　P0161　X0　Y0　Z-4.5　R0　A40B30　I0　J360　K3　D18.1　F150;			调用椭圆外轮廓宏程序进行椭圆粗加工		
N90　S600　M03;			主轴升速		
N10　G65　P0161　X0　Y0　Z-5　R0　A40B30　I0　J360　K1　D18　F100;			调用椭圆外轮廓宏程序进行椭圆精加工		
N110　G00　Z100　M09;			返回初始高度		
N120　X0　Y0;			返回到原点上方		
N130　M05;			主轴停转		
N140　M30;			程序结束		
O0161			加工子程序名		
N10　#10=#1*COS[#4-1];			椭圆曲线起点延长线坐标 $X_0=a\cos(\alpha-1)$		
N20　#11=#2*SIN[#4-1];			椭圆曲线起点延长线坐标 $Y_0=b\sin(\alpha-1)$		
N30　#13=#1*COS[#5+1];			椭圆曲线终点延长线坐标 $X_1=a\cos(\beta+1)$		
N40　#14=#2*SIN[#5+1];			椭圆曲线终点延长线坐标 $X_1=b\sin(\beta+1)$		
N50　G52　X#24　Y#25;			以椭圆圆心为局部坐标系的原点		
N60　G68　X0　Y0　R#18;			以椭圆圆心为中心,工件坐标系旋转 R 角度		
N70　G90　G00　X[2*#1]　Y#2;			快速定位至下刀点		
N80　G01　Z#26　F#9;			工进进刀至铣削深度 Z		
N90　G42　X#10　Y#11　D#7;			右刀补到椭圆的铣削起点		
N100　WHILE　[#4　LT　#5]　DO　1;			如果离心角#4 小于终止角#5,循环		

续表

程序内容	简要说明
N110　#10＝#1＊COS　［#4］；	X＝acosα
N120　#11＝#2＊SIN　［#4］；	Y＝bsinα
N130　G01　X#10　Y#11；	铣刀沿着椭圆曲线做直线插补
N140　#4＝#4+#6；	离心角按步距递增
N150　END　1；	循环体终点
N160　G01　X#13　Y#14　F#9；	沿着椭圆终点延长线切出
N170　G40　G00　X［2＊#1］　Y#2；	取消刀具补偿,退出工件铣削
N180　G69；	取消坐标系旋转
N190　G52　X0　Y0；	取消局部坐标系
N200　M99；	子程序结束,返回主程序

实施点3　虚拟加工

①进入数控铣床仿真软件。

②选择机床、数控系统并开机。

③机床各轴回参考点。

④安装工件。

⑤安装刀具并对刀。

⑥输入加工程序,并检查调试。

⑦手动移动刀具退到距离工件较远处。

⑧自动加工。

⑨测量工件,优化程序。

实施点4　实操加工

①毛坯、刀具、工具准备(课前准备)。

②程序输入与编辑。

a.开机。

b.回参考点。

c.输入程序。

③安装工件。

④装刀并对刀。

⑤开始加工零件。

⑥零件检测。

实施点 5　检测零件

零件加工结束后进行检测,对工件进行误差与质量分析,将结果写入表 16.13 中。

表 16.13　非圆曲线零件的编程与加工检测表

		序号	检测项目	配分	学生自评	小组互评	教师评分
基本检查	编程	1	切削加工工艺制订正确	6			
		2	切削用量选用合理	6			
		3	程序正确、简单、明确且规范	6			
	操作	4	设备操作、维护保养正确	6			
		5	刀具选择、安装正确、规范	6			
		6	工件找正、安装正确、规范	6			
		7	安全、文明生产	6			
工作态度		8	行为规范、纪律表现	6			
长度		9	80	16			
宽度		12	60	16			
高度		15	15	10			
倒角		16	$C0.5$(4 处)	3			
表面粗糙度		17	$R_a3.2$	5			
其余		18	工时	2			
综合得分				100			

16.6　项目小结

本项目介绍非圆曲线零件编程与加工,数控系统为用户配备了强有力的类似于高级语言的宏程序功能,用户可使用变量进行算术运算、逻辑运算和函数的混合运算。此外,宏程序还提供了循环语句、分支语句和子程序调用语句,利于编制各种复杂的零件加工程序,减少乃至免除手工编程时进行烦琐的数值计算,以及精简程序量。

通过该任务的练习,使学生了解变量符号的应用,如何进行变量的运算,判断语句的循环条件。能够熟练地进行有规律的曲面变量程序的编制。

16.7　项目自测

　　如图 16.3 所示为非圆曲线零件。已知毛坯规格为 100 mm×80 mm×25 mm 的板料,材料为 45#钢。要求制订零件加工工艺;编写零件数控加工程序;并通过数控仿真加工调试,优化程序;最后进行零件的加工。

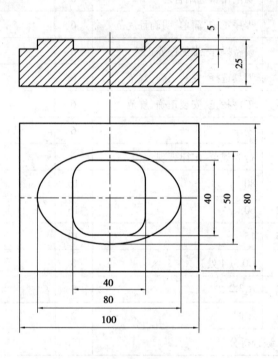

图 16.3　非圆曲线零件图

项目 **17**
铣削槽的自动编程与加工

17.1 项目导航

如图 17.1 所示为铣削槽零件。该零件毛坯尺寸为 200 mm×100 mm×20 mm 的板料,材料为 45#钢。要求利用 CAXA 制造工程师 2013 软件完成铣削槽零件加工的造型、工艺参数设置、刀路自动生成、模拟运行以及数控加工程序代码生成,并通过数控仿真加工调试、优化程序,最后进行零件的加工。

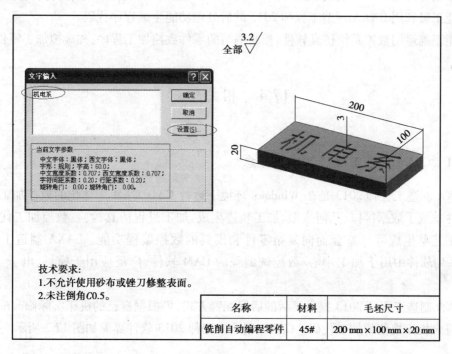

图 17.1 铣削自动编程零件图

17.2 项目分析

掌握含多条直线和多条圆弧曲线特征的结构特点,因为直线和圆弧插补指令难以实现手动计算基点坐标值来完成此零件的手工编程,所以这里利用 CAXA 制造工程师 2013 软件自动编程功能来完成铣削槽零件的编程及加工。

17.3 学习目标

(1)知识目标

①掌握 CAXA 制造工程师 2013 自动编程的功能及应用。

②掌握 CAXA 制造工程师 2013 造型的步骤。

③掌握 CAXA 制造工程师 2013 加工步骤的设计。

④了解使用 CAXA 制造工程师 2013 铣削自动编程的基本思想。

(2)能力目标

①能够掌握 CAXA 制造工程师 2013 铣削自动编程基本功能的使用。

②能够熟练操作 CAXA 制造工程师 2013 铣削 CAD 功能绘制直线和曲线。

③能正确使用 CAXA 制造工程师 2013 的 CAM 功能设置工艺参数。

④能正确利用 CAXA 制造工程师 2013 的后处理功能生成程序代码。

⑤能正确运用数控系统仿真软件,校验编写的零件数控加工程序,并虚拟加工零件。

17.4 相关知识

知识点 1　CAXA 制造工程师 2013 的概念

CAXA 制造工程师 2013 是在 Windows 环境下运行 CAD/CAM 一体化的数控加工编程软件。软件集成了数据接口、几何造型、加工轨迹生成、加工过程仿真检验、数控加工代码生成及加工工艺单生成等一整套面向复杂零件和模具的数控编程功能。CAXA 制造工程师是CAXA 系列软件中用于加工中心/数控铣编程的 CAM 软件,广泛应用于模具、电子、航空等行业。

CAXA 制造工程师 2013 提供灵活的后置配置方式,可根据自己的机床实际修改配置参数来生成符合机床规范的加工代码。CAXA 制造工程师 2013 软件界面如图 17.2 所示。

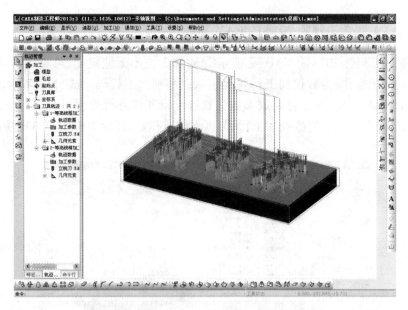

图 17.2　CAXA 制造工程师 2013 软件界面图

知识点 2　CAXA 制造工程师 2013 的 CAD 功能

　　CAXA 制造工程师 2013 采用精确的特征实体造型技术,可将设计信息用特征术语来描述,简便而准确。同时,CAXA 制造工程师 2013 有强大的 NURBS 自由曲面造型功能,实现生成复杂曲面。另外,CAXA 制造工程师 2013 基于实体的"精确特征造型"技术,使曲面融合进实体中,形成统一的曲面实体复合造型模式。CAXA 制造工程师 2013 软件 CAD 功能界面如图 17.3 所示。

图 17.3　CAD 功能界面图

253

知识点 3　CAXA 制造工程师 2013 的 CAM 功能

CAXA 制造工程师 2013 将 CAD 模型与 CAM 加工技术无缝集成,可直接对曲面、实体模型进行一致的加工操作,为数控加工行业提供从造型到加工代码生成、检验一体化的无图纸化制造的全面解决工具。主要可完成参数化轨迹编辑和轨迹批处理、加工工艺控制、加工轨迹的仿真、后置处理直接生成数控加工代码。CAXA 制造工程师 2013 的 CAM 功能界面如图 17.4 所示。

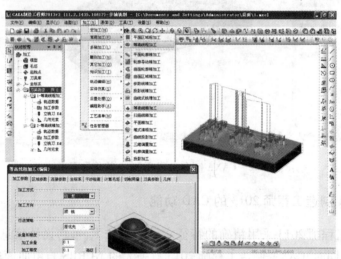

图 17.4　CAM 功能界面图

知识点 4　CAXA 制造工程师 2013 的代码生成功能

CAXA 制造工程师 2013 代码生成的主要过程包括机床设置、刀路生成及后置设置等。通过"拾取刀具轨迹",拾取刚生成的刀具轨迹,按右键确定,完成生成 G 代码文件。CAXA 制造工程师 2013 的代码生成界面如图 17.5 所示。

图 17.5　代码生成界面图

17.5　项目实施

实施点 1　CAXA 制造工程师 2013 的造型

步骤 1　绘制草图

选取一个草绘平面,选择"造型"菜单中的"绘制草图"命令,或单击"绘制草图"工具按钮(图标)或按"F2"键;或右键单击选择"创建草图"命令,如图 17.6 所示。

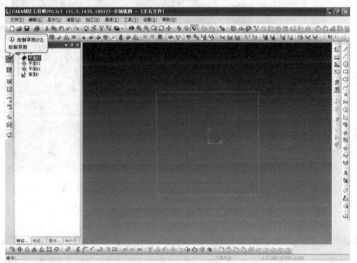

图 17.6　绘制草图

步骤 2　绘制矩形

使用"造型"→"曲线生成"→"矩形"命令,或单击"曲线生成"工具按钮;在弹出的"矩形命令"对话框,如图 17.7 所示。

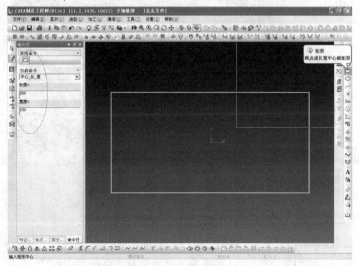

图 17.7　绘制矩形线

步骤3 拉伸增料

先拾取草图:左键在零件特征树中拾取;再选择"拉伸"操作:选择"造型"→"特征生成"→"增料"→"拉伸"命令,或单击"拉伸"工具按钮;在弹出的"拉伸增料"对话框,输入深度"20",单击"确定"按钮,如图17.8、图17.9所示。

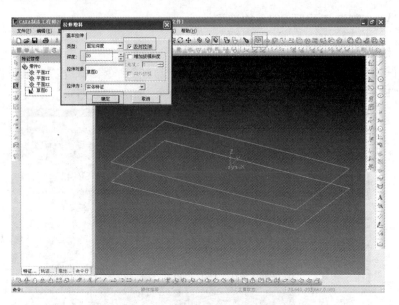

图17.8 "拉伸增料"对话框

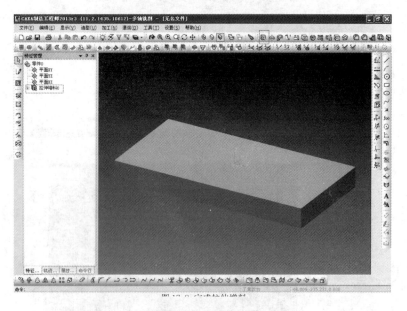

图17.9 完成拉伸增料

步骤4 文字造型

选取长方体上表面为草绘平面,选择"造型"菜单中的"绘制草图"命令,或单击"绘制草图"工具按钮(图标)或按"F2"键;或右击选择"创建草图"命令,如图17.10所示。

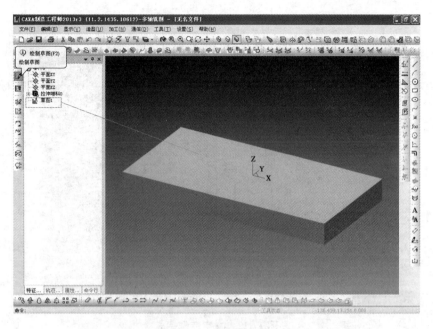

图 17.10　草绘平面

使用"造型"工具中的"文字"命令，或单击"文字"工具按钮；在弹出的"文字命令"对话框中，设置文字参数后，指定文字插入点的位置，文字造型完毕，最后在对文字进行平移到中心位置，如图 17.11—图 17.13 所示。

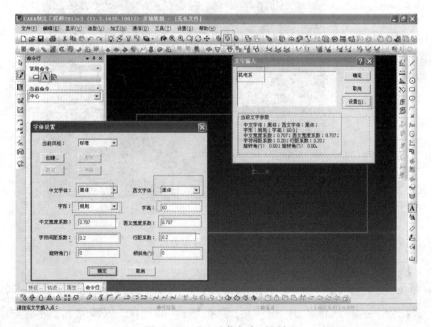

图 17.11　"文字"命令对话框

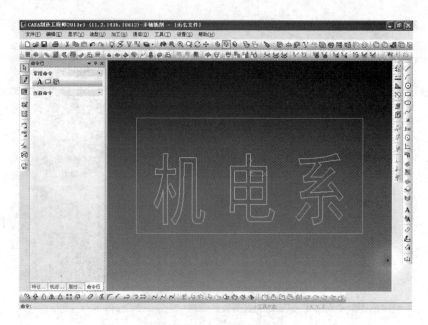

图 17.12　文字造型完成

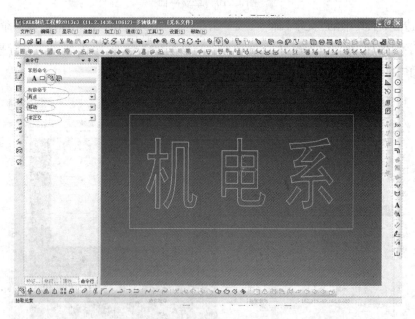

图 17.13　文字平移中心位置

步骤 5　拉伸除料

先拾取草图:左键在零件特征树中拾取;再选择"拉伸"操作:选择"造型"→"特征生成"→"除料"→"拉伸"→命令,或单击"拉伸"工具按钮;在弹出的"拉伸除料"对话框中,输入深度"3",单击"确定"按钮,如图 17.14、图 17.15 所示。

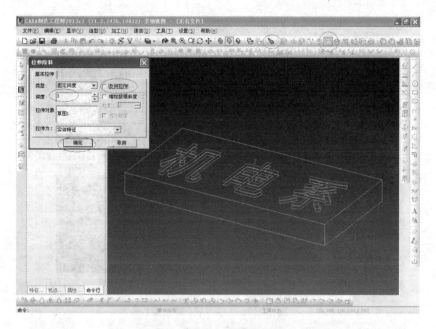

图 17.14   拉伸除料对话框

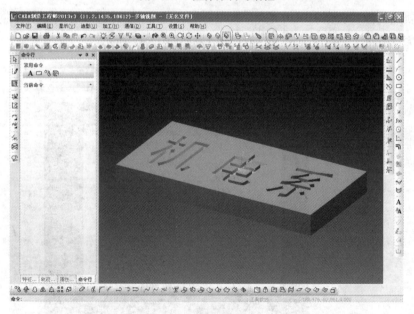

图 17.15   完成拉伸除料

实施点 2   CAXA 制造工程师 2013 的加工

步骤 1   边界线建模

单击相贯线 ，选择"实体边界"命令。在已经绘制好的实体中，选取所要加工的轮廓线和边界线，选取结束出现白色线框，如图 17.16 所示。

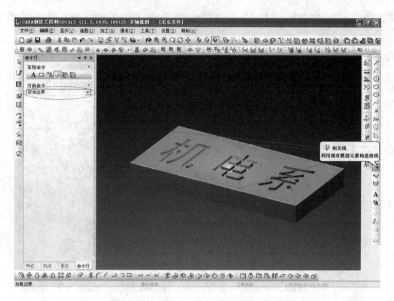

图 17.16 "边界线"对话框

步骤 2 毛坯定义

双击"轨迹管理"特征树中的"毛坯"按钮,弹出"毛坯定义"对话框,单击"参照模型"参数设置如图 17.17 所示。单击"确定"按钮。其结果如图 17.17 所示。

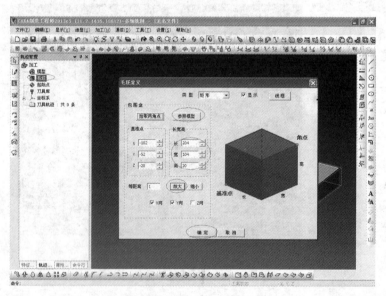

图 17.17 "毛坯定义"对话框

步骤 3 等高线粗加工

①单击"等高线粗加工"按钮,弹出"等高线粗加工"对话框,加工参数设置如图 17.18 所示。

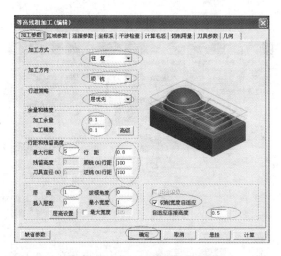

图 17.18　"加工参数"对话框

②单击"区域参数"选项卡，拾取加工边界，参数设置如图 17.19 所示。

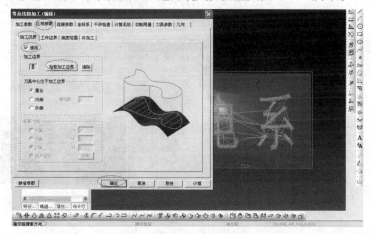

图 17.19　"区域参数"选项卡

③单击"连接参数"选项卡，参数设置如图 17.20 所示。
④单击"切削用量"选项卡，参数设置如图 17.21 所示。

图 17.20　"连接参数"选项卡

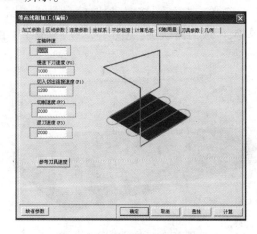

图 17.21　"切削用量"选项卡

⑤单击"刀具参数"选项卡,参数设置如图17.22所示。

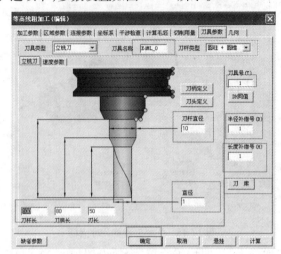

图 17.22 "刀具参数"选项卡

⑥单击"几何"选项卡,参数设置如图17.23所示。

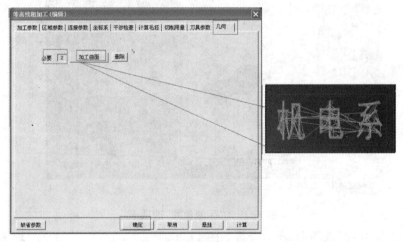

图 17.23 "几何"选项卡

⑦单击"确定"按钮,拾取轮廓曲线如图17.24所示的轮廓线,并确定链搜索方向。右键单击,生成刀路轨迹(见图17.25),完成了上面铣削槽轮廓的粗加工。

图 17.24 拾取轮廓曲线

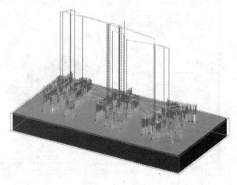

图 17.25 生成刀具轨迹

步骤4　等高线廓精加工

①单击"等高线廓精加工"按钮,弹出"等高线精加工"对话框,加工参数设置如图17.26所示。

图17.26　"加工参数"对话框

②单击"区域参数"选项卡,参数设置如图17.27所示。

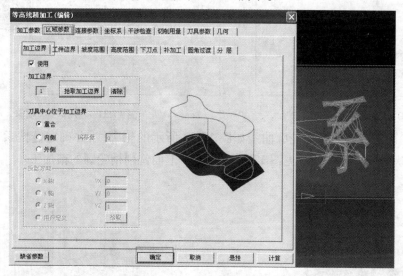

图17.27　"区域参数"选项卡

③单击"连接参数"选项卡,参数设置如图17.28所示。

④单击"切削用量"选项卡,参数设置如图17.29所示。

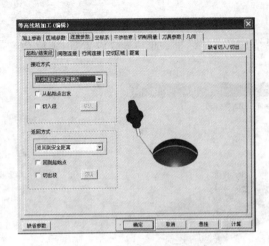

图 17.28 "连接参数"选项卡

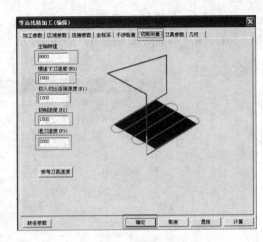

图 17.29 "切削用量"选项卡

⑤单击"刀具参数"选项卡,参数设置如图 17.30 所示。

⑥单击"几何"选项卡,参数设置如图 17.31 所示。

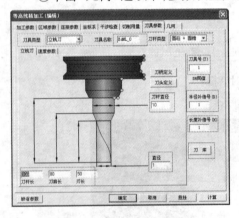

图 17.30 "刀具参数"选项卡

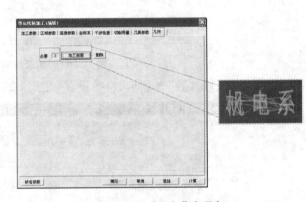

图 17.31 "几何"选项卡

⑦单击"确定"按钮,拾取轮廓曲线如图 17.32 所示的轮廓线,并确定链搜索方向。连续右键单击默认,生成刀路轨迹(见图 17.33),完成了上面铣削槽轮廓的精加工。

图 17.32 拾取轮廓曲线

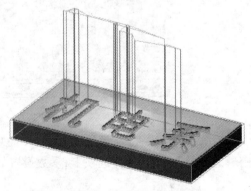

图 17.33 生成刀具轨迹

步骤 5　实体仿真

轨迹仿真就是在三维真实感显示状态下，模拟刀具运动、切削毛坯、去除材料的过程。

①选择"加工"→"实体仿真"命令。

②系统提示"拾取刀具轨迹"，拾取要进行仿真的所有轨迹，右键单击结束拾取。

③系统弹出轨迹仿真环境，如图 17.34 所示。所有加工仿真过程 都在这个环境里进行。

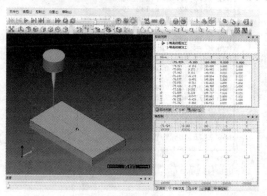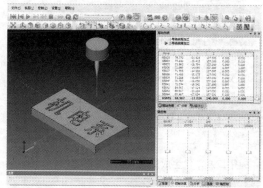

图 17.34　加工仿真界面

步骤 6　后置处理-生成 G 代码

生成 G 代码就是按照当前机床类型的配置要求，把已经生成的刀具轨迹转化为生成 G 代码数据文件，即 CNC 数控程序。有了数控程序可直接输入机床进行数控加工。

①选择要生成的 G 代码的加工轨迹，拾取刀具轨迹后，该刀具轨迹变为细的虚线，可拾取多个刀具轨迹，如图 17.35 所示。

②选择"加工"→"后置处理"→"生成 G 代码"命令。弹出如图 17.36 所示的对话框，数控系统选择"Fanuc"系统。

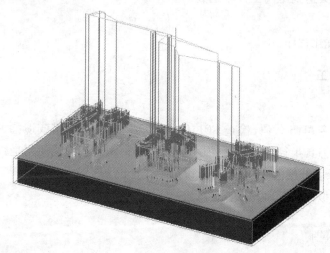

图 17.35　刀具轨迹

③单击"确定"按钮，返回绘图区。右键单击，系统即生成数控程序。下面给出图 17.36 轨迹的程序，程序文件名为 O1200，弹出如图 17.37 所示的对话框。

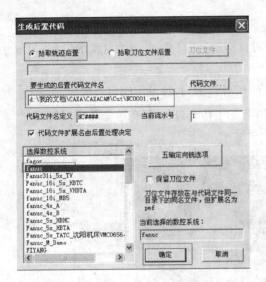

图 17.36 "生成后置代码"对话框   图 17.37 "数控加工程序代码"对话框

实施点 3　虚拟加工

①进入数控铣仿真软件。

②选择机床、数控系统并开机。

③机床各轴回参考点。

④安装工件。

⑤安装刀具并对刀。

⑥输入加工程序,并检查调试。

⑦手动移动刀具退到距离工件较远处。

⑧自动加工。

⑨测量工件,优化程序。

实施点 4　实操加工

(1)检验程序

①检查辅助指令 M,S 代码,检查 G01,G02,G03 指令是否用错或遗漏,平面选择功能、刀具长度补偿功能和刀具半径补偿功能使用是否正确,常用模态功能使用是否正确。

② 检查刀具长度补偿值,半径补偿值设定是否正确。

③利用图形模拟检验程序,并进行修改。

(2)试切加工

① 工件、刀具装夹。

②对刀并检验。

③模拟检验程序。

④设定好补偿值,把转速倍率调到合适位置,进给倍率调到最小,将冷却喷头对好刀具切削部位。

⑤把程序调出,选择自动模式,按下循环启动按键。

⑥在确定下刀无误以后,选择合适的进给量。

⑦机床在加工时要进行监控。

(3)注意事项

①平口虎钳在工作台上要固定牢固。使用时,检查虎钳的各个螺钉、螺母是否松动。

②平口虎钳的固定面要与机床的工作台纵向平行。

③工件安装时,工件的基准面要与虎钳的定位面要贴合紧。

④在工件安装好以后,用百分表对各个面的垂直度和平行度进行检验。

⑤建立工件坐标系以后,对工件的坐标原点要进行检验。

⑥对加工程序的 F,S,T,M,H 等辅助指令以及重要加工代码指令进行检查。

实施点 5 检测零件

零件加工结束后进行检测,对工件进行误差与质量分析,将结果写入表 17.1 中。

表 17.1 铣削槽零件的自动编程与加工检测表

		序号	检测项目	配分	学生自评	小组互评	教师评分
基本检查	编程	1	CAD 造型正确	9			
		2	CAM 制造合理	9			
		3	切削加工工艺制订正确	3			
		4	切削用量选用合理	3			
		5	程序正确、简单、明确且规范	6			
	操作	6	设备操作、维护保养正确	6			
		7	刀具选择、安装正确、规范	6			
		8	工件找正、安装正确、规范	6			
		9	安全、文明生产	6			
工作态度		10	行为规范、纪律表现	6			
参数设置		11	文字参数设置正确	6			
		12	长方体参数设置正确	6			
		13	轨迹参数设置正确	5			
		14	毛坯参数设置正确	5			
		15	刀具参数参数设置正确	5			
		16	加工参数设置正确	5			
		17	后处理参数设置正确	3			
表面粗糙度		18	R_a 3.2	2			
其余		19	工时	2			
综合得分				100			

17.6　项目小结

本项目详细介绍了 CAXA 制造工程师 2013 软件的造型和制造功能,同时在 CAXA 制造工程师 2013 软件的数控铣模块中完成铣削槽的自动编程,生成代码程序,并完成零件的加工。

17.7　项目自测

如图 17.38 所示为铣削槽零件。已知毛坯规格为 100 mm×100 mm×20 mm 的板料,材料为 45#钢。要求利用 CAXA 制造工程师 2013 软件完成绘制图形;制订零件加工工艺;自动生成零件数控加工程序代码;并通过数控仿真加工调试,优化程序;最后进行零件的加工。

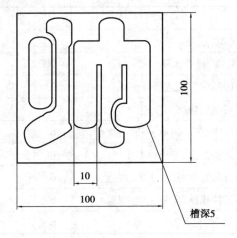

图 17.38　铣削槽零件

项目 18
底板零件的编程与加工

18.1　项目导航

如图 18.1 所示为底板零件。该零件毛坯尺寸为 110 mm×90 mm×30 mm,工件材料为 45# 钢。要求制订零件的加工工艺,编写零件的数控加工程序,并通过数控仿真加工调试、优化程序,最后进行零件的加工。

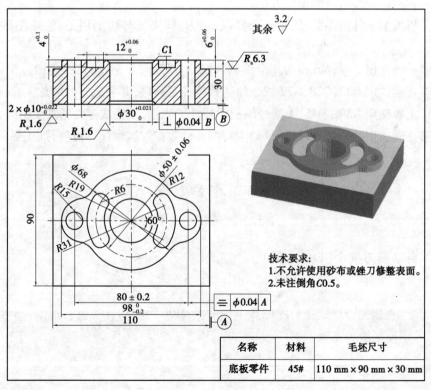

名称	材料	毛坯尺寸
底板零件	45#	110 mm × 90 mm × 30 mm

图 18.1　底板零件图

18.2 项目分析

如图 18.1 所示为底板零件。该零件形状较复杂,结构尺寸变化大。该零件由轮廓圆弧、两个对称腰形槽、3 个通孔组成。由于 3 个通孔的尺寸精度和位置精度较高,加工中安排粗加工和精加工。

18.3 学习目标

(1)知识目标

①掌握典型零件的结构特点和工艺特点,正确分析此类零件的加工工艺。

②掌握加工中心机床自动返回参考点编程方法。

③掌握自动换刀指令的使用。

④掌握编程指令 G51.1 比例缩放工艺知识和编程指令。

⑤掌握极坐标编程方法。

(2)能力目标

①巩固数控铣一般指令的使用方法。

②会分析典型零件的工艺,能正确选择设备、刀具、夹具与切削用量,能编制数控加工工艺卡。

③能够正确使用 T××,M6 换刀指令编制数控加工程序,并完成零件的加工。

④能够正确使用 G27,G28,G29 指令编制数控加工程序,并完成零件的加工。

⑤能够正确使用 G50.1,G51.1 指令编制数控加工程序,并完成零件的加工。

⑥能够正确运用数控仿真软件,校验编写的零件数控加工程序,并进行加工零件。

18.4 相关知识

知识点 1 自动换刀指令(T××,M06)

功能:

编制 T 字,直接换刀或选择刀库位置操作发生;M06 手动和自动换刀指令,不包括刀具选择,可自动关闭冷却液和主轴。

指令:

M06

格式:

T×× M06;

说明:

其中,T 表示调用刀具;"××"刀具或加工所用刀具的刀库位置,刀/刀库位置号为 1,2,…;M06 表示执行换刀动作。

随着刀具的调用,刀库在换刀位置定位,真正换刀用 M06 启动;相应用 H 号存储的刀具长度补偿值必须激活;工作平面应随刀具调用编程,从而保证了长度补偿分配给校正轴。

例如,T02　M06 表示换 2 号刀。

知识点 2　自动返回参考点(G28,G29)

(1)自动返回参考点指令(G28)

功能:

自动返回参考点指令。

指令:

G28

格式:

G28　X__　Y__　Z__

其中,X,Y,Z 为返回参考点时所经过的中间点坐标。指令执行后,所有受控轴都将快速定位到中间点,然后再从中间点到参考点,如图 18.2 所示。

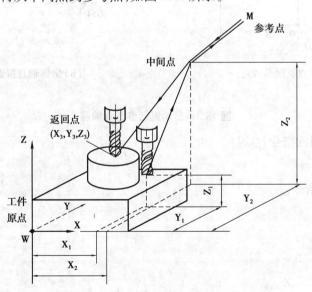

图 18.2　返回参考点

说明:

①执行 G28 指令时,各轴先以 G00 的速度快移到程序指令的中间点位置,然后自动返回参考点。

②在使用上经常将 XY 和 Z 分开来用。先用 G28 Z__ 提刀并回 Z 轴参考点位置,然后再

用 G28 X__ Y__ 回到 XY 方向的参考点。

③在 C90 为指定点在工件坐标系中的坐标;在 C91 为指令点相对于起点的位移量。

④G28 指令前要求机床在通电后必须(手动)返回过一次参考点。

⑤使用 G28 指令时,必须预先取消刀具补偿。

⑥G28 为非模态指令。

如图 18.3(a)所示的编程方式如下:

G91 方式编程为:

G91　　C28　X100　Y150;

G90 方式编程为:

G90　　G54　　C28　X300　Y250;

如图 18.3(b)所示编程方式如下:

G91　　G28　　X0　Y0;

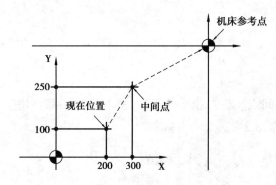
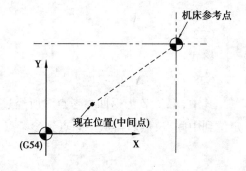

（a）经过中间点返回参考点　　　　　　（b）坐标轴直接返回参考点

图 18.3　自动返回参考点编程

(2)从参考点返回指令(G29)

功能:

从参考点返回指令。

指令:

G29

格式:

G29　X__　Y__　Z__;

说明:

其中,X,Y,Z 后面的数值是指刀具的目标点坐标。这里经过的中间点就是 G28 指令所指定的中间点,故刀具可经过这一安全通路到达欲切削加工的目标点位置,所以用 G29 指令之前,必须先用 G28 指令;否则,G29 不知道中间点位置,而发生错误。

例如:如图 18.4 所示为 G29 指令的使用方法。加工程序见表 18.1。

表 18.1　用 G29 编写的数控加工程序

程　序	说　明
T02　M06；	换 2 号刀
⋮	
G90　G28　X50　Y65　Z50；	由 A 点经中间点 B 回到 Z 轴机床参考点
T03　M06；	换 3 号刀
G29　X35　Y30　Z5；	3 号刀由机床参考点经中间点快速定位至 C 点
⋮	

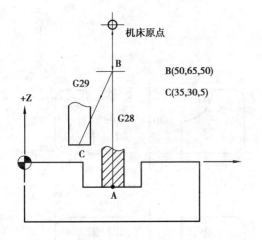

图 18.4　参考点返回

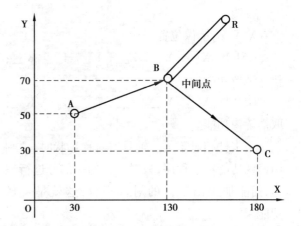

图 18.5　自动返回参考点编程

例如，如图 18.5 所示，用 G28，G29 描述图中的走刀路线。假设刀具在 A 点，要求刀具经过中间点并返回参考点，然后从参考点由中间点 B 返回到 C 点，并在 C 点换刀。加工程序见表 18.2。

表 18.2　用 G28，G29 编写的数控加工程序

程　序	说　明
O0201	程序名
G54　G90；	
⋮	
G91　G28　X100　Y20；	由 A 点经中间点 B 回到 R 轴机床参考点
G29　X50　Y−40；	刀由机床参考点经中间点快速定位至 C 点
M06　T02；	
⋮	
M30；	程序结束

知识点 3　可编程镜像功能(G51.1,G50.1)

功能：

可编程镜像功能。

指令：

G51.1,G50.1

格式：

G51.1　X__　Y__　Z__　I__　J__　K__；

M98　P__　L__；

G50.1　X__　Y__　Z__　I__　J__　K__；

说明：

X,Y,Z;镜像位置。

G51.1　X__　Y__　Z__　I__　J__　K__；
建立镜像功能。

G50.1　X__　Y__　Z__　I__　J__　K__；
取消镜像功能。

当工件相对于某一轴具有对称形状时,可利用镜像功能和子程序,只对工件的一部分进行编程,而能加工出工件的对称部分,这就是镜像功能。

当某一轴的镜像有效时,该轴执行与编程方向相反的运动。

G51.1,G50.1 为模态指令,可相互注销,G50.1 为缺省值。

例如,使用镜像功能编制如图 18.6 所示轮

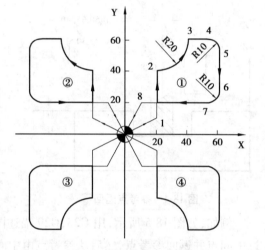

图 18.6　可编程镜像编程

廓的加工程序,选用 φ10 mm 铣刀,切削深度5 mm。加工程序见表 18.3。

表 18.3　用可编程镜像功能编写的数控加工程序

程　　序	说　　明
O0202	主程序名
G90　G54　G17；	
G00　Z100　M03　S600；	
G00　X0　Y0；	
G00　Z2；	
G01　Z-5　F100；	
M98　P1000；	加工 ①
G51.1　X0　I-1000；	Y 轴镜像,镜像位置为 X=0

274

续表

程　序	说　明
M98　P1000；	加工 ②
G51.1　Y0　J-1000；	X、Y 轴镜像,镜像位置为(0,0)
M98　P1000；	加工 ③
G50.1　X0　I1000；	X 轴镜像继续有效,取消 Y 轴镜像
M98　P1000；	加工 ④
G50.1　Y0　J1000；	取消镜像
G00　Z100；	
M05；	
M30；	程序结束
01000	子程序名(①的加工程序)
G01　G41　X20　Y10　D01；	建立刀具半径补偿
G01　Y40；	
G03　X40　Y60　R20；	
G01　X50；	
G02　X60　Y50　R10；	
G01　Y30；	
G02　X50　Y20　R10；	
G01　X10；	
G01　G40　X0　Y0；	取消刀具半径补偿
M99；	子程序返回

知识点 4　极坐标编程(G15,G16)

功能:

极坐标是以坐标原点到目标点连线的长度(极径)和连线与坐标轴夹角(极角)来确定目标点的位置。通常情况下,圆周分布的孔类零件(如法兰类零件)以及图样尺寸以半径与角度形式标示的零件(如铣正多边形的外形),采用极坐标编程较为合适。

指令:

G16,G15

格式:

G16　X__　Y__；

G15；

说明:

①Gl6 建立极坐标,Gl5 取消极坐标。

②极坐标原点位置:G90 方式下为工件坐标为原点,G91 方式下为当前点。

③X,Y:指定目标点坐标。其中 X 为极径,Y 为极角。极径为极坐标原点到指定点的距离,无正负。极角的角度是 X 轴的正向,以逆时针方向为正,顺时针为负,如图 18.7 所示。

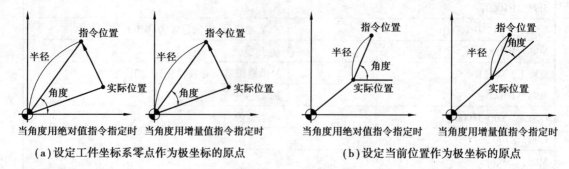

(a)设定工件坐标系零点作为极坐标的原点   (b)设定当前位置作为极坐标的原点

图 18.7   极坐标

编程举例:采用极坐标功能编写下如图 18.8 所示中五边形的加工程序。五边形外接圆为 ϕ60 mm,刀具直径 ϕ10 mm,加工深度 5 mm,以图形中心上表面为编程零点,加工路线为刀具起点→1→2→3→4→5→1→刀具终点。加工程序见表 18.4。

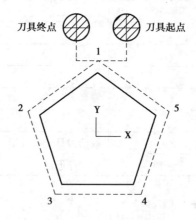

图 18.8   极坐标编程

表 18.4   用极坐标编写的数控加工程序

程　　序	说　　明
O0203	程序名
G54　G90　G17　G15;	建立坐标系
G00　Z100　M03　S500;	
G00　X10　Y40;	移动刀具到刀具起点
G00　Z2;	
G01　Z-5　F100;	垂直下刀
G01　G42　Y30　D01;	执行刀具半径补偿
G16;	执行极坐标功能
G01　X30　Y90;	直线进给刀,到达 1 点

程　序	说　明
G91　G01　Y72;	增量走刀,到达 2 点
G91　G01　Y72;	增量走刀,到达 3 点
G91　G01　Y72;	增量走刀,到达 4 点
G91　G01　Y72;	增量走刀,到达 5 点
G91　G01　Y72;	增量走刀,到达 1 点
G90　G15;	绝对编程,取消极坐标功能
G01　X-10;	
G01　G40　Y40;	取消刀具半径补偿
G00　Z100;	
M05;	
M30;	程序结束

18.5　项目实施

实施点 1　制订工艺

(1)零件工艺分析

1)尺寸分析

如图 18.1 所示为底板零件。该零件形状较复杂,结构尺寸变化大。该零件由轮廓圆弧、两个对称腰形槽、3 个通孔组成。由于 3 个通孔的尺寸精度和位置精度较高,加工中安排粗加工和精加工。

2)加工基准确定

零件为规则对称零件,X 向和 Y 向采取集中标注,故加工基准选毛坯的对称线即可。具体为该零件 X 向尺寸和 Y 向尺寸都以毛坯上底面对称中心点为基准进行了标注。因此,这里从基准统一出发,确定零件的上底面对称中心点为加工基准。

工件坐标系的原点设在工件上底面的对称中心点上。起刀点设在工件坐标系原点的上方 100 mm 处。

(2)确定装夹方案

零件毛坯为 110 mm×90 mm×30 mm 的板料,在这里采用机用平口钳进行装夹,使加工表面高于钳口 8 mm。毛坯高度尺寸远远大于零件加工深度,为了便于装夹找正,毛坯的夹持部分可以适当加大,此处至少确定不大于 6 mm,同时留出 8 mm 作为安全距离。

（3）选择刀具及切削用量

对于此类零件,各内外轮廓均要求加工,并且加工完成后需要达到要求,故此处需要多把铣刀加工。具体刀具及切削参数见表 18.5。

表 18.5　刀具及切削参数

序号	刀具号	刀具类型	加工表面	切削用量		
				主轴转速 n /$(r \cdot min^{-1})$	进给速度 F /$(mm \cdot min^{-1})$	背吃刀量 a_p /mm
1	T01	$\phi 20$ 立铣刀	粗铣外轮廓	800	150	5
2	T02	$\phi 10$ 键槽铣刀	粗铣腰形槽	850	120	3
3	T03	$\phi 3$ 中心钻	打中心孔	1 500	100	3
4	T04	$\phi 28$ 锥柄麻花钻	钻 $\phi 30H7$ 底孔	400	60	2
5	T05	$\phi 29.5$ 镗刀	粗镗 $\phi 30H7$	450	70	31
6	T06	$\phi 9$ 麻花钻	钻 $\phi 10H8$ 底孔	850	750	31
7	T07	$\phi 9.8$ 扩孔钻	扩 $\phi 10H8$ 的孔	1 500	700	6
8	T08	$\phi 20$ 立铣刀	精铣外轮廓	400	1 000	2
9	T09	$\phi 10$ 键槽铣刀	精铣腰形槽	450	1 000	4
10	T10	$\phi 30$ 精镗刀	精镗 $\phi 30H7$	500	30	31
11	T11	$\phi 10$ 铰刀	铰孔 $\phi 10H8$	100	30	2
编制		审核		批准		

（4）确定加工方案

加工顺序按先面后孔、先粗后精、先外后内、内外交叉的原则确定加工原则。首先使用粗铣刀采用顺铣的方式粗铣内外轮廓及孔粗的加工,在 X 和 Y 方向单边留 0.5 mm,Z 方向留有 0.2 mm 的精铣余量,然后使用精铣刀采用顺铣的方式精铣内外轮廓及孔的精加工,最后清除边角残留。如图 18.9 所示为具体走刀路线图。

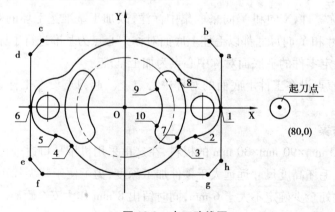

图 18.9　走刀路线图

工步 1:粗铣外轮廓→工步 2:粗铣腰形槽→工步 3:打中心孔→工步 3:钻 φ30H7 底孔→工步 4:粗镗 φ30H7→工步 5:钻 φ10H8 底孔→工步 6:扩 φ10H8 的孔→工步 7:精铣外轮廓→工步 8:精铣腰形槽→工步 9:精铣腰形槽→工步 10:精镗 φ30H7→工步 11:铰孔 φ10H8。

(5) 填写工序卡

按加工顺序将各工步的加工内容、所用刀具编号、切削用量等加工信息填写入数控加工工序卡中,见表 18.6。

表 18.6　数控加工工序卡

工序号	程序编号	夹具名称	夹具编号	使用设备	车间
001	O0018	机用平口钳	SK02	XK7132	数控中心

工步号	工步内容	切削用量			刀具		量具名称	备注
		主轴转速 n /(r·min⁻¹)	进给速度 F /(mm·min⁻¹)	背吃刀量 a_p /mm	编号	名称		
1	粗铣外轮廓	800	150	5	T01	φ20 立铣刀	游标卡尺	自动
2	粗铣腰形槽	850	120	3	T02	φ10 键槽铣刀	游标卡尺	自动
3	打中心孔	1 500	100	3	T03	φ3 中心钻	游标卡尺	自动
4	钻 φ30H7 底孔	400	60	2	T04	φ28 锥柄麻花钻	游标卡尺	自动
5	粗镗 φ30H7	450	70	31	T05	φ29.5 镗刀	游标卡尺	自动
6	钻 φ10H8 底孔	850	750	31	T06	φ9 麻花钻	游标卡尺	自动
7	扩 φ10H8 的孔	1 500	700	6	T07	φ9.8 扩孔钻	游标卡尺	自动
8	精铣外轮廓	400	1 000	2	T08	φ20 立铣刀	游标卡尺	自动
9	精铣腰形槽	450	1 000	4	T09	φ10 键槽铣刀	游标卡尺	自动
10	精镗 φ30H7	500	30	31	T10	φ30 精镗刀	游标卡尺	自动
11	铰孔 φ10H8	100	30	2	T11	φ10 铰刀	游标卡尺	自动
编制		审核		批准			共 1 页	第 1 页

实施点 2　程序编制

编制底板零件加工程序,见表 18.7。

表 18.7 底板零件数控加工程序

零件图号	CKA-18	零件名称	底板零件	编程原点	工件上表面中心
程序名字	O0018	数控系统	FANUC 0i	编制日期	2016-01-06
程序内容			简要说明		
O0018			加工主程序名		
N0008　G54　G17　G94;			调用工件坐标系,设置编程环境		
N0010　G15　G80　G50　G49　G69　G40;			初始化各加工状态		
N0015　G28;			回到换刀点		
N0020　T01　M06;			调用 1 号刀粗面铣外轮廓		
N0030　M03　S800;			主轴正转		
N0031　G90　G00　X120　Y45;			快速定位到起始点		
N0032　G43　Z50　H01;			建立长度补偿		
N0033　Z3　M08;			接近工件上表面 3 mm,冷却液打开		
N0034　G01　Z-6　F100;			下刀至深度 6,留 0 mm 余量		
N0035　G01　G42　X49　Y26　D01　F150;			建立刀具半径右补偿		
N0036　X41　Y34;			G01 直线插补 a→b 的粗面铣削加工		
N0037　X-41;			G01 直线插补 b→c 的粗面铣削加工		
N0040　X-49　Y26;			G01 直线插补 c→d 的粗面铣削加工		
N0050　Y-26;			G01 直线插补 d→e 的粗面铣削加工		
N0060　X-41　Y-34;			G01 直线插补 e→f 的粗面铣削加工		
N0070　X41;			G01 直线插补 f→g 的粗面铣削加工		
N0075　X49　Y-26;			G01 直线插补 g→h 的粗面铣削加工		
N0078　Z5;			Z 轴抬刀 5 mm		
N0080　G00　G40　X80　Y0;			取消刀具半径右补偿		
N0085　G01　Z-6　F100;			下刀至深度 6,留 0 mm 余量		
N0080　M98　P0182;			调用 O0182 子程序粗加工外轮廓		
N0090　G68　X0　Y0　R180;			绕工件坐标系旋转 180°		
N0100　M98　P0182;			再次调用 O0184 子程序粗加工外轮廓另一半		
N0110　G69;			取消旋转		
N0120　G00　Z100;			Z 轴抬刀		
N0130　M09　M05;			切削液关,主轴停止		
N0140　G28　G49　Z100;			取消刀具长度补偿		
N0150　T02　M06;			换 φ10 立铣刀		
N0160　M03　S850　M08;			主轴正转		
N0170　G54　G90　G00　X0　Y0;			快速定位到起始点		

续表

程序内容	简要说明
N0180 G43 H02 Z50;	建立长度补偿
N0185 Z5 M08;	接近工件上表面 5 mm,冷却液打开
N0190 M98 P0183;	调用 O0183 子程序粗加工腰形槽
N0200 G68 X0 Y0 R180;	绕工件坐标系旋转 180°
N0210 M98 P0183;	加工另一半腰形槽
N0220 G69;	取消旋转
N0230 Z100;	Z 轴抬刀
N0235 M09 M05;	切削液关,主轴停止
N0240 G49 G28 Z100;	取消刀具长度补偿
N0250 T03 M06;	换 A3 中心钻
N0260 M03 S1500;	主轴正转
N0270 G54 G90 G00 X40. Y0;	快速定位到起始点
N0280 G43 H03 Z50;	建立长度补偿
N0285 Z5 M08;	接近工件上表面 5 mm,冷却液打开
N0290 G81 X40 Y0 Z-3 R5 F100 M08;	G81 孔固定循环功能执行孔加工
N0300 X-40;	
N0310 X0;	
N0320 G80 G00 Z50;	Z 轴抬刀,取消孔固定循环
N0325 M09 M05;	切削液关,主轴停止
N0330 G49 G28 Z100;	取消刀具长度补偿
N0340 T04 M06;	换 ϕ28 钻头
N0350 M03 S400;	主轴正转
N0360 G54 G90 G00 X0 Y0;	快速定位到起始点
N0370 G43 H04 Z50;	建立长度补偿
N0375 Z5. M08;	接近工件上表面 5 mm,冷却液打开
N0380 G83 X0 Y0 Z-31 R5 Q2000 F60;	G83 孔固定循环功能执行孔加工
N0390 G80 Z50;	Z 轴抬刀,取消孔固定循环
N0395 M09 M05;	切削液关,主轴停止
N0400 G49 G28 Z100;	取消刀具长度补偿
N0410 T05 M06;	换 ϕ29.5 粗镗刀
N0420 M03 S450;	主轴正转
N0430 G90 G54 G00 X0 Y0;	快速定位到起始点
N0440 G43 H05 Z50;	建立长度补偿
N0445 Z5 M08;	接近工件上表面 5 mm,冷却液打开

续表

程序内容	简要说明
N0450　G85　X0　Y0　Z-31　R5　F70;	G85 孔固定循环功能执行孔加工
N0460　G80　Z50;	Z 轴抬刀,取消孔固定循环
N0465　M09　M05;	切削液关,主轴停止
N0470　G49　G28　Z100;	取消刀具长度补偿
N0480　T06　M06;	换 φ9 钻头
N0490　M03　S750;	主轴正转
N0500　G90　G54　G00　X40　Y0;	快速定位到起始点
N0510　G43　H06　Z50;	建立长度补偿
N0515　Z5　M08;	接近工件上表面 5 mm,冷却液打开
N0520　G83　X40　Y0　Z-31　R5　Q2000　F60;	G83 孔固定循环功能执行孔加工
N0530　X-40;	
N0540　G80　Z50;	Z 轴抬刀,取消孔固定循环
N0545　M09　M05;	切削液关,主轴停止
N0550　G49　G28　Z100;	取消刀具长度补偿
N0560　T07　M06;	换 φ9.8 mm 的钻头(扩孔)
N0570　M03　S700;	主轴正转
N0580　G90　G54　G00　X40　Y0;	快速定位到起始点
N0590　G43　H07　Z50;	建立长度补偿
N0595　Z5　M08;	接近工件上表面 5 mm,冷却液打开
N0600　G83　X40　Y0　Z-31　R5　Q2000　F50;	G83 孔固定循环功能执行孔加工
N0610　X-40;	
N0620　G80　Z50;	Z 轴抬刀,取消孔固定循环
N0625　M09　M05;	切削液关,主轴停止
N0630　G49　G28　Z100;	取消刀具长度补偿
N0640　T08　M06;	换 φ20 四刃立铣刀
N0650　M03　S1000;	主轴正转
N0660　G54　G90　G00　X80　Y0;	快速定位到起始点
N0670　G43　H08　Z50;	建立长度补偿
N0680　Z3　M08;	接近工件上表面 3 mm,冷却液打开
N0690　G01　Z-6　F100;	下刀至深度 6 mm
N0700　M98　P0184;	调用 O0184 子程序精加工外轮廓
N0710　G68　X0　Y0　R180;	绕工件坐标系旋转 180°
N0720　M98　P0184;	再次调用 O0184 子程序精加工外轮廓另一半
N0730　G69;	取消旋转

程序内容	简要说明
N0740　G00　Z50;	Z轴抬刀
N0750　M09　M05;	切削液关,主轴停
N0760　G49　G28　Z100;	取消刀具长度补偿
N0770　T09　M06;	换 ϕ10 立铣刀
N0780　M03　S1000;	主轴正转
N0790　G90　G54　G00　X0　Y0;	快速定位到起始点
N0800　G43　H09　Z50;	建立长度补偿
N0805　Z3　M08;	接近工件上表面5 mm,冷却液打开
N0810　M98　P0185;	调用 O0185 子程序精加工腰形槽
N0820　G68　X0　Y0　R180;	绕工件坐标系旋转180°
N0830　M98　P0185;	再次调用 O0185 子程序精加工另一半腰形槽
N0840　G00　Z50;	Z轴抬刀
N0850　G69　G40;	取消旋转
N0855　M09　M05;	切削液关,主轴停
N0860　G49　G28　Z100;	取消刀具长度补偿
N0870　T10　M06;	换精镗刀 ϕ30H7
N0880　M03　S500;	
N0890　G90　G54　G00　X0　Y0;	
N0900　G43　H10　Z50;	建立长度补偿
N0905　Z3　M08;	接近工件上表面3 mm,冷却液打开
N0910　G76　X0　Y0　Z-31　R5　F30;	
N0920　G80　Z100;	Z轴抬刀,取消孔固定循环
N0925　M09　M05;	切削液关,主轴停止
N0930　G49　G28　Z100;	取消刀具长度补偿
N0940　T11　M06;	换铰刀 ϕ10H8
N0950　M03　S100　M08;	主轴正转
N0960　G90　G54　G00　X40　Y0;	快速定位到起始点
N0970　G43　H11　Z50;	建立长度补偿
N0975　Z3　M08;	接近工件上表面3 mm,冷却液打开
N0980　G82　X40　Y0　Z-31　R5　P2000　F30;	G82孔固定循环功能执行孔加工
N0990　G82　X-40　Z-31　R5　P2000;	
N1000　G80;	轴抬刀,取消孔固定循环
N1010　G49　Z100;	取消刀具长度补偿
N1010　M09;	主轴冷却液关闭

续表

程序内容	简要说明
N1010　M05；	主轴停止
N1020　M30；	程序结束
O0182	加工子程序名（粗加工外轮廓子程序）
N10　G01　G41　X49　Y0　D01　F150；	建立刀具左半径补偿
N20　G02　X35　89　Y-14.88　R15；	执行 1→2→3→4→5→6 的顺序铣削加工
N30　G03　X27.64　Y-19.80　R12；	
N40　G02　X-27.64　Y-19.80　R34；	
N50　G03　X-35.89　Y-14.88　R12；	
N60　G02　X-49　Y0　R15；	
N70　G01　G40　X-60　Y0；	取消刀具半径补偿
N80　M99；	子程序结束，返回主程序
O0183	加工子程序名（粗加工腰形槽子程序）
N10　G01　G41　X26.85　Y-15.5　D02　F120；	建立刀具左半径补偿
N20　G01　Z-3　F30；	下刀至深度 3 mm 处
N30　G03　X26.85　Y15.5　R31；	执行 7→8→9→10 的顺序铣削加工
N40　G03　X16.45　Y9.5　R6；	
N50　G02　X16.45　Y-9.5　R19；	
N60　G03　X26.85　Y-15.5　R6；	
N70　G00　Z5；	
N80　G40　X0　Y0；	取消刀具半径补偿
N90　M99；	子程序结束，返回主程序
O0184	加工子程序名（精加工外轮廓子程序）
N10　G01　G41　X49　Y0　D08　F100；	建立刀具左半径补偿
N20　G02　X35.89　Y-14.88　R15；	执行 1→2→3→4→5→6 的顺序铣削加工
N30　G03　X27.64　Y-19.80　R12；	
N40　G02　X-27.64　Y-19.80　R34；	
N50　G03　X-35.89　Y-14.88　R12；	
N60　G02　X-49　Y0　R15；	
N70　G01　G40　X-60　Y0；	取消刀具半径补偿
N80　M99；	子程序结束，返回主程序
O0185	加工子程序名（精加工腰形槽子程）
N10　G01　G41　X26.85　Y-15.5　D09　F120；	建立刀具左半径补偿
N20　G01　Z-3　F30；	下刀至深度 3 mm 处
N30　G03　X26.85　Y15.5　R31；	执行 7→8→9→10 的顺序铣削加工

程序内容	简要说明
N40　G03　X16.45　Y9.5　R6;	
N50　G02　X16.45　Y-9.5　R19;	
N60　G03　X26.85　Y-15.5　R6;	
N70　G00　Z5;	
N80　G40　X0　Y0;	取消刀具半径补偿
N90　M99;	子程序结束,返回主程序

实施点 3　虚拟加工

①进入数控车仿真软件。

②选择机床、数控系统并开机。

③机床各轴回参考点。

④安装工件。

⑤安装刀具并对刀。

⑥输入加工程序,并检查调试。

⑦手动移动刀具退到距离工件较远处。

⑧自动加工。

⑨测量工件,优化程序。

实施点 4　实操加工

①毛坯、刀具、工具准备(课前准备)。

②程序输入与编辑。

a.开机,并预热机床。

b.将机床进行回参考点。

c.将程序输入机床中。

d.设定虚拟毛坯,进行程序校验。

③安装工件。

④按照刀位号,依次安装刀具,并进行刀具对正。

⑤设定主轴、快进、进给等倍率。

⑥选择自动模式,启动循环按钮,开始加工零件。

⑦在实操加工中,注意事项如下:

a.工件装夹时应伸出虎钳的高度应满足加工需要。

b.安装刀具时,刀具伸出长度要满足需要,尽可能短一些,以提高刚性。

c.要精确检测每一把刀的长度,以免影响加工误差。

d.对刀时,保证对刀误差,应结合程序中给定的下刀深度。

实施点 5　检测零件

零件加工结束后进行检测,对工件进行误差与质量分析,将结果写入表 18.8 中。

表 18.8　底板零件的编程与加工检测表

		序号	检测项目	配分	学生自评	小组互评	教师评分
基本检查	编程	1	切削加工工艺制订正确	6			
		2	切削用量选用合理	6			
		3	程序正确、简单、明确且规范	6			
	操作	4	设备操作、维护保养正确	6			
		5	刀具选择、安装正确、规范	6			
		6	工件找正、安装正确、规范	6			
		7	安全、文明生产	6			
工作态度		8	行为规范、纪律表现	6			
长　度		9	80	4			
		10	98	4			
		11	10	4			
		12	30	5			
		13	12	5			
宽　度		14	58	5			
		15	12	5			
高　度		16	4	5			
		17	50	5			
倒角		18	$C0.5$、$C1$(4 处)	3			
表面粗糙度		19	$R_a3.2$	5			
其余		20	工时	2			
综合得分				100			

18.6　项目小结

本项目详细介绍了底板零件的加工方式,讲解了加工中心编程换刀指令 T×× M06,自动返回参考点指令 G28,G29,镜像指令 G51.1,G50.1,极坐标编程指令 G16,G15。要求读者能够使用所学编程指令编写加工中心的程序,掌握编程技巧及加工与检验的方法。

18.7　项目自测

如图 18.10 所示为底板零件。已知毛坯规格为 150 mm×120 mm×25 mm 的方料,材料为 45#钢,要求制订零件的加工工艺,选择合适的切削刀具,编写零件的数控加工程序,并通过数控仿真加工调试、优化程序,最后进行零件的加工。

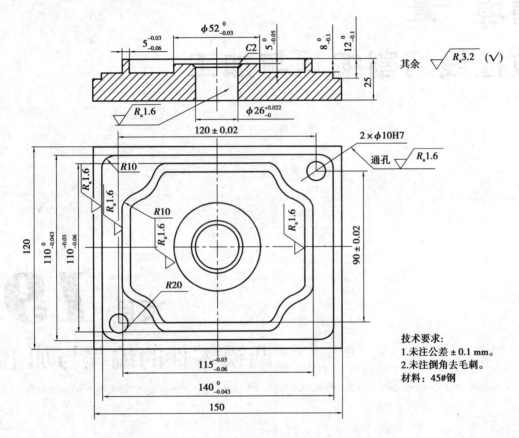

图 18.10　底板零件图

情境 *4*
数控线切割编程与加工

项目 *19*
凸模零件的编程与加工

19.1　项目导航

　　如图 19.1 所示为凸模零件。该坯料尺寸设计为 130 mm×80 mm×45 mm，材料为 9Mn2V。要求制订零件的线切割加工工艺，编写零件的数控线切割加工程序，并通过数控加工调试、优化程序，最后进行零件的加工。

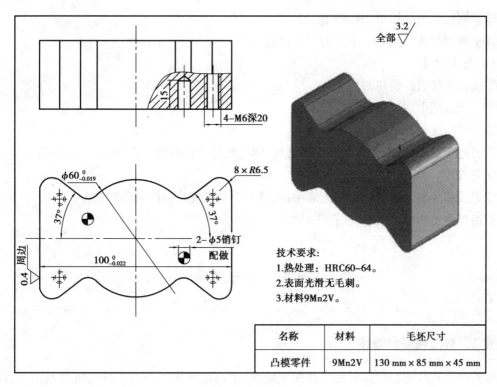

图 19.1　凸模零件图

19.2　项目分析

如图 19.1 所示为凸模零件。该坯料尺寸设计为 130 mm×80 mm×45 mm,材料为 9Mn2V,零件有尺寸要求,此种材料从性能上来看是硬度达到 HRC60 以上。由于工件材料不同,其熔点、气化点、导热系数等都不一样,因而即使按同样方式加工,所获得的工件表面质量也会不同,要达到模具零件的高精度要求,就必须选择高硬合金类材料,这样才能达到所需性能要求。此外,由于工件材料内部残余应力对加工的影响较大,在对热处理后硬度较高的材料进行加工时,由于大面积去除金属和切断加工会使材料内部残余应力的相对平衡受到破坏,从而可能影响零件的加工精度和表面质量。因此,应选择锻造性好、淬透性好、热处理变形小的材料。材料厚度达到 45 mm,在切割上也属于较厚大工件的切割,掌握数控线切割加工原理。

19.3　学习目标

(1)知识目标
①掌握数控线切割加工原理。
②了解数控线切割加工工艺指标和工艺参数。

③掌握数数控线切割 2B,3B 格式编程。

④掌握数控线切割加工工艺的制订过程。

(2)能力目标

①规范操作数控线切割机床。

②正确选用电加工参数。

③零件的质量检测。

④通过工件制作,学生体验成功的喜悦,感受软件和机器的综合魅力,从而提高学生专业课的学习兴趣。

⑤通过任务驱动的方法逐步完成项目,培养学生发现和分析问题的能力。

⑥通过分工协作,加强团队合作精神。

19.4　相关知识

知识点 1　数控线切割概述

数控电火花线切割机床利用电蚀加工原理,采用金属导线作为工具电极切割工件,以满足加工要求。机床通过数字控制系统的控制,可按加工要求,自动切割任意角度的直线和圆弧。这类机床主要适用于切割淬火钢、硬质合金等金属材料,特别适用于一般金属切削机床难以加工的细缝槽或形状复杂的零件,在模具行业的应用尤为广泛。

(1)数控线切割加工机床简介

电火花线切割机床由机床本体、控制系统、脉冲电源、运丝机构、工作液循环机构及辅助装置(自动编程系统)组成。

线切割机床可分为高速走丝机床和低速走丝机床。

(2)数控线切割加工原理及特点

1)数控电火花线切割加工原理

它是通过电极和工件之间脉冲放电时的电腐作用,对工件进行加工的一种工艺方法。

数控电火花线切割加工的基本原理是:利用移动的细金属导线(铜丝或钼丝)作为工具线电极(负电极),被切割的工件为工件电极(作为正电极)。在加工中,线电极和工件之间加上脉冲电压,并且工作液包住线电极,使两者之间不断产生火花放电,工件在数控系统控制下(工作台)相对电极丝按预定的轨迹运动,从而使电极丝沿着所要求的切割路线进行电腐蚀,完成工件的加工。

2)数控线切割加工的特点

①可以加工难切削导电材料的加工。例如淬火钢、硬质合金等。

②可以加工微细异形孔、窄缝和复杂零件,可有效地节省贵重材料。

③工件几乎不受切削力,适宜加工低刚度工件及细小零件。

④有利于加工精度的提高,便于实现加工过程中的自动化。

⑤依靠数控系统的间隙补偿的偏移功能,使电火花成形机的粗、精电极一次编程加工完成,冲模加工的凸模间隙可以任意调节。

(3)数控线切割加工的应用

①形状复杂、带穿孔的、带锥度的电极。

②注塑模、挤压模、拉伸模、冲模。

③成形刀具、样板、轮廓量规的加工。

④试制品、特殊形状、特殊材料、贵重材料的加工。

知识点 2　3B 格式程序编制

功能:

3B 格式编程用于具无间隙补偿功能的数控线切割机床。

格式:

B＿　X＿　B＿　Y＿　B＿　J＿　G＿　Z＿;

其中,B 是分隔符号;X,Y 是 X,Y 的坐标值;J 是计数长度;G 是计数方向;Z 是加工指令。

说明:

①B——分隔符号用来将 X,Y,J 的数码分开以便控制机识别。

②X,Y——X,Y 的坐标值。对于直线段,以线段的起点为原点建立坐标系,在所建的坐标系中取坐标值。X 或 Y 为零是坐标值均可不写,但分隔符要保留。对于圆弧,以圆心为坐标原点,X,Y 取圆弧坐标的绝对值。

③J——计数长度。根据计数方向,选取直线段或圆弧在该方向上的投影总和(X,Y,J 均不超过 6 位数的数值,单位 μm)。

④G——计数方向,分 G_X 和 G_Y 两种,机器识别时用"B0"和"B1"来表示。在加工直线段时,用线段的终点坐标的绝对值进行比较,哪个方向上的数值大,就取哪个方向作为计数方向,即:

|Y|>|X|时,取 GY。

|X|>|Y|时,取 GX。

|X|=|Y|时,取 GX 或 GY 均可。

在加工圆弧时,计数方向是根据终点坐标的绝对值,哪个方向的数值小,就取哪个方向上为计数方向。此种情况与直线段相反,即:

|Y|<|X|时,取 GY。

|X|<|Y|时,取 GX。

|X|=|Y|时,取 GX 或 GY 均可。

⑤Z——加工指令,分 L_{1-4},SR_{1-4},NR_{1-4} 共 12 种。判断的方法是根据别加工图形的形状所在的象限和走向等确定。控制台根据这些指令,进行偏差计算、控制进给方向,如图 19.2 所示。

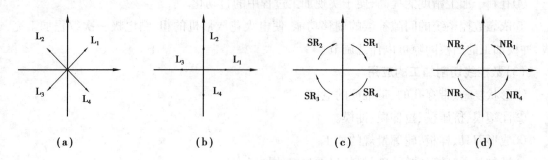

图 19.2 加工指令分解图

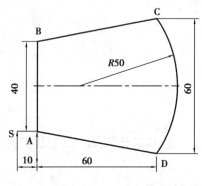

图 19.3 凸模零件示例

加工直线时,位于 4 个象限的斜线,分别用 L_1, L_2,L_3,L_4 表示,如图 25.2(a)所示。若直线与坐标轴重合可根据图 19.2(a)选取。

加工圆弧时,加工指令根据圆弧的走向以及圆弧起点开始向哪个象限运动来确定。顺时针插补是分别用 SR_1—SR_4(见图 19.2(c)表示,逆时针插补是分别用 NR1—NR4(见图 19.2(d)表示。

例如,如图 19.3 所示为凸模,试采用 3B 格式编写其加工程序,加工程序见表 19.1。

表 19.1 凸模零件 3B 编写的数控加工程序

序号	B	X	B	Y	B	J	G	Z	说明
1	B	10 000	B	0	B	10 000	GX	L_1	引入段 S→A
2	B	0	B	40 000	B	40 000	GY	L_2	加工 A→B
3	B	60 000	B	10 000	B	60 000	GX	L_1	加工 B→C
4	B	40 000	B	30 000	B	60 000	GY	SR_1	加工 C→D
5	B	60 000	B	10 000	B	60 000	GX	L_2	加工 D→A
6	B	10 000	B	0	B	10 000	GX	L_3	退出段 A→S
7	DD								程序结束

知识点 3 4B 格式编程简介

功能:
4B 格式编程用于具有间隙补偿功能的数控线切割机床。

格式:
B__ X__ B__ Y__ B__ J__ B__ R__ G__ D(DD)__ Z__;

说明:

①与 3B 格式程序相比,4B 格式程序只多了两项;

②R 为圆弧半径。R 通常是图形已知尺寸。如果图形中出现尖角,则应圆弧过渡,R 值取大于间隙补偿量,如图 19.4 所示。

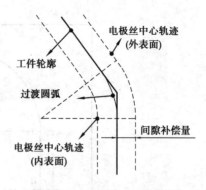

③D 或 DD 为曲线线形状,凸圆弧用 D 表示,凹圆弧用 DD 表示,它决定补偿方向。

④ 间隙补偿量 f 计算为

$$f = d/2 + \delta$$

式中　d——电极丝的直径;

　　　δ——单边放电间隙。

图 19.4　尖角处加过渡圆弧图

⑤ 切入、切出程序段。4B 格式程序由于可自动进行间隙补偿,故要求切入程序段从电极丝起点沿被加工表面法向切入,而切出程序段沿切入程序段路线退回,加工前将 f 置入控制系统,系统将切入、切出程序段的计数长度 J 自动修整为 J±f。

⑥ 锥度切割。锥度切割时,电极丝相对于垂直方向倾斜一个角度。倾斜方向由第一条切入程序中的"D 或 DD"决定。加"D"时,电极丝沿法向切入方向左边倾斜;加"DD"时,则沿法向切入方向右边倾斜。加工前将锥度值置入控制系统。

由上可知,用 4B 格式编写程序,加工圆弧时,只要填写 R 值、加入补偿间隙指令(D 或 DD)和适当改变切入、切出程序段,其他程序段与 3B 格式是相同的。

例如,如图 19.5 所示为落料凹模,试编制落料凹模的线切割加工程序,钼丝直径为 ϕ0.12mm,单边放电间隙 $\delta = 0.01$ mm,加工程序见表 19.2。

表 19.2　落料凹模 4B 编写的数控加工程序

序号	B	X	B	Y	B	J	B	R	G	D 或 DD	Z	说明
1	B	0	B	0	B	30 000	B	0	GX	DD	L1	引入段 O→A
2	B	0	B	0	B	21 900	B	0	GY		L4	加工 A→B
3	B	100	B	0	B	100	B	100	GX	D	SR4	过度圆弧
4	B	0	B	0	B	59 800	B	0	GX		L3	加工 B→C
5	B	0	B	100	B	100	B	100	GY	D	SR3	过度圆弧
6	B	0	B	0	B	21 900	B	0	GY		L2	加工 C→D
7	B	30 000	B	0	B	60 000	B	30 000	GY	D	SR2	加工 D→A
8	B	0	B	0	B	30 000	B	0	GX	DD	L3	退出段 A→O

加工顺序:O—A—B—C—D—A—O。

间隙补偿量:$f = d/2 + \delta = 0.12$ mm/2 + 0.01 mm = 0.07 mm

如图 19.5 所示,B 与 C 两点处需加过渡圆弧,其半径 R ≥ f,取 R = 0.1mm。

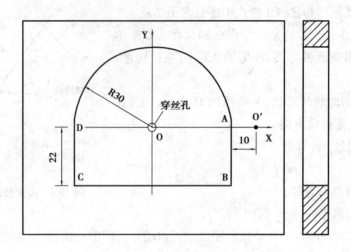

图 19.5　落料凹模示例

19.5　项目实施

实施点 1　制订工艺

（1）零件工艺分析及尺寸计算

1）零件工艺分析

①凸模零件分析

如图 19.1 所示为凸模零件。根据零件图纸所标明的尺寸要求,凸模零件坯料尺寸设计为 130 mm×80 mm×45 mm,该凸模模具零件材料为 9Mn2V,此种材料从性能上来看是硬度达到 HRC60 以上。由于工件材料不同,其熔点、气化点、导热系数等都不一样,因而即使按同样方式加工,所获得的工件表面质量也会不同,要达到模具零件的高精度要求,就必须选择高硬合金类材料,这样才能达到所需性能要求。此外,由于工件材料内部残余应力对加工的影响较大,在对热处理后硬度较高的材料进行加工时,由于大面积去除金属和切断加工会使材料内部残余应力的相对平衡受到破坏,从而可能影响零件的加工精度和表面质量。因此,应选择锻造性好、淬透性好、热处理变形小的材料。材料厚度达到 40 mm,在切割上也属于较厚大工件的切割。

②切割路线的选择

为了获得较高的加工精度,可考虑在快走丝线切割机床上采用一次或多次切割工艺。由于本凸模零件精度要求还是比较高的,故可考虑采用多次切割工艺,即第一次切割主要进行高速稳定切割,可选用高峰值电流,第二次切割的主要任务是修光,可选择较小的脉冲电流和脉冲宽度。对于凸模的切割,进行第一次切割时不能与相连的边料切断分离,以免第二次切割时重新装夹而影响精度,同时安装也不方便;第二次切割则实际上是反向切割了。

③穿丝孔和电极丝切入位置的选择

在快走丝线切割加工凸形或大孔形凹形类工件时,穿丝孔应设置在加工起点附近,以缩短无用切割行程,同时应便于简化有关轨迹控制的计算。加工凸模时,为减小变形,电极丝切割时的运动轨迹与工件边缘的距离应大于 5 mm。

④电参数的选择

对工件加工质量具有明显影响的电参数主要包括脉冲电流、脉冲宽度、脉冲间隔、运丝速度等,通常需要在保证表面质量、尺寸精度的前提下,尽量提高加工效率。

该零件中,考虑到模具零件的实际要求,凸模在第一次进行的高速切割加工时,把脉冲宽度定在 20~60 μs 进行选择,第二次修光精加工时,把脉冲宽度定在 32 μs 以内进行选择。该零件中,对于凸模来说,是一厚度较大的工件,应适当加大脉冲间隔,以充分消除放电产物,形成稳定切割。可把脉冲间隔定在 10~250 μs 进行选择,以稳定加工。走丝速度对工件的加工速度也具有一定的影响,随着走丝速度的提高,加工速度将明显增大,有利于电极丝把工作液带入较大厚度的工件放电间隙中,有利于电蚀产物排放和放电加工的稳定。但高速度会引起电极丝较大的振动而使工件表面的直线度不平整和表面粗糙度恶化。因此,在保证加工质量的前提下,选择的加工走丝速度约为 250 mm/s。

⑤其他非电参数的选择

电极丝直径的选择。一般采用直径为 $\phi0.10 \sim \phi0.20$ mm 的钼丝以提高走丝速度。本设计采用的电极丝直径为 0.15 mm。

工作液的选择及使用。煤油介电强度高,间隙消耗放电能量多,分配到两极的能量少,排屑困难,故造成切割速度低。但煤油受冷热变化影响不明显,且润滑性能好,因此不容易断丝。皂化液洗涤性能好,有利于排屑,切割速度较高。乳化型工作液的节电强度比水高,比煤油低,冷却能力比水弱,比煤油好,洗涤性比水和煤油都好,较非乳化型工作液的切割速度高,本零件中使用此种工作液来进行加工。

⑥影响加工精度的坐标位移误差

快走丝线切割机都没实现闭环控制,机械传动系统的回差已成为整机精度的最重要的指标,也是造成加工精度降低的一大原因。

2)数控线切割加工机床的选择

DK7740 型线切割机床。数控线切割加工机床所装的加工系统是 YH 线切割加工系统。

3)数控线切割加工电极丝的选择

由于线切割技术的发展,离不开电极丝技术的同步发展。"不同的加工,采用不同的电极丝"已被线切割加工所接受。实际上,现在的线切割加工有着比过去更多的变化,从加工材料、切割速度、轮廓精度、表面质量到运行模式等。对于这些相互起作用的变数来说,只有选择合适的电极丝才能使加工效率、加工成本和加工质量整体进行优化。

考虑到实际情况,选择的加工设备为快走丝线切割加工设备。而选择电极丝必须符合下列要求:

①电气特性

现代线切割电源对电极丝提出了严格的要求。它要能承受峰值超过 700 A 或平均值超

过 45 A 的大切割电流,而且能量的传输必须非常有效,才能提供为达到高表面粗糙度(R_a0.2
以上)所需的高频脉冲电流。这取决于电极丝的电阻或电导率。紫铜是电导率最高的材料之
一,它被用来作为衡量其他材料的基准。紫铜的电导率标为 100%IACS(国际退火紫铜标
准),而黄铜和钼丝的电导率约为 20%。

②机械特性

拉伸强度是衡量材料在受到径向负荷时抵抗断裂的能力。它是用单位截面积所能承受
的重量来标度的,如公制的牛顿/平方毫米。紫铜属于拉伸强度最低的材料 245 N/mm²,而钼
则最高 1 930 N/mm² 电极丝的拉伸强度取决于材料的选择以及各种热处理和拉伸处理工艺。

记忆效应,这与电极丝的"软"或"硬"直接相关。软丝抽离线轴时没有恢复成直线的记
忆能力,所以无法用于自动穿丝,但这对快走丝线切割来说并没有影响,因为快走丝不需自动
穿丝且加工时电极丝上是加了张力的。此外,软丝适用于上下导丝绝不能倾斜的设备进行超
过 7°的大斜度切割。

延伸率是切割加工中由于张力和热量引起电极丝长度变化的百分比。软丝的延伸率可
大到 20%,而硬丝则小于 2%。软丝在斜度加工时,延伸率高的电极丝更能保证斜面的几何精
度,并且较软的电极丝在滑动时产生的振动也较小,不过电极丝进入切割区后软丝的抖动程
度比硬丝大。

③几何特性

高效率、高精度的线切割机要求电极丝具有误差极小的几何特性。电极丝制造的最后工
序是得到光滑、圆度极好、丝径公差为±0.001 mm 的成品。另外,还有一些电极丝被特意设计
成具有相对粗糙的表面,可提高切割速度。

④热物理特性

电极丝的热物理特性是提高切割效率的关键。电极丝的熔点是一项重要的指标。由于
电极丝通过导丝切割时的机械运动,以及冲洗力和放电等因素,电极丝在切割时是有抖动的。
这将造成无数次的极小的短路,使切割过程减慢。电极丝工作时如果在外径上能够损耗一
些,这样它在面对切口方向的空隙可以防止或减少短路效应。同时,它在背对切口方向的空
隙有助于改善冲洗作用,可更好地去除加工废屑。电极丝外径的损耗在快走丝线切割加工时
会对加工精度产生一定的影响。

气化压力。电火花切割时会产生大量的热量,其中的一些热量被电极丝吸走了,这会降
低切割效率。电极丝的低熔点和高气化压力,可帮助把废渣吹离切缝。这就是电极丝冲洗性
好所应该具备的另一个特性。当电极丝和工件在切割表面处是气化而不是熔化时,产生的是
气体而不是熔化的金属颗粒。这反过来又改善了冲洗过程,因为要冲走的颗粒少了。

4)尺寸计算

①凸模零件线切割加工间隙补偿的确定

粗精加工的补偿计算,按选定的电极丝半径 0.075 mm,单面放电间隙 δ 为 0.01 mm,加工
凸模的补偿距离:ΔR1 = r+δ-Z/2 = 0.075 mm+0.01 mm-0.6 mm = -0.515 mm。

②凸模零件各基点位置关系的确定

凸模零件外轮廓各基点位置关系如图 19.6 所示。

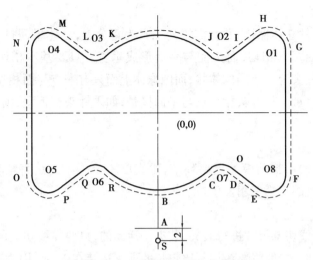

图 19.6　凸模零件各基点位置图

凸模零件外轮廓各基点坐标值、各圆心的坐标值见表 19.3、表 19.4。

表 19.3　凸模零件各基点坐标值

A(0,35.000)	B(0,−29.995)	C(21.359,−21.060)
D(29.653,−20.257)	E(39.828,−27.207)	F(49.995,−21.840)
G(49.995,21.840)	H(39.828,27.207)	I(29.653,20.257)
J(21.359,21.060)	K(−21.359,21.060)	L(−29.653,20.257)
M(−39.828,27.207)	N(−49.995,21.840)	O(−49.995,−21.840)
P(−39.828,−27.207)	Q(−29.653,−20.257)	R(−21.359,−21.060)
X(−10.000,−28.279)	S(0,37.000)	

表 19.4　凸模零件各圆心的坐标值

O1(43.495,21.840)	O2(25.987,25.624)	O3(−25.987,25.624)
O4(−43.495,21.840)	O5(−43.495,−21.840)	O6(−25.987,−25.624)
O7(25.987,−25.624)	O8(43.495,−21.840)	O′(0,0)

(2)工件的定位与装夹

1)设置加工坐标系

根据工件的装夹情况和切割方向,确定加工坐标系。为简化计算,应尽量选取图形的对称轴线为坐标轴。本凸模零件的加工坐标系为零件的图形对称轴,坐标原点为图形几何中心。

2)加工基准

在电火花线切割加工中,基准十分重要。由于电火花线切割加工本身属于精密加工,如果加工时基准校正得不好,则不能保证工件的加工质量,影响使用效果。

3）打表

实际上就是把工件立体保持平行,需用的工具为百分表,立体平面打表要认识坐标的正负左右,针头要与平面基本相切,而不能与平面形成垂直。只要基本相切,才能把工件打好表,从而保持平行。针头为一个圆珠体状,而圆珠体上面只有一点与面相切,在打平面表之前先要将表放在合适的位置,将针头相切点与平面接触,如果针头有下垂,则无法将平面与圆珠体保持平行。

4）调垂直

工件的垂直度是线切割凸模的重要环节,垂直度不统一则无法将整套冲裁落料模具装好,从而造成冲裁模具的不当使用发生。

5）装夹

根据工件的实际线切割尺寸进行装夹,装夹是活动的,只要在线切割的范围内就可以了。当然线切割零件不大时,一般将要线切割比较长的那一边装在 X 轴(因为 X 轴的表面粗糙度比较小)。

（3）快走丝线切割工作液的配制

在本零件中,快走丝线切割加工工作液由专用乳化油与自来水配制而成,有条件采用蒸馏水或磁化水与乳化油配制效果更好,工作液配制的浓度取决于加工工件的厚度、材质及加工精度要求。

从工件厚度与工作液浓度关系见表 19.5。

表 19.5　工件厚度与工作液浓度关系

工件厚度值/mm	<30	30~100	>100
工作液浓度值/%	10~15	5~10	3~5

从工件材质来看,易于蚀除的材料,如铜、铝等熔点和气化潜热低的材料,可适当提高工作液浓度,以充分利用放电能量,提高加工效率,但同时也应选较大直径的电极丝进行切割,以利于排屑充分。

从加工精度来看,工作液浓度高,放电间隙小,工件表面粗糙度较好,但不利于排屑,易造成短路。工作液浓度低时,工件表面粗糙度较差,但利于排屑。总之,在配制线切割工作液时应根据实际加工的情况,综合考虑以上因素,在保证排屑顺利、加工稳定的前提下,尽量提高加工表面质量。

本零件加工中使用的工作液见表 19.6,其排屑非常好,被加工零件的光洁度也好。

表 19.6　工作液配料表

组成物	乳化液	水	机油	洗涤剂	肥皂水
比例/%	20	76	2	1	1

（4）加工路线的确定

确定一个合理的起割点和切割路线是至关重要的。对于凸模这种外轮廓形零件的加工,其起割点从理论上说,一般应取在图形的拐角处,或在容易将凸尖修去的部位。切割路线的选取主要以防止或减少模具变形为原则,一般应考虑使靠近装夹着一边的图形最后切割为易。本零件中加工路线如图 19.7 所示,加工起点设在零件毛坯外的 S 点。

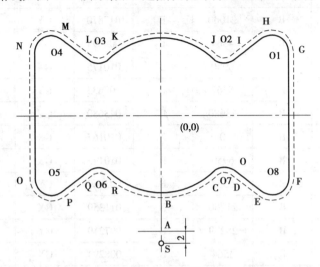

图 19.7　凸模外轮廓的加工路线图

凸模外轮廓的加工路线为:S→A→B→C→D→E→F→G→H→I→J→K→L→M→N→O→P→Q→R→X→R→Q→P→O→N→M→L→K→J→I→H→G→F→E→D→C→R。

由于凸模须经过二次加工,故第一次加工时不能将工件完全与周边废料脱离,本设计中将凸模工件加工至 X 点后即按反向路线再次进行第二次加工,最后阶段再将凸模工件与周边废料分离。

实施点 2　程序编制

如图 19.1 所示为凸模零件在数控线切割机床上加工,数控加工程序编制见表 19.7。

表 19.7　凸模零件数控加工程序

零件图号	DK-19	零件名称		凸模零件		坐标原点	工件几何中心
程序名字	O0019	数控系统		YH 线切割加工系统		编制日期	2016-01-06
B	X	B	Y	B	J	G	Z	注释
B	0	B	7005	B	007005	GY	L2	S→B
B	0	B	29995	B	008935	GY	NR4	B→C
B	4628	B	4564	B	008294	GX	SR2	C→D
B	10175	B	6950	B	010175	GX	L4	D→E
B	3667	B	5367	B	007633	GY	NR3	E→F
B	0	B	21840	B	042960	GY	L2	F→G
B	6500	B	0	B	010167	GX	NR1	G→H
B	10175	B	6950	B	010175	GX	L3	H→I

续表

B	X	B	Y	B	J	G	Z	注释
B	3666	B	5367	B	003069	GY	SR4	I→J
B	21359	B	21060	B	017870	GY	NR1	J→K
B	4628	B	4564	B	008294	GX	SR4	K→L
B	10175	B	6950	B	010175	GX	L2	L→M
B	3667	B	5367	B	007633	GY	NR1	M→N
B	0	B	43680	B	043680	GY	L4	N→O
B	6500	B	0	B	010167	GX	NR3	O→P
B	10175	B	6950	B	010175	GX	L1	P→Q
B	3666	B	5367	B	003069	GY	SR2	Q→R
B	21359	B	21060	B	011359	GX	NR3	R→X
B	10000	B	28279	B	007219	GY	SR3	X→R
B	4628	B	4564	B	008294	GX	NR1	R→Q
B	10175	B	6950	B	010175	GX	L3	Q→P
B	3667	B	5367	B	007633	GY	SR4	P→O
B	0	B	42960	B	042960	GY	L2	O→N
B	6500	B	0	B	010167	GX	SR3	N→M
B	10175	B	6950	B	010175	GX	L4	M→L
B	3666	B	5367	B	003069	GY	NR3	L→K
B	21359	B	21060	B	017870	GY	SR2	K→J
B	4628	B	4564	B	008294	GX	NR3	J→I
B	10175	B	6950	B	010175	GX	L1	I→H
B	3667	B	5367	B	007633	GY	SR2	H→G
B	0	B	43680	B	043680	GY	L4	G→F
B	6500	B	0	B	010167	GX	SR1	F→E
B	10175	B	6950	B	010175	GX	L1	E→D
B	3666	B	5367	B	003069	GY	NR1	D→C
B	21359	B	21060	B	017870	GY	SR4	C→R
D								程序结束

实施点 3 虚拟加工

①图形修改完毕后，准备模拟切割。

②选择起切点位置。

③开始模拟切割轮廓线。

④选择退出,系统返回主屏幕,则模拟切割完毕。

实施点 4　实操加工

①电源的接通与关闭。

②上丝操作。

③上丝路径。

④穿丝操作。

⑤储丝筒行程调整。

⑥建立机床坐标。

⑦工作台移动。

⑧程序的编制与校验。

⑨电极丝找正。

⑩加工脉冲参数的选择。

实施点 5　检测零件

零件加工结束后进行检测,对工件进行误差与质量分析,将结果写入表 19.8 中。

表 19.8　凸模零件的编程与加工检测表

基本检查	编程	序号	检测项目	配分	学生自评	小组互评	教师评分
		1	切削加工工艺制订正确	6			
		2	切削用量选用合理	6			
		3	程序正确、简单、明确且规范	6			
	操作	4	设备操作、维护保养正确	6			
		5	电极丝选择、安装正确、规范	6			
		6	工件找正、安装正确、规范	6			
		7	安全、文明生产	6			
工作态度		8	行为规范、纪律表现	6			
宽度		9	60	15			
长度		13	100	14			
圆弧		15	R6.5	15			
倒圆角		17	R1	3			
表面粗糙度		18	$R_a 3.2$	3			
其余		19	工时	2			
综合得分				100			

19.6 项目小结

通过本项目的学习,了解线切割加工原理与应用范围,理解线切割机床程序编制的基本工艺和方法,掌握线切割机床简单零件的 3B 和 4B 格式程序编制,掌握凸模类零件的加工方法,能正确设置机床的相关参数。由于电火花线切割的加工原理与切削加工原理不同,因而数控电火花线切割的加工程序编制有其独特之处。虽然程序编制主要涉及二轴坐标,但编程时要充分考虑控制线切割加工的各种工艺参数(电参数、切割速度、工件装夹等),这些参数的选择需在生产实践中不断积累经验。

19.7 项目自测

如图 19.8 所示为汽车凸模零件。已知毛坯规格为 150 mm×200 mm×10 mm 的方料,材料为 45#钢。要求制订零件的线切割加工工艺,选择合适的电极丝,编写零件的 3B 格式程序,并通过数控仿真加工调试、优化程序,最后进行零件的加工。

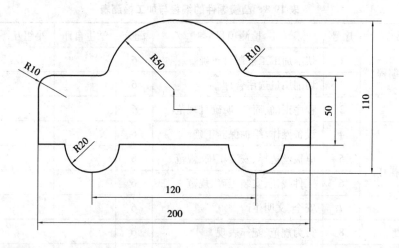

图 19.8 汽车凸模零件图形

项目 **20**
凹模零件的编程与加工

20.1 项目导航

如图 20.1 所示为凹模零件。该坯料尺寸设计为 150 mm×110 mm×25 mm, 材料为 9Mn2V。要求制订零件的线切割加工工艺, 编写零件的数控线切割加工程序, 并通过数控加工调试、优化程序, 最后进行零件的加工。

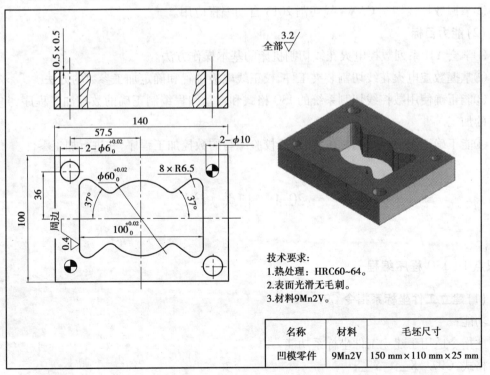

技术要求:
1.热处理: HRC60~64。
2.表面光滑无毛刺。
3.材料9Mn2V。

名称	材料	毛坯尺寸
凹模零件	9Mn2V	150 mm×110 mm×25 mm

图 20.1 凹模零件图

20.2　项目分析

如图 20.1 所示为凹模零件。该坯料尺寸设计为 150 mm×110 mm×25mm,材料为 9Mn2V,零件有尺寸要求,该模具零件材料为 9Mn2V,此种材料从性能上来看是硬度达到 HRC60 以上。由于工件材料不同,其熔点、气化点、导热系数等都不一样,因而即使按同样方式加工,所获得的工件表面质量也会不同,要达到模具零件的高精度要求,就必须选择高硬合金类材料,这样才能达到所需性能要求。此外,由于工件材料内部残余应力对加工的影响较大,在对热处理后硬度较高的材料进行加工时,由于大面积去除金属和切断加工会使材料内部残余应力的相对平衡受到破坏,从而可能影响零件的加工精度和表面质量。因此,应选择锻造性好、淬透性好、热处理变形小的材料。材料厚度达到 25 mm,在切割上也属于较厚大工件的切割。

20.3　学习目标

(1)**知识目标**
①掌握凹模零件的结构特点和工艺特点,正确分析此类零件的加工工艺。
②掌握数控线切割加工的工艺知识和 ISO 的编程格式。
③掌握数控线切割 CAXA 线切割 2013 自动编程应用。
(2)**能力目标**
①学会 YH 系列数控电火花线切割机床的基本操作方法。
②掌握数控电火花线切割装夹工件、校正线电极位置和确定加工参数的方法。
③能正确使用数控线切割系统的 ISO 格式和自动编程编制正确的数控加工程序,并完成零件的加工。
④能正确运用数控线切割仿真软件,校验编写的数控加工程序,并进行加工零件。

20.4　相关知识

知识点 1　ISO 程序编程

(1)**建立工件坐标系指令 G92**
功能:
此指令适用于建立工件坐标系功能。
格式:G92　X___　Y___;
说明:

X,Y——切割起点在工件坐标系中的坐标值。

（2）直线插补指令 G01

功能：

此指令适用于直线插补功能。

格式：

G01　X__　Y__；

说明：

①X,Y——直线的终点坐标值；

②其加工速度由电参数决定。

（3）圆弧插补指令 G02,G03

功能：

G02 为顺时针圆弧插补指令,G03 为逆时针圆弧插补指令。

格式：

G02（或 G03）X__　Y__　I__　J__；

说明：

X,Y——圆弧终点的坐标,I,J 是由圆弧的起点向圆心作一个矢量,这个矢量在 X,Y 轴上的投影分别为 I 和 J,带正负号。

（4）间隙补偿指令 G40,G41,G42

功能：

G40 是取消间隙补偿指令,G41 是左偏间隙补偿指令,G42 是右偏间隙补偿指令。

格式：

G41（或 G42）D__；

　⋮

G40

说明：

①D——间隙补偿量地址符,其计算方法与前面的方法相同。

②G41（或 G42）——设定间隙补偿和方向,G40——取消间隙补偿。

③左右间隙补偿的判别方法是:左偏、右偏是沿加工方向看,电极丝在加工图形左边为左偏;电极丝在右边为右偏,如图 20.2 所示。

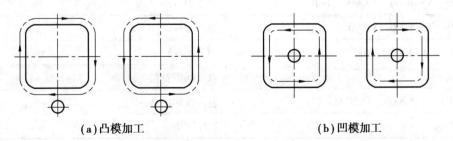

（a）凸模加工　　　　　　　　（b）凹模加工

图 20.2　G41 与 G42 的判别方法图

例如,要加工如图 20.3 所示的凹模,采用 φ0.18 mm 的钼丝,放电间隙为 0.01 mm,试采用 ISO 格式编写其加工程序。加工程序见表 20.1。

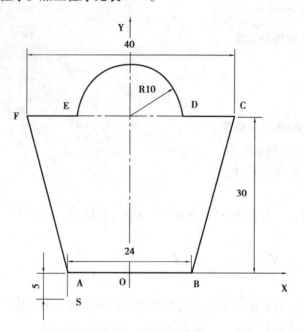

图 20.3　凹模零件示例

表 20.1　凹模零件 ISO 编写的数控加工程序

程　序	说　明
O0002	程序名
N10　G92　X-12000　Y-5000;	建立工件坐标系
N20　G90;	绝对坐标值编程
N30　G41　D100;	建立间隙左补偿,间隙补偿量为 0.1 mm
N40　G01　X-12000　Y0;	引入线加工 S→A
N50　G01　X12000　Y0;	加工 A→B
N60　G01　X20000　Y30000;	加工 B→C
N70　G01　X10000　Y30000;	加工 C→D
N80　G03　X-10000　Y30000　I-10000　J0;	加工 D→E
N90　G01　X-20000　Y30000;	加工 E→F
N100　G01　X-12000　Y0;	加工 F→A
N110　G40	取消间隙补偿
N120　G01　X-12000　Y-5000;	退出线加工 A→S
N130　M02;	程序结束

知识点 2　CAXA 线切割 2013 自动编程

CAXA 线切割 2013 加工系统为你提供了功能强大、使用简洁的轨迹生成手段,可按加工要求生成各种复杂图形的加工轨迹,并可实现跳步及锥度加工。通用的后置处理模块使 CAXA 线切割 2013 可满足各种机床的代码格式,可输出 G 代码及 3B、4B/R3B 代码,并可对生成的代码进行校验及加工仿真,可全面地满足你的任何 CAD/CAM 需求。

(1) CAXA 线切割 2013 界面介绍

启动 CAXA 线切割就进入 CAXA 线切割绘图工作界面。它主要包括标题栏、菜单系统、工具栏、状态栏等几部分,屏幕中间为绘图区,如图 20.4 所示。

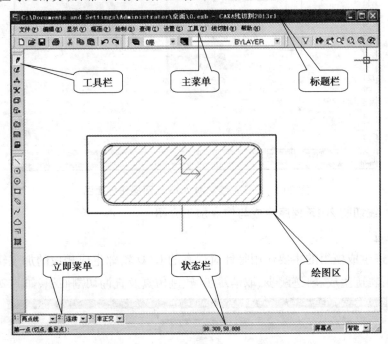

图 20.4　CAXA 线切割 2013 界面图

(2) CAXA 线切割 2013 绘图操作介绍

1) 基本曲线简介

为提高绘图效率,电子图板将绘图划分为两大部分,即基本曲线和高级曲线。所谓基本曲线,是指那些构成一般图形的基本图形元素。它主要包括直线、圆弧、圆、矩形、中心线、样条、轮廓线、等距线及剖面线 9 种,如图 20.5 所示。

2) 高级曲线简介

为提高绘图效率,电子图板将绘图划分为两大部分,即基本曲线和高级曲线。所谓高级曲线,是指由基本元素组成的一些特定的图形或特定的曲线。它主要包括正多边形、椭圆、孔/轴、波浪线、双折线、公式曲线、填充、箭头、点及齿轮 9 种类型,如图 20.5 所示。

3) 曲线编辑简介

为提高作图效率以及删除在作图过程中产生的多余线条,电子图板提供了曲线编辑功能。它包括裁剪、过渡、齐边、打断、拉伸、平移、旋转、镜像、比例缩放、阵列及局部放大 11 个方面，如图 20.5 所示。

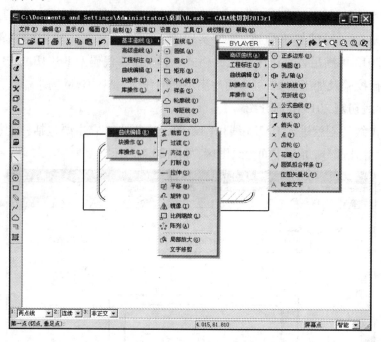

图 20.5　CAXA 线切割 2013 绘图操作界面图

（3）CAXA 线切割 2013 程序生成与仿真加工介绍

1）加工轨迹

线切割轨迹生成模组的主要作用是针对现有的 CAD 轮廓生成相应的加工轨迹。该模组共有 5 项功能：轨迹生成、轨迹跳步、取消跳步、轨迹仿真及查询切割面积，如图 20.6 所示。

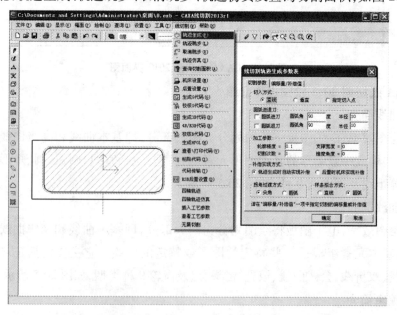

图 20.6　CAXA 线切割 2013 程序生成与仿真加工界面图

2）生成代码

①生成 3B 或 ISO 加工代码

选择要生成代码的文件名,然后拾取加工轨迹,鼠标右键或键盘回车键结束拾取后,被拾取的加工轨迹即转化成加工代码,且记事本文本显示,如图 20.7、图 20.8 所示。

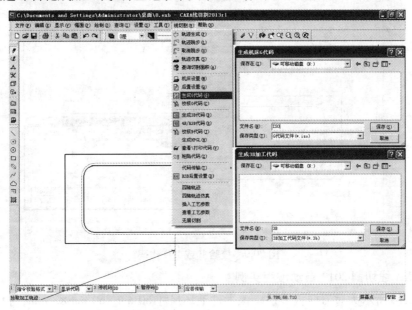

图 20.7　代码保存对话框

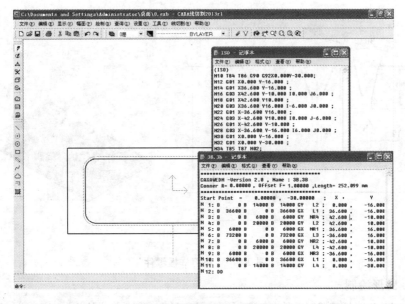

图 20.8　生成代码对话框

②校验 B 或 ISO 代码

把生成的 3B,4B/R3B 代码文件反读进来,生成线切割加工轨迹,以检查生成的 3B,4B/R3B 代码的正确性,如图 20.9 所示。

把生成的 G 代码文件反读进来,以检查生成的 G 代码的正确性。如果反读的代码文件中包含圆弧插补,需用户指定相应的圆弧插补格式,则可能得到错误的结果,如图 20.9 所示。

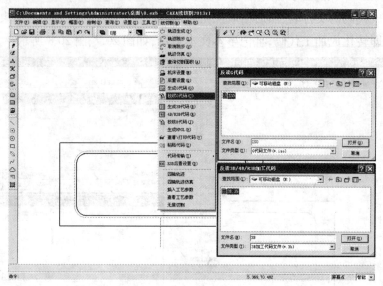

图 20.9　校验 B 或 ISO 代码

（4）CAXA 线切割 2013 自动编程实例

如图 20.10 所示为对刀样板零件。该零件毛坯尺寸 60 mm×60 mm×3 mm,材料为 45#钢。采用自动编程方式。

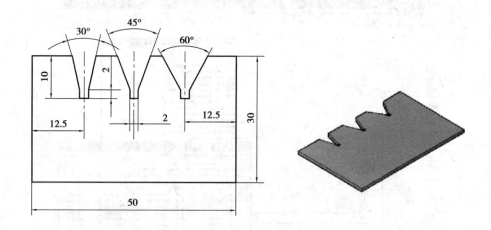

图 20.10　对刀样板零件

步骤 1　图形绘制

①打开 CAXA 线切割 2013 软件,选择"绘制工具"→"基本曲线"→"矩形",输入尺寸值,绘制 50 mm×30 mm 的矩形,如图 20.11 所示。

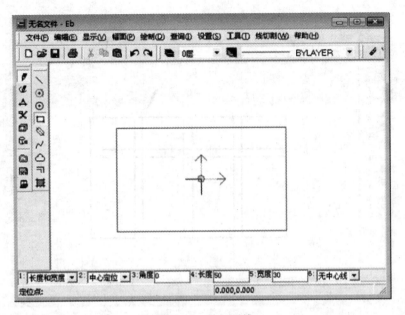

图 20.11　绘矩形线

②选择"绘制"→"曲线编辑"→"平移",设置给定偏移,拷贝,将矩形上边框向下拷贝 10 mm,得到凹槽深度线,如图 20.12 所示。

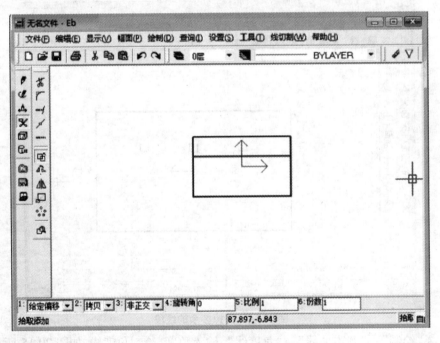

图 20.12　绘制凹槽深度线

③用同样的方法绘制 3 组相距为 2 mm 的平行线和一条距凹槽深度线 2 mm 的平行线,如 图 20.13 所示。

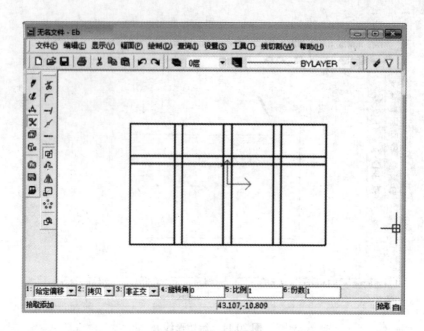

图 20.13　绘制平行线

④选择"绘制"→"曲线编辑"→"裁剪",剪掉多余的线段,如图 20.14 所示。

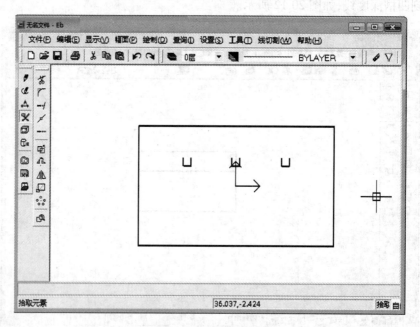

图 20.14　剪掉多余的线段

⑤选择"绘制"→"基本曲线"→"角度线",输入角度,绘制角度线,如图 20.15 所示。

⑥选择"绘制"→"曲线编辑"→"裁剪",将多余的线段剪掉即得所需图形,如图 20.16 所示。

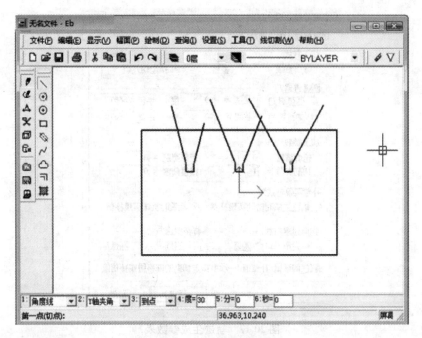

图 20.15　绘制角度线

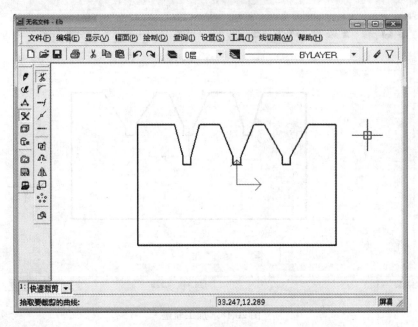

图 20.16　完成所需图形

步骤 2　加工轨迹生成

①选择轨迹生成按钮,填写轨迹生成参数表,如图 20.17 所示。

②拾取轮廓,输入穿丝点位置,得到加工轨迹,如图 20.18 所示。

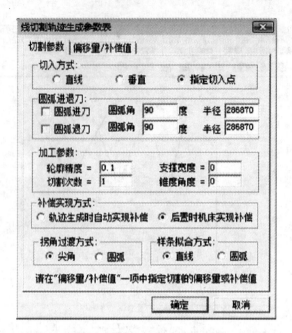

图 20.17　轨迹生成参数表

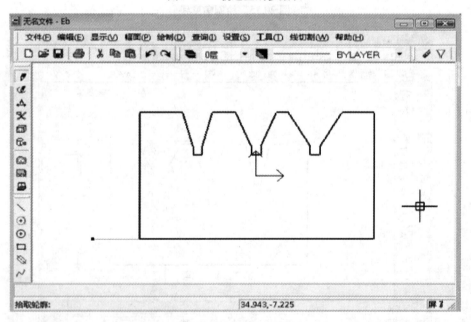

图 20.18　加工轨迹

步骤 3　程序生成

①根据需要选择生成 3B,4B/R3B,G 代码等,以及文件名保存路径,如图 20.19 所示。

②选择加工轨迹,如图 20.20 所示。

图 20.19 程序生成保存

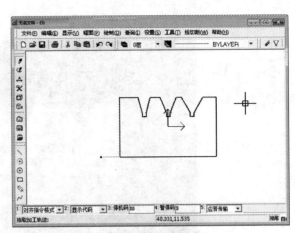

图 20.20 轨迹仿真

③生成所需代码,如图 20.21 所示。

图 20.21 代码生成

图 20.22 程序校验

步骤 4 程序校验

①选择程序校验功能,输入程序名和路径,如图 20.22 所示。

②生成程序轨迹,如图 20.23 所示。

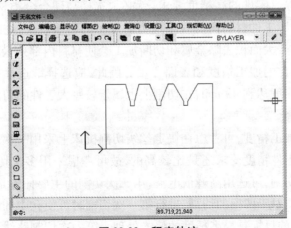

图 20.23 程序轨迹

315

③程序校验无误后,可输入机床加工。若有误,则返回修改。如图 20.24 所示为实物图。

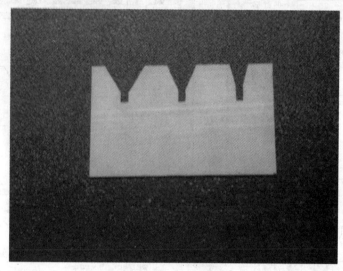

图 20.24　实物图

20.5　项目实施

实施点 1　制订工艺

(1)零件工艺分析及尺寸计算

1)零件工艺分析

①凹模零件分析

根据零件图纸所标明的尺寸要求,凹模零件坯料尺寸设计为 150 mm×110 mm×25 mm。该模具零件材料为 9Mn2V,此种材料从性能上来看是硬度达到 HRC60 以上。由于工件材料不同,其熔点、气化点、导热系数等都不一样,因而即使按同样方式加工,所获得的工件表面质量也会不同。要达到模具零件的高精度要求,就必须选择高硬合金类材料,这样才能达到所需性能要求。此外,由于工件材料内部残余应力对加工的影响较大,在对热处理后硬度较高的材料进行加工时,由于大面积去除金属和切断加工会使材料内部残余应力的相对平衡受到破坏,从而可能影响零件的加工精度和表面质量。因此,应选择锻造性好、淬透性好、热处理变形小的材料。材料厚度达到 40 mm,在切割上也属于较厚大工件的切割。

②切割路线的选择

为了获得较高的加工精度,可考虑在快走丝线切割机床上采用一次或多次切割工艺。由于本模具零件的凹模零件精度要求还是比较高的,故可考虑采用多次切割工艺,即第一次切割主要进行高速稳定切割,可选用高峰值电流,第二次切割的主要任务是修光,可选择较小的脉冲电流和脉冲宽度。对于凹模的切割,进行第一次切割时可使孔中的废料与凹模直接切割分离;第二次主要达到的目标是提高精度的修光处理。第一次切割路线与第二次切割路线取为相反。

③穿丝孔和电极丝切入位置的选择

在快走丝线切割加工中、小孔形凹形类工件时,穿丝孔应位于凹形的中心位置,这样既便于穿丝孔加工位置准确,又便于控制坐标轨迹的计算。但当孔形过大时,则这种方案的加工效率就不高,此外,穿孔丝也可选在距离型孔边缘 2~5 mm 处,此种方案加工效率较高。

④电参数的选择

对工件加工质量具有明显影响的电参数主要包括脉冲电流、脉冲宽度、脉冲间隔、运丝速度等,通常需要在保证表面质量、尺寸精度的前提下,尽量提高加工效率。

本零件中,考虑到凹模零件的实际要求,在第一次进行的高速切割加工时,把脉冲宽度定在 20~60 μs 进行选择,第二次修光精加工时,把脉冲宽度定在 32 μs 以内进行选择。

⑤其他非电参数的选择

电极丝直径的选择。一般采用直径为 $\phi0.10\sim\phi0.20$ mm 的钼丝以提高走丝速度。本设计采用的电极丝直径为 0.15 mm。

工作液的选择及使用。煤油介电强度高,间隙消耗放电能量多,分配到两极的能量少,排屑困难,故造成切割速度低。但煤油受冷热变化影响不明显,且润滑性能好,因此不容易断丝。皂化液洗涤性能好,有利于排屑,切割速度较高。乳化型工作液的节电强度比水高,比煤油低,冷却能力比水弱,比煤油好,洗涤性比水和煤油都好,较非乳化型工作液的切割速度高,本零件中使用此种工作液来进行加工。

⑥影响加工精度的坐标位移误差

快走丝线切割机都没实现闭环控制,机械传动系统的回差已成为整机精度的最重要的指标,也是造成加工精度降低的一大原因。

2)数控线切割加工机床的选择

DK7740 型线切割机床。数控线切割加工机床所装的加工系统是 YH 线切割加工系统。

3)数控线切割加工电极丝的选择

由于线切割技术的发展,离不开电极丝技术的同步发展。"不同的加工,采用不同的电极丝"已被线切割加工所接受。实际上,现在的线切割加工有着比过去更多的变化,从加工材料、切割速度、轮廓精度、表面质量到运行模式等。对于这些相互起作用的变数来说,只有选择合适的电极丝才能使加工效率、加工成本和加工质量整体进行优化。

考虑到实际情况,选择的加工设备为快走丝线切割加工设备。而选择电极丝必须符合下列要求:

①电气特性

现代线切割电源对电极丝提出了严格的要求。它要能承受峰值超过 700 A 或平均值超过 45 A 的大切割电流,而且能量的传输必须非常有效,才能提供为达到高表面粗糙度(R_a0.2以上)所需的高频脉冲电流。这取决于电极丝的电阻或电导率。紫铜是电导率最高的材料之一,它被用来作为衡量其他材料的基准。紫铜的电导率标为 100% IACS(国际退火紫铜标准），而黄铜和钼丝的电导率约为20%。

②机械特性

拉伸强度是衡量材料在受到径向负荷时抵抗断裂的能力。它是用单位截面积所能承受的重量来标度的，如公制的牛顿/平方毫米。紫铜属于拉伸强度最低的材料245 N/mm²，而钼则最高1 930 N/mm² 电极丝的拉伸强度取决于材料的选择以及各种热处理和拉伸处理工艺。

记忆效应，这与电极丝的"软"或"硬"直接相关。软丝抽离线轴时没有恢复成直线的记忆能力，所以无法用于自动穿丝，但这对快走丝线切割来说并没有影响，因为快走丝不需自动穿丝且加工时电极丝上是加了张力的。此外，软丝适用于上下导丝绝不能倾斜的设备进行超过7°的大斜度切割

延伸率是切割加工中由于张力和热量引起电极丝长度变化的百分比。软丝的延伸率可大到20%，而硬丝则小于2%。软丝在斜度加工时，延伸率高的电极丝更能保证斜面的几何精度，并且较软的电极丝在滑动时产生的振动也较小，不过电极丝进入切割区后软丝的抖动程度比硬丝大。

③几何特性

高效率、高精度的线切割机要求电极丝具有误差极小的几何特性。电极丝制造的最后工序是得到光滑、圆度极好、丝径公差为±0.001 mm 的成品。另外，还有一些电极丝被特意设计成具有相对粗糙的表面，可提高切割速度。

④热物理特性

电极丝的热物理特性是提高切割效率的关键。

熔点。电极丝的熔点是一项重要的指标。由于电极丝通过导丝切割时的机械运动，以及冲洗力和放电等因素，电极丝在切割时是有抖动的。这将造成无数次的极小的短路，使切割过程减慢。电极丝工作时如果在外径上能够损耗一些，这样它在面对切口方向的空隙可防止或减少短路效应。同时它在背对切口方向的空隙有助于改善冲洗作用，可更好地去除加工废屑。电极丝外径的损耗在快走丝线切割加工时会对加工精度产生一定的影响。

气化压力。电火花切割时会产生大量的热量，其中的一些热量被电极丝吸走了，这会降低切割效率。电极丝的低熔点和高气化压力，可帮助把废渣吹离切缝。这就是电极丝冲洗性好所应该具备的另一个特性。当电极丝和工件在切割表面处是气化而不是熔化时，产生的是气体而不是熔化的金属颗粒。这反过来又改善了冲洗过程，因为要冲走的颗粒少了。

4)尺寸计算

①线切割加工间隙补偿的确定

粗精加工的补偿计算，按选定的电极丝半径0.075 mm，单面放电间隙 δ 为 0.01 mm，加工凹模的补偿距离：$\Delta R2 = r+\delta = 0.075+0.01 = 0.085$ mm。

②凹模零件各基点位置关系的确定

凹模零件内轮廓各基点位置关系如图20.25 所示。

凹模零件内轮廓各基点坐标值、各圆心的坐标值见表20.2、表20.3。

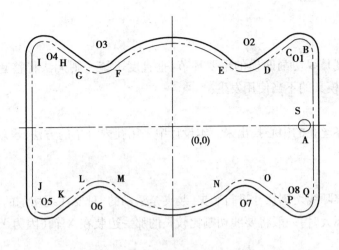

图 20.25　凹模零件各基点位置图

表 20.2　凹模零件各基点坐标值

A(49.995,0)	B(49.995,21.840)	C(39.828,27.207)
D(29.653,20.257)	E(21.359,21.060)	F(−21.359,21.000)
G(−29.653,20.257)	H(−39.828,27.207)	I(−49.995,21.840)
J(−49.995,−21.840)	K(−39.828,−27.207)	L(−29.653,−20.257)
M(−21.359,−21.060)	N(21.359,−21.060)	O(29.653,−20.257)
P(39.828,−27.207)	Q(49.995,−21.840)	S(45.000,0)

表 20.3　凹模零件各圆心的坐标值

O1(43.495,21.840)	O2(25.987,25.624)	O3(−25.987,25.624)
O4(−43.495,21.840)	O5(−43.495,−21.840)	O6(−25.987,−25.624)
O7(25.987,−25.624)	O8(43.495,−21.840)	O′(0,0)

（2）工件的定位与装夹

1）设置加工坐标系

根据工件的装夹情况和切割方向，确定加工坐标系。为简化计算，应尽量选取图形的对称轴线为坐标轴。凹模零件的加工坐标系为零件的图形对称轴，坐标原点为图形几何中心。

2）加工基准

在电火花线切割加工中，基准十分重要。由于电火花线切割加工本身属于精密加工，如果加工时基准校正得不好，则不能保证工件的加工质量，影响使用效果。

3）打表

实际上就是把工件立体保持平行，需用的工具为百分表，立体平面打表要认识坐标的正负左右，针头要与平面基本相切，而不能与平面形成垂直。只要基本相切，才能把工件打好表，从而保持平行。针头为一个圆珠体状，而圆珠体上面只有一点与面相切，在打平面表之前先要将表放在合适的位置，将针头相切点与平面接触，如果针头有下垂，则无法将平面与圆珠体保持平行。

4)调垂直

工件的垂直度是线切割凹模的重要环节,垂直度不统一则无法将整套冲裁落料模具装好,从而造成冲裁模具的不当使用发生。

5)分中

这是将凹模穿丝孔的中心找出来。本设计中采用孔内分中的方法,也就是在孔的里面分出中心。

6)装夹

根据工件的实际线切割尺寸进行装夹,装夹是活动的,只要在线切割的范围内就可以了。当然线切割零件不大时,一般将要线切割比较长的那一边装在 X 轴(因为 X 轴的表面粗糙度比较小)。

(3)快走丝线切割工作液的配制

在本零件中,快走丝线切割加工工作液由专用乳化油与自来水配制而成,有条件采用蒸馏水或磁化水与乳化油配制效果更好,工作液配制的浓度取决于加工工件的厚度、材质及加工精度要求。

从工件厚度与工作液浓度关系见表 20.4。

表 20.4　工件厚度与工作液浓度关系

工件厚度值/mm	<30	30~100	>100
工作液浓度值/%	10~15	5~10	3~5

从工件材质来看,易于蚀除的材料,如铜、铝等熔点和气化潜热低的材料,可以适当提高工作液浓度,以充分利用放电能量,提高加工效率,但同时也应选较大直径的电极丝进行切割,以利于排屑充分。

从加工精度来看,工作液浓度高,放电间隙小,工件表面粗糙度较好,但不利于排屑,易造成短路。工作液浓度低时,工件表面粗糙度较差,但利于排屑。总之,在配制线切割工作液时应根据实际加工的情况,综合考虑以上因素,在保证排屑顺利、加工稳定的前提下,尽量提高加工表面质量。

本零件加工中使用的工作液见表 20.5,其排屑非常好,被加工零件的光洁度也好。

表 20.5　工作液配料表

组成物	乳化液	水	机油	洗涤剂	肥皂水
比例/%	20	76	2	1	1

(4)加工路线的确定

凹模内腔的加工路线为:

S→A→B→C→D→E→F→G→H→I→J→K→L→M→N→O→P→Q→A→S,如图 20.26
所示。

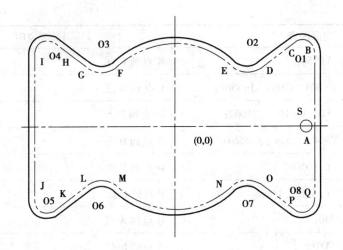

图 20.26　凹模内腔的加工路线图

凹模零件加工前,先须在 S 点处加工出一个 $\phi 4\ \text{mm}$ 的孔洞,以便于穿电极丝之用。

实施点 2　程序编制

如图 20.1 所示为凹模零件在数控线切割机床上加工,数控加工程序编制见表 20.6。

表 20.6　凹模零件数控加工程序

零件图号	DK-20	零件名称	凹模零件	坐标原点	工件几何中心
程序名字	O0020	数控系统	YH 线切割加工系统	编制日期	2016-01-06
程序内容			简要说明		
O0020			加工程序名		
N02　G92　X4500　Y0;			以 O 点为原点建立工件坐标系,穿丝点为 S 点,在此点进行穿孔操作		
N04　G01　X4995　Y0;			从 S 点走到到 A 点,A 点为零件起割点		
N06　G01　X0　Y21840;			A 点到 B 点		
N08　G03　X-10166　Y5367　I-6500　J0;			B 点到 C 点		
N10　G01　X-10175　Y6950;			C 点到 D 点		
N12　G02　X-8295　Y804　I-3666　J5367;			D 点到 E 点		
N14　G03　X-42717　Y0　I-21359　J-21060;			E 点到 F 点		
N16　G02　X-8295　Y-804　I-4628　J4564;			F 点到 G 点		
N18　G01　X-10175　Y6950;			G 点到 H 点		
N20　G03　X-10166　Y-5367　I-3666　J-5367;			H 点到 I 点		
N22　G01　X0　Y-43679;			I 点到 J 点		
N24　G03　X10166　Y-5367　I-6500　J0;			J 点到 K 点		

续表

程序内容	简要说明
N26 G01 X10175 Y6950;	K 点到 L 点
N28 G02 X8295 Y−804 I3666 J−5367;	L 点到 M 点
N30 G03 X42717 Y0 I21359 J21060;	M 点到 N 点
N32 G02 X8295 Y804 I4628 J−4564;	N 点到 O 点
N34 G01 X10175 Y−6950;	O 点到 P 点
N36 G03 X10166 Y−5367 I3666 J5367;	P 点到 Q 点
N38 G01 X0 Y21840;	Q 点到 A 点
N40 G01 X−4995 Y0;	A 点到 S 点
N42 M02;	程序结束

实施点 3　虚拟加工

①图形修改完毕后,准备模拟切割。

②选择起切点位置。

③开始模拟切割轮廓线。

④选择退出,系统返回主屏幕,则模拟切割完毕。

实施点 4　实操加工

①电源的接通与关闭。

②上丝操作。

③上丝路径。

④穿丝操作。

⑤储丝筒行程调整。

⑥建立机床坐标。

⑦工作台移动。

⑧程序的编制与校验。

⑨电极丝找正。

⑩加工脉冲参数的选择。

实施点 5　检测零件

零件加工结束后进行检测,对工件进行误差与质量分析,将结果写入表 20.7 中。

表 20.7　凹模零件的编程与加工检测表

		序号	检测项目	配分	学生自评	小组互评	教师评分
基本检查	编程	1	切削加工工艺制订正确	6			
		2	切削用量选用合理	6			
		3	程序正确、简单、明确且规范	6			
	操作	4	设备操作、维护保养正确	6			
		5	刀具选择、安装正确、规范	6			
		6	工件找正、安装正确、规范	6			
		7	安全、文明生产	6			
工作态度		8	行为规范、纪律表现	6			
圆弧		9	$\phi60$	6			
		10	$\phi6$	6			
		11	$\phi10$	6			
		12	$\phi13$	6			
长度		13	57.5	5			
		14	100	5			
		15	0.5	5			
宽度		16	36	5			
倒角		17	$C2$(4 处)	3			
表面粗糙度		18	$R_a3.2, R_a0.4$	3			
其余		19	工时	2			
综合得分				100			

20.6　项目小结

本项目详细介绍了线切割机床程序编制的工艺和方法,线切割机床简单零件的 ISO 和自动程序编制;掌握凹模类零件的加工方法,能正确设置机床的相关参数。例如,根据电极丝实际直径,正确计算偏移量;根据图形特点,正确选择引入线位置和切割方向;根据材料种类和厚度,正确设置脉冲参数;根据程序的引入位置和切割方向,正确装夹工件和定位电极丝。

20.7　项目自测

如图 20.27 所示为凹模零件。已知毛坯规格为 60 mm×55 mm×10mm 的方料,材料为 45# 钢。要求制订零件的线切割加工工艺,选择合适的电极丝,编写零件的 ISO 式程序,并通过数控仿真加工调试、优化程序,最后进行零件的加工。

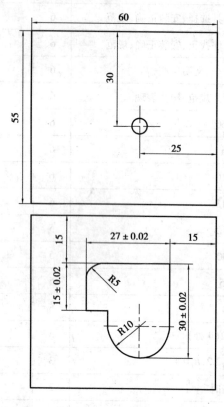

图 20.27　凹模零件图

参考文献

［1］杨琳.数控车床加工工艺与编程［M］.北京:中国劳动社会保障出版社,2005.

［2］马金平.数控机床编程与操作项目教程［M］.北京:机械工业出版社,2012.

［3］韦富基,李振尤.数控车床编程与操作［M］.北京:电子工业出版社,2008.

［4］朱兴伟,蒋洪平.数控车工技能训练项目教程［M］.北京:机械工业出版社,2011.

［5］韩鸿鸾.数控编程［M］.北京:劳动社会保障出版社,2004.

［6］唐应谦.数控加工工艺学［M］.北京:中国劳动社会保障出版社,2000.

［7］陈兴云,姜庆华.数控机床编程与加工［M］.北京:机械工业出版社,2009.

［8］谢晓红.数控车削编程与加工技术［M］.北京:电子工业出版社,2006.

［9］李华.机械制造技术［M］.北京:高等教育出版社,2005.

［10］杨显宏.数控加工编程技术［M］.北京:电子科技大学出版社.2006.

［11］李国举.数控车削技术与技能应用［M］.北京:电子工业出版社,2014.

［12］于华.数控机床的编程及实例［M］.北京:机械工业出版社,2001.

［13］许兆丰,等.数控车床编程与操作［M］.北京:中国劳动出版社,1993.

［14］刘书华.数控机床与编程［M］.北京:机械工业出版社,2001.

［15］李国举.数控铣削技术与技能应用［M］.北京:电子工业出版社,2013.

［16］王维.数控加工工艺及编程［M］.北京:机械工业出版社,2001.

［17］顾京.数控机床加工程序编制［M］.北京:机械工业出版社,2001.

［18］将增福.车工工艺与技能训练［M］.北京:高等教育出版社,1998.

［19］张丽华,马立克.数控编程与加工技术［M］.大连:大连理工大学出版社,2010.